WISSEN ZU GELD

Oliver Pott ist Internet-Gründer der ersten Stunde. Gleich drei seiner Gründungen wurden zu Multi-Millionen-Euro-Projekten. Mit 36 Jahren wurde er Professor für Entrepreneurship in Paderborn. Außerdem zeigt Oliver Pott Fußball-Bundesliga-Profis, Professoren, Anwälten und Ärzten, wie sie sich ein erfolgreiches Wissens-Business aufbauen.

Jan Bargfrede arbeitet seit vielen Jahren mit Oliver Pott als Chefstratege Digitalisierung. Mit seiner Agentur digitalisiert er seit zwölf Jahren das Wissen ihrer Kunden und erstellt online-basierte Business-Modelle. Sein 35-köpfiges Team hat bereits den Digitalpreis »Creative Spaces« des Kultusministeriums NRW gewonnen.

angefangen zu lesen am 2.01.2021

Oliver Pott
mit Jan Bargfrede

WISSEN ZU GELD

So machen Sie aus Ihrem Know-how ein digitales Business

Campus Verlag
Frankfurt/New York

MIX
Papier aus verantwortungsvollen Quellen
FSC® C089473
www.fsc.org

ISBN 978-3-593-51268-6 Print
ISBN 978-3-593-44494-9 E-Book (PDF)
ISBN 978-3-593-44506-9 E-Book (EPUB)

Umschlaggestaltung: total italic, Thierry Wijnberg, Amsterdam/Berlin
Umschlagmotiv: © Shutterstock/80's Child
Satz: Publikations Atelier, Dreieich
Gesetzt aus: Minion und DIN
Druck und Bindung: Beltz Grafische Betriebe GmbH, Bad Langensalza
Printed in Germany

www.campus.de

Inhalt

So wird Ihr Wissen zum automatischen Dauereinkommen

In der Agrargesellschaft war Boden der wertvollste Besitz. In der Industriegesellschaft entstanden durch Maschinen die größten Gewinne. Und in der Informationsgesellschaft wird derjenige am besten bezahlt, der über das meiste Wissen verfügt.

Wer über hochwertiges Wissen verfügt, kann dieses leicht in ein gutes Einkommen umwandeln – sei es als Angestellter oder als Freiberufler. Die Berufe mit den höchsten Gehältern sind diejenigen, die mit ihrem Wissen großen Wert schöpfen: Die Top 5 der bestbezahlten Stellen gehören Ärzten, Finanzexperten, Unternehmensberatern, Ingenieuren sowie Anwälten.[1]

Jeder Mensch trägt spezielles Know-how in sich, für das andere gut und gern bezahlen. Dazu zählen die klassischen Berufe der »Wissensarbeiter«: Ärzte, Ingenieure, Coaches, Berater, Anwälte. Es liegt auf der Hand, dass diese Menschen Kopfarbeiter sind, die sich ihr Wissen gut bezahlen lassen. Sie haben das Luxusproblem, ihre wertvolle Lebenszeit und 50-Stunden-Wochen gegen gutes Geld einzutauschen – dazu gleich mehr.

Aber auch außerhalb dieses Kanons lässt sich Wissen in ein gutes Business umwandeln: Unsere Kundin Dr. Tuuli Tietze zum Beispiel ist professionelle Dressurreiterin und hat über das Thema *Reiten mit inneren Bildern* ein Buch geschrieben. Sie hat ihr Wissen in einen Online-Kurs gepackt, den sie mit großem Erfolg vermarktet.

So wie Tuuli haben Menschen interessante Wissensnischen besetzt, ihr Know-how digitalisiert und dann erfolgreiche Internet-Businesses daraus gemacht. Ein paar Beispiele:

- Claudio Trento ist Sportlehrer und hat sich als Coach auf Menschen mit Rückenschmerzen spezialisiert. Sein Wissen gibt es als Internetkurs zum Kauf.
- Dr. Mareike Awe ist Ärztin. Statt im Krankenhaus zu arbeiten, hat sie die Methode »intueat« ins Leben gerufen: Durch intuitives Essen verlor sie selbst 10 Kilogramm Gewicht. Nun gibt sie ihr Wissen als Online-Coaching für 93 Euro pro Monat weiter. Der Kurs begleitet ihre überwiegend weibliche Kundschaft – und Mareike Awe hat sich ein automatisches Dauereinkommen gesichert, da die Mitglieder monatlich bezahlen. Sogar in der TV-Sendung *Die Höhle der Löwen* konnte sie ihr »intueat« vorstellen.
- Jörg Schieb ist TV-Moderator im WDR und war langjähriges Gesicht des *ARD Ratgeber Internet*. Sein IT-Fachwissen vermarktet er in digitalisierter Form als »Schieb-Report«.
- Martin von Hirschhausen hat nicht nur einen prominenten Bruder, sondern ist langjähriger Vorstand einer Hamburger Privatbank – und hat sein Wissen zum Thema Vermögensplanung hochwertig digitalisiert und in einen Online-Kurs eingebracht.
- Thomas Friebe ist Deutschlands bekannteste TV-Stimme und die Off-Stimme von *Wer wird Millionär* und *Klein gegen Groß*. Seine Expertise vermarktet er erfolgreich im Internet. Seine Wissensnische: »Redeangst besiegen«.
- René Renno war langjähriger Fußball-Bundesliga-Profi in der 1. Liga und hat als Torwart des VfL Bochum zahlreiche Spiele bestritten. Mit dem Abstieg des Traditionsvereins hat sich René nach neuen Einkommensquellen umgesehen – und eine Online-Torwartschule für unterklassige Trainer aufgebaut.

Viele Menschen haben sich ein eigenes Wissens-Business aufgebaut. In jedem Einzelnen von ihnen steckte gutes, wertvolles Wissen, das im Internet immer besser sichtbar wurde. Aus dieser Sichtbarkeit heraus entstand in der Folge ein solides eigenes Internet-Business.

Warum Sie Ihre Zeit nicht gegen Geld tauschen sollten

Die gute Nachricht: Wenn Sie heute in der Stundenlohnfalle stecken oder wenn Sie Ihr eigenes Wissen noch deutlich unter Wert oder gar nicht verkaufen, dann gibt es eine klare Strategie, um aus Ihrem Know-how ein Internet-Business zu machen: Digitalisierung Ihres Wissens.

Denn mit der Digitalisierung Ihres Wissens ist es wie bei der Produktion eines Kinofilms: Die erste Kopie ist die teuerste. Aber sie muss eben nur ein einziges Mal produziert werden. Danach lassen sich beliebig viele Exemplare für geringste Kosten herstellen und über Jahrzehnte für gutes Geld verkaufen – das nennt man »Skalierung«.

Unsere Erfahrung zeigt: Wissensskalierung bedeutet oft einen großen Sprung im Einkommen bei zugleich höherer Lebensqualität, weil Sie Ihre Zeit nicht mehr gegen Geld verkaufen.

Wenn Sie diesen Schritt schaffen, entkommen Sie der Stundenlohnfalle, denn Ihr Wissen lässt sich ab sofort skalieren und beliebig oft verkaufen. Sie arbeiten dann nicht mehr länger »in Ihrem System«, sondern können Ihr Business Schritt für Schritt verbessern, also »an Ihrem System« arbeiten.

Dazu muss Ihr Wissen nur ein einziges Mal systematisiert, aufbereitet und aufgewertet (»veredelt«) werden. Wie das geht, zeigen wir Ihnen in unserem Vier-Stufen-Modell in Kapitel 2 dieses Buchs.

Aus der Veredelung heraus entsteht die Frage, welche der Bereiche in Ihrem Wissensspektrum sich am besten vermarkten lassen. Dazu zerlegen wir Ihr Wissen in Bereiche und suchen den heraus, der das beste Business-Modell hergibt. Dieses Teilgebiet bauen wir dann aus und entwickeln Ihre eigene, nicht mehr durch andere Menschen zu kopierende »Spezialmethode«. Die genauen Schritte zeigen wir Ihnen in Kapitel 3 *So finden und entwickeln Sie Ihre eigene Wissensnische*.

Danach muss Ihr Wissen sichtbar werden und eine Stimme im Internet bekommen, denn ansonsten weiß niemand, dass es Ihr Wissen überhaupt gibt. Aus der Sichtbarkeit entsteht Ihr erster zahlender Kundenstamm.

Neukunden gewinnen Sie problemlos, wenn Sie die richtige Strategie wählen. Denn Sichtbarkeit ist ein Rohstoff wie für den Bäcker das Mehl, den Sie im Internet für ein geringes Budget kaufen können: Wenn Sie 1000 Menschen erreichen wollen, die sich haargenau für Ihr Thema interessieren, zahlen Sie dafür gerade einmal 10 Euro oder vielleicht 20 Euro. Sichtbarkeit und Neukundengewinnung erledigen Google, YouTube, Facebook und Instagram für Sie. Darum geht es in unserem Kapitel 4 *So verschaffen Sie Ihrem Wissen Sichtbarkeit und gewinnen Kunden.*

Zum Schluss unseres Buchs geht es um das Profi-Modell des Funnel-Marketings, das ist der «Verkaufstrichter«, den Sie benötigen, wenn Sie mehrere Produkte in Ihrem Wissens-Business vermarkten wollen. Hier zeigen wir Ihnen außerdem Systeme und Modelle zur Digitalisierung, die sich je nach Wissens-Business unterscheiden.

Wir zeigen Ihnen daher in Kapitel 5, welche verschiedenen Modelle es zur Wissensdigitalisierung gibt: Sie können zum Beispiel einen Online-Kurs gegen eine Einmalgebühr verkaufen, aber dauerhaftes Einkommen erzielen Sie nur, wenn Sie Ihr Wissen gegen eine monatliche Zahlung anbieten (»Fitnessstudio-Modell«).

Übrigens erklären wir im Buch viele digitale Prozesse an griffigen Beispielen aus der Offline-Welt. Das dient der besseren Verständlichkeit und Illustration – vor allem, wenn Sie sich das erste Mal intensiver mit einem Internet-Business beschäftigen.

Zum Schluss unser wohl wichtigster Rat aus unserer 20-jährigen Erfahrung:

Planen Sie Ihr Wissens-Business professionell strukturiert, bevor Sie starten.

Wenn Sie ein Haus bauen, holen Sie sich zunächst einen guten Architekten, der mit Ihnen einen Plan zu Papier bringt – und erst dann gehen Sie an die Umsetzung. Niemand käme auf die Idee, gleich Rohre, Leitungen, Sand und Beton zu bestellen und mit dem Bau zu beginnen, ohne einen Plan zu haben.

Es ergibt also wenig Sinn, gleich eine Website, einen Facebook-Account und weitere Technikbausteine einzurichten. Entwickeln Sie zunächst mit unserem Buch einen detaillierten Plan – dazu laden wir Sie herzlich ein.

Die vier Stufen der Wissensveredelung

Von wertlosem Wissen zur Wissensrendite

Die schlechte Nachricht für Sie und Ihr Wissens-Business vorweg: Wissen ist ein Rohstoff wie Milch und Erdöl. Sie finden zu so ziemlich jedem Thema das gesamte Wissen der Menschheit. Machen Sie selbst einen Test: Sie haben Rückenschmerzen und suchen nach Ursachen und einer Therapie. Google zeigt 7,5 Millionen Ergebnisse, und YouTube liefert Ihnen eine ebenfalls unüberschaubare Zahl an Videos. Sofort ist jedem klar, dass es ein großes Problem darstellt, unter diesen 7,5 Millionen Ergebnissen zum Beispiel nicht auf der ersten Suchergebnisseite von Google zu erscheinen, wenn man sein Wissen zu einem Thema zu Geld machen möchte.

Es gibt einen kleinen Gag unter Suchmaschinenexperten dazu: Wo versteckt man am besten hochgeheimes Wissen? Auf der zweiten Ergebnisseite von Google.

Das gesamte Wissen der Menschheit über Rückenschmerzen ist längst erhältlich, und das völlig kostenlos und in unterschiedlichen Wissenstiefen. Da gibt es schnell zu konsumierende 5-Minuten-Youtube-Videos mit einfachen Übungen, aber ohne viel Hintergrundwissen. Und am anderen Ende der Skala finden Sie medizinische Fachartikel, die zum Beispiel im *Ärzteblatt* veröffentlicht wurden. Ausgedruckt wären das ganze Papiergebirge an Informationen, Wissen und Content.

In diesem Buch geht es darum, Wissen zu Geld zu machen. Das ist ein ebenso interessantes wie potenziell lukratives Unterfangen, wenn Sie es richtig anstellen und die Spielregeln befolgen. Das Geschäftsmodell Wissen eröffnet dabei eine spannende Schere: Einerseits ist Wissen heute wertlos, weil man es überall überreichlich bekommt. Andererseits sind im Wissens-Business die größten Margen möglich, wenn es Ihnen gelingt, es zu digitalisieren. Wissen kann man extrem teuer verkaufen, wenn man es entsprechend veredelt.

Wissen war früher sehr teuer

Dass Wissen im Überfluss vorhanden ist, war nicht immer so: Wissen war bis zur Entwicklung des Internets in der Mitte der 1990er-Jahre ein kostbares und teures Gut, für das Menschen viel bezahlt haben. Die renommierteste Wissensdatenbank der Menschheit war 244 Jahre lang die Encyclopædia Britannica. Sie bestand aus 32 gedruckten Bänden, kostete weit über 1000 Euro – und wurde 2010 eingestellt. Heute fasst Wikipedia als wichtigstes Lexikon das Wissen zentral zusammen – kostenlos und regallos zugleich.

Das ist unser wichtigster strategischer Rat: Wenn Sie Ihr Wissen nicht veredeln, landen Sie auf dem Informationsfriedhof: Ihr Fachwissen wird gar nicht erst wahrgenommen und bleibt damit unsichtbar und unverkäuflich, weil es unter Millionen ähnlicher Angebote untergeht. Selbst wenn es gefunden wird, dann steht es in solcher Konkurrenz zu anderem kostenlosen Wissen, dass es kaum bezahlt wird. Das ist gewissermaßen eine Kehrseite der Digitalisierung.

Ganz allgemein gilt im Verkauf: Wenn Sie planen, ein Produkt, egal ob Wissen oder einen Schraubenzieher, zu lancieren, dann sind die ersten Fragen, die sich stellen, häufig dieselben:

- Was genau soll ich am besten verkaufen?
- Wer soll das kaufen?
- Welchen Preis kann ich verlangen?
- Wie verkaufe ich es richtig?

Der Preis bestimmt den Produktabsatz

Es ist doch klar: Sie wollen ein Produkt verkaufen, um das sich die Leute reißen und für das sie einen hohen Preis zu zahlen bereit sind. Die vier Fragen stehen, wenn wir es fachlich betrachten, dabei in engem Zusammenhang mit folgender betriebswirtschaftlicher Grundfrage: Ist mein geplantes Produkt einer hohen oder niedrigen *Preiselastizität* unterworfen?

Was als Preiselastizität akademisch klingt, ist zum Glück schnell erklärt und wird unsere Fragen alle nach und nach beantworten:

Preiselastizität bedeutet: Wie wirkt sich eine Preisänderung meines Produktes auf die Menge der Produkte aus, die ich verkaufen kann?

Warum sprechen wir hier von Preisänderungen und Sie haben im Zweifel momentan noch nicht mal ein Produkt geschweige denn einen Preis dazu? Nun, weil wir ein Produkt aus Ihrem Wissen erschaffen wollen, bei dem der Preis fast keine Rolle spielt, weil es so gut zum Markt, zu Ihren Kunden und nicht zuletzt zu Ihnen passt. Ein solches Produkt mit einer niedrigen Abhängigkeit zwischen Preis und Absatz, das viele haben wollen, beantwortet alle anderen Fragen gleich mit. Sonst können Sie nicht Ihr Wissen zu Geld machen.

Erhöhen Sie den Preis für ein Produkt leicht und sinkt dadurch die Nachfrage sofort deutlich, dann spricht man von einer hohen Preiselastizität. Und das ist nicht gut. Besagten Effekt kann man am besten sehen bei Produkten – oder im Terminus der Wirtschaft allgemeiner bei Gütern –, die Substitutionsgüter sind. Das sind Güter, die man leicht ersetzen kann. Und um es vorab zu sagen: Ein solches Gut wollen wir aus Ihrem Wissen auf keinen Fall machen. Also darf unser Produkt nicht austauschbar und eher nicht so leicht zu ersetzen sein.

Ein bekanntes Negativbeispiel für ein solches austauschbares Gut ist Benzin. In jeder größeren Stadt gibt es die eine Straße, in der man das immer gleiche Schauspiel beobachten kann: Mehrere Tankstellen folgen dicht aufeinander, aber an einer der Tankstellen stehen die Autos Schlange: Hier ist der Benzinpreis womöglich nur einen Cent günstiger als bei den anderen Tankstellen. Aber die Autofahrer sind sensibel für diesen minimalen Preisunterschied. Der Grund dafür ist banal, aber man muss ihn sich vor Augen führen: Die Autofahrer gehen davon aus, dass Benzin gleich Benzin ist.

Fahren Sie manchmal ein Stückchen weiter, weil Sie wissen, dass die Tankstelle im Nachbarort immer einen Cent günstiger ist? Viele tun das und priorisieren damit den Preis. Der Preis ist immer dann das entscheidende Kriterium für die Kaufentscheidung, wenn andere Faktoren keine Entscheidung nahelegen. Für uns bedeutet das:

Wenn Wissen austauschbar ist, holt es sich der Kunde aus der günstigsten Quelle. Am liebsten übrigens dann umsonst.

Es geschieht aber auch Folgendes: Einige Autofahrer fahren dennoch zu den Markentankstellen, weil sie sich Qualitätsunterschiede zwischen den angebotenen Spritsorten erwarten. Und diese Unterschiede gibt es auch. Manche Hersteller fügen Additive hinzu, um sich von der günstigeren Konkurrenz abzuheben. Das Versprechen – mehr Motorleistung, geringerer Benzinverbrauch, vielleicht auch eine längere Haltbarkeit des Fahrzeugs – lassen sie sich vom Verbraucher extra bezahlen.

Markenhersteller »veredeln« ihr Produkt und begegnen mit diesem Ansatz der schwierigen Situation eines deutlichen Preiskampfes unter Anbietern eines vergleichbaren Gutes.

Weil Wissen oder Content eindeutig ein Substitutionsgut sein kann, sollte uns dieses Vorgehen interessieren: Die Markentankstellenschaffen einen Mehrwert, allgemeiner gesprochen eine Unterscheidung zum Benzin der Billiganbieter.

Das ist eine Reaktion auf die Vergleichbarkeit der Ware, die immense Konkurrenz der Anbieter sowie die bei Benzin daraus direkt resultierende hohe Preiselastizität: Wenn der Kunde das glaubt und für *relevant* hält, dann wird er auch den Mehrpreis zahlen. Das ist ein erster Ausweg aus dem Problem:

Ihr Wissen darf nicht beliebig austauschbar sein. Schaffen Sie einen Mehrwert, damit der Kunde einen relevanten Unterschied zwischen Ihrem Angebot und anderen Angeboten erkennt – und auch bereit ist, das entsprechend zu honorieren.

Wenn Benzin sonst bei jedem Hersteller allzu vergleichbar ist, dann wird es künstlich unterscheidbar gemacht, um mehr Geld dafür verlangen zu können. Eigentlich ist diese Entwicklung nur aus der Not heraus geboren, und das Produkt wird veredelt, um es teurer verkaufen zu können. Es ist auch kein optimaler Unterschied, denn er ist für die Kunden eher schwer zu erkennen und nicht zwingend bedeutsam. Die Zapfpistole sieht doch ziemlich gleich aus bei allen Tankstellen, das, was herauskommt, ebenso, wenn man es denn überhaupt sieht. Hier präsentieren die Marken einen »erklärungsbedürftigen Unterschied« zwischen dem ansonsten ziemlich ähnlichen Gut des Markenbenzins gegenüber No-Name-Benzin.

Erklärungsbedürftige Unterschiede sind gegenüber klaren Vorteilen oder deutlichen Unterschieden von Produkten immer die zweite Wahl, aber immerhin haben wir nun einen Ansatz einer Lösung für unser Problem. Es sollte bei der Herauslösung unseres Wissens aus der Vergleichbarkeit und damit der geringeren Werthaltigkeit um Veredelung gehen.

Solche Güter wie Benzin, die wenig verändert am Markt ankommen, nennt man wissenschaftlich *Commodities*. Commodities sind »homogene Handelswaren«, also Dinge, die man in der gleichen Qualität zwar regelmäßig benötigt, aber auch an jeder Ecke bekommt. So wie Benzin. Und wie Wissen.

Und so wie Milch!

Es gibt keine Bärenmarke-Kuh

Auch bei konventionell produzierter Milch herrscht ein ähnlicher Kampf um den Preis. Wenn sich beispielsweise ein Discounter entschließt, den Preis für die billigste Sorte seiner H-Milch zu erhöhen, dann kaufen die Konsumenten die Milch eben bei der Konkurrenz.

Übrigens: Milch der vom Kunden bevorzugten Art und Produktionsweise wie H-Milch oder die gute Bio-Vollmilch hat dabei zusätzlich so etwas wie eine Preisinformationsfunktion für den Konsumenten. Die Kunden schau-

en auf den Preis von Milch, weil sie ihn ziemlich gut kennen. Und eben weil für viele Konsumenten Milch gleich Milch ist. Milch kauft fast jeder, und das sehr regelmäßig. Aus diesem Wissen bilden die Konsumenten ein Gefühl für das Preisgefüge des Geschäfts. Wenn die Milch eher teuer ist, dann wird es der Rest der Produkte im betreffenden Geschäft wohl auch sein. Und es bleibt bei den Kunden dann in der Regel bei dieser Annahme, da die Konsumenten überhaupt nur für einige wenige Produkte ein solches Gefühl zum Preis haben.

Oder andersherum: Hätten Sie ein sicheres Gefühl für einen angemessenen Preis für Zahnstocher, eine Markenbratpfanne oder Sekundenkleber? Oder, seltener im Supermarkt: Wissen?

Und auch bei konventionell produzierter Milch probieren sich die Hersteller daher in der Differenzierung. Einige Produkte sind auch hier deutlich teurer – die Markenprodukte wie etwa Bärenmarke oder Weihenstephan. Und doch ist klar: Es gibt keine Bärenmarke-Milch! Milch kommt äußerst vergleichbar aus der Kuh. Additive beizumengen ist beim Naturprodukt Milch problematisch, deshalb fällt diese Form der Veredelung hier aus. Die Firma Bärenmarke, wie viele andere, hält sich in dieser schwierigen Situation vor allem deshalb mit höherpreisigen Produkten am Markt, weil sie eine andere Form der Unterscheidung pflegt: Man betreibt eben Markenbildung.

Für wenig bewusst auf das Produkt »Milch« schauende Kunden ist diese vielleicht oft eben nur der kleine Schluck, der den Kaffee weniger bitter macht oder die Cornflakes ergänzt. Dieses Problem aber löst quasi jede Milch, und durch die sehr vergleichbare Problemlösung aller Milchsorten bleiben diese untereinander indifferent. Im Marketing von Bärenmarke müht man sich mit der Betonung der schon erwähnten, erklärungsbedürftigen Unterschiede. Milch von glücklichen Kühen auf grünen Almwiesen ist die Suggestion des Werbeauftritts der Firma, von einem sympathischen Bären sorgsam erzeugt. Menschen glauben nun einmal gerne an Geschichten. Aber man kann festhalten, optimal ist diese aufwendige Etablierung einer Marke zur Legitimation höherer Preise eher nicht. Besser wäre, wenn man eine Milch, die teurer sein darf, weil sie zählbare Vorteile hat, sofort erkennen würde.

Für Ihr Wissen brauchen wir einen klügeren Weg als ein hohes Marketingbudget. Geschichten und eine Marke jedoch sind gute Wege, Ihr eigenes Wissen zu veredeln. Bei Milch ist es nur deshalb aufwendig, Markenbildung zu betreiben, weil die Eigenschaften des Produkts für den Konsumenten schwerer unterscheidbar sind. Bei Wissen wird das später viel leichter sein. Eine Marke aufzubauen ist also durchaus ein Weg. Additive und Destillationsprozesse werden uns gleichermaßen interessieren, wenn es ab dem Kapitel »Wissen mit Rendite« darum geht, dem reinen Wissen etwas hinzuzufügen oder Teile davon wegzulassen, um dadurch die Gewinnaussichten zu steigern.

Das bedeutet am Ende, dass sich die Frage nach dem Preis eines Produktes oder einer Dienstleistung immer an die Preiselastizität und damit an die Vergleichbarkeit und die Austauschbarkeit dieses Produktes und/oder der dazugehörigen Marke knüpft. Das wird ein Teil der Strategie in diesem Buch sein, Wissen zu Geld zu machen.

Die Analyse der Unterscheidbarkeit ist dann auch eine der ersten Fragen, die wir immer an eine Geschäftsidee unserer Kunden oder unsere eigenen Planungen stellen:

- Wie austauschbar ist Ihr Produkt – oder Sie selbst?
- Müssen Sie über den Preis in den Markt gehen oder können Sie mit der Relevanz Ihres Produktes argumentieren?
- Haben Sie diese besonderen Eigenschaften genügend analysiert und können Sie sie herausstellen?
- Sind Sie als Person unterscheidbar? Sind Sie eine Marke?

Relevanz bestimmt den Wert Ihres Wissens für Ihre Zielgruppe

Damit ist auch schon die nächste sehr wichtige Unterscheidung angerissen, die für die Wirtschaftswissenschaften in der Wettbewerbsmatrix von Michael E. Porter beschrieben wurde.[2] Porter ist US-amerikanischer Wirtschaftswissenschaftler und berühmt geworden als einer der einflussreichsten Spezialisten für Themen rund um Unternehmensstrategie und Wettbewerb. Er interessiert sich neben anderen Dingen besonders für Preise. Spätestens wenn es darum geht, Ihr Wissen auf Ihrer Webseite zu verkaufen, müssen Sie sich Gedanken um den Preis machen.

Die Wettbewerbsmatrix – Freund oder Feind?

> **»Welchen Preis kann ich denn für mein Wissen (Beratung, digitales Produkt und so weiter) veranschlagen?«**

Das ist eine Frage, die Sie sich mit Sicherheit irgendwann stellen. Und diese Frage ist wichtig, denn wir sprechen vom Tausch Wissen zu Geld, und der ist dann ideal, wenn wir gute Preise verlangen und durchsetzen können und zugleich einen möglichst hohen Wert für unseren Kunden erzielen.

Porter entwickelte mit seiner Wettbewerbsmatrix ein Konzept, das in den Wirtschaftswissenschaften deshalb so weit verbreitet ist, weil es einen Zugang zu allen möglichen Strategien eröffnet, wie ein Unternehmen seine Produktpolitik in verschiedenen Märkten, Wettbewerbssituationen und Branchen steuern kann. Er fragte sich, wie Firmen die möglichen Strategien unterscheiden und steuern können, nach denen sie Produkte im Markt platzieren und bepreisen. Das wollen Firmen am liebsten mit einem klaren Wettbewerbsvorteil tun. Einfacher gesagt haben die Unternehmen das gleiche Ziel wie Sie: Die Firmen wollen einen Preis und ein genaues Produkt wählen, das ihnen möglichst hohe Gewinne bringt – weil es gut verkauft und nicht von anderen ersetzt oder im Preis unterboten wird. Nun ist die Matrix damit für unsere Zwecke fast zu übergreifend gedacht, weshalb wir als kleinen Kunstgriff nur die Elemente herausgreifen, die für das Konzept von »Wissen zu Geld« speziell fruchtbar sind. Porter gibt uns eine gute Strategie an die Hand, das eigene Wissen möglichst teuer zu verkaufen.

Unsere Antwort auf die Frage, wie teuer Ihr Wissen verkauft werden kann, ist übrigens immer dieselbe:

Wenn die Relevanz des Produktes für den Kunden hoch genug ist, spielt der Preis kaum mehr eine Rolle.

Bis wir uns den Begriff der Relevanz genauer ansehen müssen, reicht folgendes Verständnis dieses Zusammenhangs:

Der Preis spielt eine untergeordnete Rolle, wenn das Angebot, sein Problem zu lösen, für den Kunden in dieser Qualität nicht an anderer Stelle zu bekommen ist.

Aus seinen Untersuchungen hat Porter drei grundlegende Strategien entwickelt, ein Produkt erfolgreich zu etablieren, die allesamt für uns interessant sind. Er unterscheidet *Kostenführerschaft*, ferner die *Differenzierung* beziehungsweise *Qualitätsführerschaft* und die *Nischenstrategie*. Die drei schauen wir uns an und werden begründen, warum wir letztlich eine Strategie empfehlen. Denn, so viel vorab: Alle drei Strategien haben Vorteile, und alle scheinen für ein Wissens-Business gangbar. Anbieter von Wissen arbeiten immer wieder mit allen Strategien. Darin liegt jedoch eine Falle, die Ihren Erfolg gefährdet.

Kostenführerschaft als erste Strategie bedeutet, dass man seine Beschaffungskanäle, seine Produktionskosten, Personal oder Absatzmengen, sein ganzes Business eben, so sehr optimiert, dass man bei niedrigen Preisen dennoch einen (kleinen) Gewinn und mit diesen geringen Margen dann durch den Verkauf großer Mengen des Produkts viel Umsatz macht. Das ist das Geschäftsmodell beispielsweise der Discounter. Und es bedeutet sogar, dass man auch dann noch Gewinn macht, wenn wegen des niedrigen Preisgefüges im Markt alle anderen schon ächzen. Es gibt auch Anbieter von Wissen, die versuchen, ihr Wissen über einen im Vergleich zu ihrem Wettbewerb niedrigen Preis am Markt zu platzieren und vielleicht ein Thema, das viele andere auch besetzen, zum Discountpreis zu verkaufen. Beispiele solch günstig angebotenen Wissens sind in der Wissensbranche etwa Tagesseminare. Von wirklich vielen Anbietern werden diese für Preise von vielleicht 79 Euro offeriert und sind für den Anbieter kaum kostendeckend. Erst wenn viele Kunden solche Seminare besuchen (und sich dann entschließen, weitere teurere und lukrativere Produkte ebenfalls zu erwerben), werden diese Angebote interessanter. Aber es gibt eben viele davon, und man unterbietet sich oft mit den Preisen; reichlich verschenkte Freikarten sind ebenfalls keine Seltenheit. Im Wissensbereich spitzt sich die Sache ohnehin zu, zumal dann, wenn Sie schauen, was durch die Digitalisierung an Wissen offeriert wird. Mittlerweile können Sie fast jeden Begriff googeln und werden irgendwelches Wissen finden. Die Strategie der Kostenführerschaft ist vielleicht für physische Güter eine erprobte Strategie, aber nicht optimal, wenn Sie Wissen gegen Geld tauschen wollen

Qualitätsführerschaft meint hingegen, dass Sie sich von anderen unterscheiden, weil Sie sich differenzieren können. Sie bieten Produkteigenschaften, die sonst keiner oder wenige bieten. Das funktioniert immer dann besonders gut, wenn Ihr Produkt aus lieferbaren Rohstoffen ein exklusives, besonders begehrtes oder für den Kunden wertvolles Produkt darstellt, das kein anderer so anbietet. Schon besser.

Martin von Hirschhausen bietet qualitativ äußerst hochwertiges Wissen an. Er war Vorstand einer Hamburger Privatbank und 40 Jahre im Bankwesen tätig. Heute gibt er sein Wissen über Geld unabhängig von Banken und deren hauseigene Produkte an seine Kunden weiter und weitet dabei den Blick auch auf ein »Wohlfühlen mit Vermögen« und gute Anlagemöglichkeiten für Wohlhabende wie für weniger wohlhabende Menschen mit individuellen Produkten. Er stellt sein Wissen höchst vertrauenswürdig in den Dienst dieser Personen und hat in seinem Bereich sicherlich Anspruch auf eine führende Qualität der Beratung. Seine Kunden buchen ihn genau deshalb gerne und sind selbstverständlich bereit, sein herausragendes Wissen entsprechend zu bezahlen. Sein Wissen erfüllt ihre hohen Ansprüche, ihre Probleme zu lösen und ihnen Orientierung zu geben.

Die dritte Strategie ist die der **Nische**. Hierbei gehen Sie in einen Markt, den schon deshalb kaum andere besetzen, weil er sehr speziell ist oder weil ihn noch keiner entdeckt oder gar geschaffen hat. Das werden wir uns noch genauer ansehen, weil es aufgrund der geringen Konkurrenz in einem dennoch bestehenden oder zu schaffenden Markt konkurrenzlose Absatzmöglichkeiten verspricht und er damit für uns interessant ist. Vielen ist bewusst oder sie haben schon einmal gehört, dass sie eine »gute Nische« finden müssen, aber die wenigsten wissen, wie das geht.

Interessant ist an der Nische, dass hier weder die Kostenführerschaft noch die Qualitätsführerschaft notwendige Voraussetzungen sind. Produkte, die in der Nische erfolgreich sind, müssen nicht zwingend die besten oder die billigsten sein, sie werden ja kaum oder gar nicht miteinander verglichen – oft sind sie automatisch das beste und preiswerteste Angebot. Wenn niemand anderes die Fragen des Kunden beantwortet, dann bietet man automatisch die beste Lösung.

Das ist sinnvoll, denn dort, wo Sie der einzige Anbieter sind, ohne sich den Herausforderungen der Qualitäts- oder Preisführerschaft zu unterwerfen, können Sie Ihre Kunden ein für diese optimales und lukratives Angebot unterbreiten. Eine gute Qualität des Angebots rückt dabei übrigens meistens automatisch nach, weil gute Preise erzielt werden können. Das ist ein faszinierendes Paradoxon dieser Nische.

Der Wissensanbieter, der diese Nische findet und versteht, lässt sich sehr gut bezahlen und entwickelt dafür ein qualitativ hochwertiges Angebot für seine Kunden – und alle sind zufrieden.

Ralph Günther und sein Team von Gemeinsambauen24 haben eine spannende Nische entdeckt und mit einem Wissens-Business erschlossen. Denn sie haben zwei Dinge intelligent kombiniert: eigene Expertise in Verbindung mit einem wachen Auge für eine Marktlücke.

Ralph Günther ist Vermessungsingenieur und mit eigenem Büro und rund 15 Mitarbeitern selbstständig. Mit Kollegen und anderen Handwerkern hat er sich zum Ziel gesetzt, Handwerker-Engpässe bei der Akquise von sogenannten Nachunternehmern – ein Killerproblem der gesamten Baubranche – anzugehen und zu lösen. Unternehmen können ausgeschriebene Bauvorhaben oft nicht alleine bewältigen und müssen weitere Gewerke hinzuziehen, wenn sie den Auftrag dennoch bekommen wollen. Das Team um Ralph Günther hat hier eine Matching-Plattform für solche Betriebe programmieren lassen und wesentliche Herausforderungen, denen das Bauhandwerk dabei immer wieder begegnet, aufgelöst. Als Bauingenieur konnte er diese perfekt sehen und Antworten liefern. Damit hat er die Umsetzung seines eigenen Wissens zu Geld aus der Taufe gehoben.

Vorsicht, Falle: Billiger als null geht nicht

Welche Strategie auch immer Sie später wählen, die reine Kostenführerschaft gilt es ziemlich sicher zu vermeiden. Gleichzeitig ist es aber so verlockend. Wenn man mit seinem Wissen einen Markteintritt plant, dann ist man am Anfang gerne bescheiden, will nicht unverschämt sein und damit die Chancen bei den Kunden gefährden. Das ist jedoch genau die falsche Herangehensweise:

> **Denken Sie Ihren Markteintritt niemals vom Preis aus, sondern immer vom Vorteil für den Kunden.**

Sie dürfen natürlich die niedrigsten Kosten haben, aber das sollte nicht Ihr Garant für Gewinne sein. Nicht in diesem Business. Warum eigentlich?

Wenn der Rohstoff Wissen kostenfrei überall zu bekommen, die Verbreitung mit den neuen Medien heute mehr als einfach ist und die Konkurrenz überall lauert, dann ist es fatal, Kostenführer werden zu wollen. All diese Kosten, die bei der Vermarktung von Wissen entstehen – für die Sammlung von Wissen, die Verbreitung im Internet und die Aufbereitung von Content –, kann man heute gegen null skalieren. Daher wird sich immer jemand finden, der Sie beim Verkauf von reinem Wissen preislich unterbietet. Und das geschieht unausweichlich. Im Zweifel erledigt das Google umsonst und für fast jedes Thema. Traurig, wer da die Kostenführerschaft anstrebt und, weil er Geld verdienen will, noch vernünftige Preise erheben möchte. Das Spiel können Sie nur verlieren.

Qualitätsführerschaft ist viel besser und entsteht durch Differenzierung des eigenen Produktes gegenüber anderen, weil damit automatisch eine gewisse Bewegung in eine Nische verbunden ist. Wie sagt Mercedes in seiner Werbung so schön: »Das Beste oder nichts«. Wenn

Mercedes dabei aus Erzeugnissen wie Stahl, Kunststoff und Leder, Reifen und reichlich Zulieferteilen, die letztlich alle Hersteller nutzen können, ein besonders für seine Qualität weltweit bekanntes Automobil baut, dann ist das der richtige Weg.

Halten wir als Ergebnis aus diesen ersten Seiten fest: Sie wollen nicht vergleichbar sein, weil Sie Ihr Wissen zu einem sehr guten Preis verkaufen wollen. Wir hatten es schon angedeutet: Wissen – oder Content, wir nutzen diese Begriffe hier synonym – ist als Rohstoff leicht zu bekommen und sehr günstig zu beschaffen. Gerade deshalb schauen wir es uns genauer an, weil wir es dann veredeln werden.

Auf diesem Weg wird das Wissen gefiltert, sortiert und strukturiert, es wird in eine Wissensnische verdichtet und über verschiedene Stufen der Veredelung zur maximalen Wissensrendite gebracht.

Unveredelter Inhalt ist wertlos

Wenn Sie Ihr eigenes Wissen zu Geld machen wollen, dann verkaufen Sie immer zunächst den reinen Inhalt, englisch Content. Dieser mag in physischen Gütern wie Büchern aufbereitet sein oder von Ihnen in einer beratenden Tätigkeit präsentiert werden. Aber die Grundlage bildet immer Content.

Der jedoch hat ein Problem.

Content ist überall gratis verfügbar

Content ist ein Rohstoff. Er ist im Überfluss an vielen Stellen zu finden – für Ihre Kunden wie für Sie. Natürlich gibt es Formen von Wissen oder Content, die nicht so einfach zu erlangen sind – etwa Staatsgeheimnisse oder interne Unternehmensdaten, die vielleicht für Aktienanleger interessanter Content wären. Auch Fachmagazine zählen dazu. Aber das allermeiste Wissen ist heute einfach da. Kostenfrei, für jeden zugänglich. Content ist devaluiert, mehr als Milch oder Benzin.

Schlimmer noch: Sie versuchen, Rohstoffe zu verkaufen, für die man weder eine Fabrik noch eine Ölquelle benötigt. Letzteres wären noch Markteintrittsbarrieren, die dafür sorgen würden, dass nicht jeder in den Markt einsteigen kann. Sie sind jedoch bei Wissen leider vergleichsweise gering. Für den Betrieb einer Fabrik benötigt man eine große Infrastruktur, für Wissen meist nur einen Computer und Internet oder ein Smartphone im W-LAN des nächsten Cafés.

Zur Entwertung des reinen Wissens trägt auch bei, dass klassische Markteintrittsbarrieren wie eine Ausbildung oder akademische Titel ihren Bezug zum Wissen verlieren. Im Internet ist es schwieriger zu prüfen, welcher Anbieter legitimiert ist, Wissen zu offerieren. »Dr. Google« stellt zu einer Frage gleichsam häufige wie gegebenenfalls auch falsche Diagnosen. J. Content ist auch Wissen, das der Anbieter zu wissen behauptet.

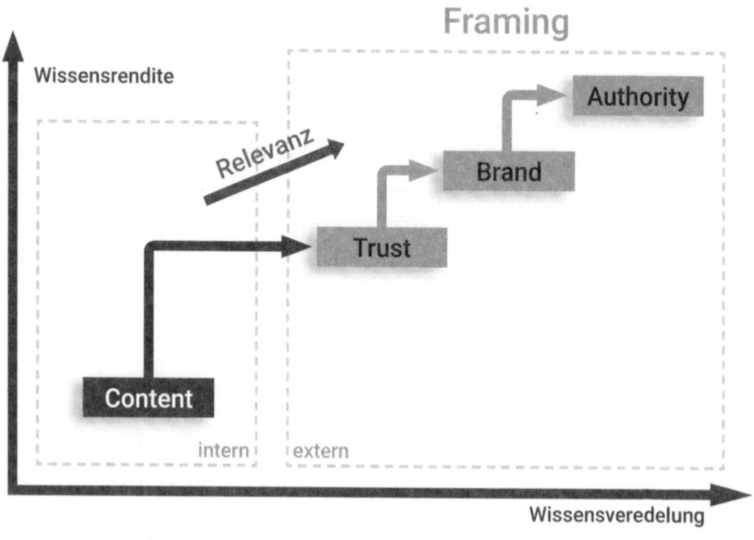

Abb. 1: Die vier Stufen der Wissensveredelung

Schauen Sie sich Abbildung 1 zur Einordnung des Problems reinen, unveredelten Contents einmal an: Auf der x-Achse ist die Veredelung von Wissen abgetragen, die auf der y-Achse dann für eine zunehmende Wissensrendite sorgt.

Die Wissensrendite definieren wir als das Potenzial, aus dem eigenen Wissen (monetären) Profit zu schlagen. Reiner Content erzeugt keine oder eine sehr geringe Wissensrendite.

Die Veredelung von Content oder eben die Wissensveredelung ist dabei durch vier Stufen von links nach rechts gekennzeichnet. Wenn Sie eine höhere Stufe der Wissensveredelung erreichen (Trust, Brand und schließlich Authority), dann können Sie Repräsentationsformen Ihres Wissens – Seminare, Coachings, Videokurse oder Schriften – für mehr Geld anbieten und vor allem verkaufen: Die Wissensrendite entsteht und steigt.

Die vier Stufen der Wissensveredelung bauen ihrerseits aufeinander auf und sind in unterschiedlichen Feldern angesiedelt, die ihre inhaltliche und strategische Abgrenzung prägen.

Abbildung 1 wird uns eine Weile lang begleiten bei der im Hinblick auf die Wissensrendite optimalen Veredelung von Wissen. Die erste Ableitung ist bis hierher: Wir müssen den »wertlosen« Content, den jeder anbieten kann, zu Trust, Brand und Authority veredeln. Diese vier Begriffe tragen dieses Kapitel von nun an. Sie zu verstehen ist der Schlüssel zur eigenen Wissensrendite.

Wissen mit Rendite

Wir starten unten links in der Abbildung. Content ist die unterste Stufe der Veredelung von Wissen als Rohstoff und erzeugt folglich die geringste Wissensrendite, schließlich ist er ja, wie wir gesehen haben, nahezu wertlos. Um hier den Überblick zu behalten, ein kleiner Ausblick:

Schauen Sie sich einmal einen Vortrag eines guten Redners an, der ja Wissen vermitteln soll. Der reine Inhalt, der dort präsentiert wird, ist nicht immer vom Redner selbst erfunden worden, sondern wird oftmals auch von anderen Fachleuten und auf anderen Plattformen präsentiert – vorher schon, in anderer Form und morgen wieder.

Die Art der Präsentation, der spezielle Nimbus eines Redners und die Bindung zu seinen Zuhörern aber ist einzigartig. Das ist eine

Form von Wissensveredelung, die unter Profis wie folgt zusammengefasst wird:

Content ist 500 Euro wert. Gänsehaut 10 000!

Sollten Sie kein Redner sein, so hat das ausdrücklich keinen Einfluss auf die Renditechancen – und übrigens auch nicht auf die Gänsehaut. Es gibt Wissensanbieter, die mehr als eine Million Reingewinn im Jahr erwirtschaften, ohne dass ihre Kunden ihr Gesicht kennen.

Es muss für Sie gelten, den Rohstoff Content aufzuwerten, ihm gewissermaßen Additive beizumischen, ihn zum Beispiel zu einem Markenrohstoff zu machen, und dafür zu sorgen, dass er dem Kunden einen besseren Nutzen verspricht als das überall zugängliche Wissen. Nicht ein Mehr an Content garantiert hierbei eine steigende Wissensrendite, teilweise ist gar das Gegenteil der Fall. Top-Redner verfügen über geniale Mechanismen, um Content höchst gewinnbringend zu veredeln. Sie verdienen so gut, weil ihre Kunden bei ihnen einen erheblichen Mehrwert erfahren.

Und auch dann, wenn Sie ein Abonnementprodukt erstellen wollen, bei denen Ihre Kunden regelmäßig gutes und veredeltes Wissen über beispielsweise gesunde Tiernahrung erhalten, so lassen Sie ja das meiste Wissen zu diesem Thema weg und präsentieren nur das für den Kunden nutzbringende Destillat. Das wird unser Weg nach oben rechts im Schaubild sein, zur höchsten Wissensrendite. Content muss so veredelt werden, dass er dem Kunden einen Mehrwert bietet.

Wie viel Wissen muss ich denn in ein digitales Wissensprodukt hineinpacken? Weniger, als Sie vermutlich denken.

Benzin ist für diesen Zusammenhang ein Beispiel, denn es wird aus Rohöl hergestellt. Dieses wird in chemischen Prozessen gereinigt, destilliert und nach verschiedenen Siedepunkten der enthaltenen Flüssigkeiten »sortiert«. Dann wird es zum Kunden gebracht und verkauft. Genauso können Sie mit Wissen umgehen: Nehmen Sie den Rohstoff Wissen, entfernen Sie für Ihren Kunden unwichtige Bestandteile, wählen Sie dann das Destillat, das Ihr Kunde am besten für sich nutzen kann, und bringen Sie es veredelt in den Markt.

Benzin ist gewissermaßen ein Weniger an Inhalten des Rohöls, aber ein Mehr an Nutzbarkeit für den Kunden. Benzin ist gleichzeitig nur ein geringer Teil der Wertschöpfung aus den Millionen Barrel an Rohöl, die gefördert werden. Aber es bringt Kunden als Treibstoff ans Ziel – also kaufen sie es. Das ist die nächste Ableitung:

Veredeltes Wissen, das Ihren Kunden an sein Ziel bringt, verspricht eine höhere Rendite. Weniger ist mehr.

Wissen wird genauso wie Benzin in großen Mengen täglich produziert und sprudelt aus vielen Quellen. Auf YouTube werden laut einer bezeichnend kurzen Google-Recherche weltweit jeden Tag eine Milliarde Stunden an Videos konsumiert. Google präsentiert zu Suchanfragen Hunderttausende und mehr Ergebnisse – sicherlich mit variierender Tiefe an transportiertem Wissen.

Auf diesen Kanälen wird auch viel vermeintliches Wissen und objektiv Falsches als Content verbreitet. Solange Sie Ihr Wissen nicht veredeln, ist das aber – ganz gleich, ob Ihr Wissen »besser« ist, ob es durch Ihre akademischen Würden gestützt wird oder hochwissenschaftlich erarbeitet ist – Ihre Konkurrenz! Ein typischer Ausspruch von angehenden Wissensanbietern lautet:

»Wie soll ich denn mit meinem Wissen Geld verdienen, das wird alles auch auf YouTube/Google/Wikipedia von anderen erzählt«.

Anbieter von Wissen sind Profis darin, wie man Wissen produziert und aufarbeitet. Aber wie schafft man es, dass ein Produkt gesehen und verkauft wird? Schauen wir uns das im nächsten Abschnitt an.

Wissen braucht Veredelung

Die schiere Menge an Informationen – die »Informationsflut« also – ist nicht nur Fluch, sondern zugleich auch Segen. Oder noch deutlicher formuliert: Die Zeit war sogar nie besser für solch ein Business, mit Wissen Geld zu verdienen. Denn es ist auffällig, dass bei gleichzeitiger Flut an verfügbarem Wissen genau die Branchen boomen, die Wissen zu Geld machen: (digitales) Coaching, Beratung, Trainings- und Expertenangebote.

Denn was Ihren Kunden fehlt, ist aufbereitetes, »veredeltes«, nutzbares Wissen. Das fällt gerade deshalb so deutlich auf, weil das unveredelte Wissen die Kunden förmlich erschlägt. Und hier liegt Ihre Chance für den Aufbau eines eigenen Wissens-Business. Die Strategie ist dabei nicht etwa neu, sondern an den Prozess der Veredelung von Rohstoffen angelehnt.

Der Rohstoff Milch wird durch eine starke Marke wie »Weihenstephan« oder »Bärenmarke« aufgewertet und damit veredelt. Bei Benzin geschieht dasselbe: Das Rohöl wird destilliert, wesentliche Anteile werden gar nicht weiter genutzt für den Autofahrer, es bekommt einige kleinere Zusätze, damit es zur vertrauensbildenden Marke wird, und dann bringt es den Kunden verlässlich an sein Ziel.

Für Sie bedeutet das: Jemand muss sich für Ihren Content interessieren und annehmen, dass ihn Ihr Wissen an sein Ziel bringt. Ihre Kunden werden sich für Ihr Wissen interessieren, wenn Sie der Wellenbrecher in der Informationsflut sind und das Hoffen auf Orientierung bedienen. Beschäftigen wir uns nun mit der Nahtstelle zwischen internem und externem Wissen. Denn diese liegt wie in der Abbildung 1 erkennbar in der Relevanz und markiert den Unterschied zwischen verkäuflichem und wertlosem Content:

Wissen ist nur im Äußeren, beim Kunden, zu veredeln und wird erst dort als Geschäftsmodell wertvoll.

Content ist intern, die folgenden Stufen extern. Relevanz macht genau dort den Unterschied zwischen wertlosem Content und Wissensrendite. Und darüber hinaus ist Relevanz schlichtweg das Kriterium, nach dem sich jeder Schritt und jede Handlung im Marketing prüfen lassen müssen.

Veredelter Content schöpft großen Wert

Es klingt paradox. Wir erklären, dass mit schierem Content kein Geld zu verdienen ist. Gleichzeitig ist aber der Konzern, der wie kaum ein anderer in unendlicher Menge Wissen zugänglich macht, der zweitwertvollste Konzern der Welt: Google. Google hat das einfachste und gleichzeitig eines der klügsten Geschäftsmodelle für sich perfektioniert. Google bietet oberflächlich betrachtet reinen Content beziehungsweise sogar nur Verweise auf diesen an. Google erledigt aber mehr und stattet Content aus Tausenden gleichwertiger Quellen mit Relevanz aus.

Google strukturiert Wissen für seine Kunden nach Relevanz. Das ändert in der Gleichung von Wissen zu Geld alle Vorzeichen.

Content mit Relevanz auszustatten veredelt ihn

Im klassischen Geschäft von Google ist das sogar der einzige Zweck. Google filtert zugängliches Wissen und stellt es zur Verfügung, sortiert letztlich nur nach einem einzigen Kriterium: Jedem Nutzer/Kunden wird das gezeigt, was er sucht. Google nimmt schlicht den bestehenden Content aller Webseiten und -quellen, die es nutzen darf, und sortiert diese in einem sehr aufwendigen Algorithmus für jeden spezifischen Nutzer. Relevanz bedeutet, jedem das anzubieten, was er sucht.

Wenn Google könnte, würde es jedem dieser Nutzer nur eine einzige Webseite oder Webinformation zeigen: die richtige. Diesem Ideal nähert sich Google täglich mehr an, denn es filtert, analysiert Suchanfragen und Webseiten, Nutzerverhalten und Werbenutzung seiner und damit auch Ihrer Kunden. Denn wenn Google immer relevanten Content zur Suchanfrage präsentiert, dann wird es beim nächsten Mal wieder vertrauensvoll konsultiert, um etwas im Netz zu suchen. Dass sich dieses Vertrauen den Werbetreibenden als Dienstleistung verkaufen lässt, hat Google zu einem der wertvollsten Unternehmen der Welt gemacht.

Und dass es beides immer wieder gewährleistet – Relevanz für Suchende und Vertrauen der Werbetreibenden –, hat die Marke stark gemacht. Vertrauen – in Abbildung 1 der »Trust« – veredelt Content, und damit lässt sich Geld verdienen. Zwischen den Stufen (wertloser) Content und (als veredelter Content mit Renditeaussicht versehener) Trust liegt die Relevanz als Hüter der Schwelle.

Nun haben wir bisher das Wort Relevanz, das eben genau an der Nahtstelle zwischen Content und Trust steht, ohne genaue Erklärung benutzt, weil es im allgemeinen Sprachgebrauch verstanden wird. Wir haben es aber nicht für unsere Theorien definiert. Grundsätzlich ist etwas relevant, das eine Bedeutung für den Kunden bekommt. Wir erklären es gerne so:

Ein Kunde wird Ihr Angebot für sein konkretes Problem als relevant erfahren, wenn Sie …

1. … das Problem Ihres Kunden klar – am besten klarer als der Kunde selbst – benennen können, ferner
2. … das Ziel Ihres Kunden ebenso klar benennen oder ihm gar erstmalig aufzeigen und
3. … die beste Abkürzung zwischen 1. und 2. zeigen.

Relevanz ist für uns deshalb wichtig, weil sie exakt die Schnittstelle zwischen internem Content und den externen Stufen unseres Schaubildes bezeichnet. Sie hilft uns, die nächste Stufe zu erreichen. Wissen, das sich in Ihrem Kopf, auf Ihrem PC in einer PowerPoint-Präsentation oder in Ihrem Buchmanuskript befindet, ist intern. Für Sie mag es wertvoll sein, aber es wurde noch nicht verkauft. Wissen aber, das dann in einem verlegten Buch, einem ausverkauften Seminar oder einem Online-Videokurs von Ihren Kunden bezahlt wird, ist extern. Und erst dort kann es höhere Stufen der Wissensrendite erreichen.

Relevanz ist ein Generalschlüssel im Marketing und damit im Verkauf des eigenen Wissens.

Relevanter Content wird von Ihren Kunden gesucht

Das Kriterium der Relevanz ist die zentrale Fragestellung, die wir an jede Idee eines Wissens-Business stellen. Können Sie mit Ihrem Produkt oder Ihrer Dienstleistung genügend Relevanz für Ihren Kunden erzeugen? Können Sie aus der schieren Menge an Wissen jenes destillieren, das Ihr Kunde sucht? Wer hier sagen kann, dass er das Problem des Kunden, seinen Idealzustand und den Weg dahin für den Kunden glasklar formulieren kann, der ist der Relevanz und damit der Wissensrendite ganz nah.

Um die Bedeutung dieser Frage besser zu verstehen, ist es sinnvoll, einmal zu schauen, wie Kunden mit Content, mit Wissen, einer Werbebotschaft oder einem Kaufangebot konfrontiert werden. Im Internet ist Wissen oder jemand, der es verkaufen will, nur einen Mausklick entfernt. Viele Seiten bieten Werbebanner, Kauf-Buttons und Shops an, die darum konkurrieren, für den Kunden relevant zu sein. Werbung blinkt und wechselt auf der Webseite, und ständig werden wir eingeladen, etwas zu kaufen, anzusehen oder Seiten zu folgen, unsere E-Mail-Adresse zu hinterlassen oder einen Newsletter zu abonnieren.

In der Konsequenz schirmen sich Nutzer zunehmend davor ab und bauen Barrieren auf. Die Kunden schützen sich vor inflationär angebotenem, rein werbendem Content. Sie abonnieren lieber werbefreie Kanäle wie Netflix, anstatt Fernsehen zu schauen, und nutzen Ad-Blocker für ihren Webbrowser. Deshalb muss man auffallen. Der entscheidende Maßstab dafür heißt Relevanz und muss an werbenden Inhalt genauso wie an Content angelegt werden. Dass Werbung als Mittel zum Verkauf und Content als potenzielle Ware um die gleiche Relevanz buhlen, kann man tatsächlich heute in vielen Kanälen sehen. Wenn Netflix werbefreien Content neben der Möglichkeit von Video-on-demand (der Verfügbarkeit des Contents zu jeder Zeit und nicht dann, wenn es dem klassischen Fernsehen gefällt) als Vorteil anpreist oder wenn Online-Nachrichtenportale eben mit eingeschaltetem Ad-Blocker nicht angesehen werden können und dann wiederum Werbefreiheit als Abonnement verkaufen – dann wird schnell klar, dass beide um die gleiche knappe Aufmerksamkeit des Kunden konkurrieren.

Das Wort Relevanz kommt aus dem Lateinischen und bedeutet so viel wie »den Waagebalken wieder in die Höhe heben«. Das ist eine sehr interessante Metapher, um erfolgreiches Marketing zu versinnbildlichen. An jedem Punkt, an dem wir als Anbieter mit einem Kunden in den Austausch treten und einen Kauf oder einen weiteren Informationsaustausch initiieren wollen, wird der Kunde schauen, was er in die Waagschale werfen muss – und was wir dafür in die Waagschale werfen. Und dabei ist es eine gut erforschte psychologische Grundfunktion, dass Menschen immer versuchen, zu einem möglichst geringen Preis möglichst viel Profit für sich zu erreichen.

Die dahinterstehende Theorie des »Homo oeconomicus« sollte man bei jedem Schritt im Marketing im Hinterkopf haben: Wenn der Kunde das Gefühl hat, dass die Waage gerade zu seinen Gunsten ausschlägt, dann erleichtert das den Tauschhandel oder den Verkauf. Das gilt auch, wenn Sie seine Kontaktdaten haben wollen oder Sie seine Aufmerksamkeit für Ihr Webinar binden wollen. Der Tausch muss gut sein. Ihre Kunden sind sogenannte Nutzenoptimierer.

Fassen wir unsere Ergebnisse zum Thema Content zusammen: Wissen ist unbegrenzt. Es ist nur dann wertvoll, wenn Sie es nach außen bringen, zu Ihrem Kunden. Und an genau dieser Schnittstelle wird es durch den Kunden auf Relevanz geprüft. Das geschieht meistens in Sekunden!

Folgende Facetten lassen Content wertvoller erscheinen.

Die Content-Wertschöpfungskette

Klug eingesetzt, hat aber auch reiner Content eine ganz erhebliche Umwegrendite, und das sogar außerhalb der direkten Wertschöpfung durch Veredelung. Von einer Umwegrendite spricht man immer dann, wenn eine Aktion eines Unternehmens nicht in direkter Folgerung eine Rendite einbringt. Messen, auf denen Visitenkarten getauscht, aber nicht zwingend Abschlüsse erzielt werden oder Social-Media-Marketing, das die eigene Bekanntheit steigert, aber kein Produkt sofort verkauft, sind solche Formen von Umwegrendite. Diese liegt im Wissensbereich oft wesentlich im sogenannten Content-Marketing, also in der freien Herausgabe von Content zum Zweck der zunehmenden Bindung der Konsumenten an den Anbieter. Diese Bindung kann in eine spätere Wertschöpfung aus diesem Prozess heraus umgewandelt werden.

Manche Anbieter von Wissen geben viel davon kostenlos vorab heraus. Das erfüllt gleich mehrere Ziele: Zunächst funktioniert es im Sinne der *Reziprozität*. Das ist wie das Stück Käse an der Käsetheke, das man kostenfrei probieren darf. Es ist eine Probe der Kunst des Anbieters und verleitet zum Kauf. Damit schafft es auch Vertrauen in das Produkt und erfüllt eine gewisse Orientierungsfunktion, die Sie einnehmen sollten gegenüber Ihrem Kunden. Sie etablieren sich als Anbieter hochwertiger Informationen, das schafft ein erstes Vertrauen. Weshalb sollte Ihr Kunde ausgerechnet Ihnen den Vertrauensvorschuss geben? Weil er von Ihnen schon etwas bekommen hat. Besser, wenn Sie in Vorleistung treten, dann geht der Rest viel leichter!

Sie teilen mit der kostenfreien Herausgabe von Content auch Informationen über Ihr Wissensgebiet mit Ihrem Kunden. Wenn diese ihm logisch erscheinen, dann sammeln Sie auch damit schon Punkte als Wissensanbieter. Wenn Ihr Kunden davon ausgeht, dass Sie ihm alles sagen und ihm dann nachher noch ein logisches Angebot machen, wird er es eher annehmen. Wenn Sie sich dabei im gesamten Prozess des Content-Marketings als gewissenhaft und klug strukturiert präsentieren, schafft das zusätzliches Vertrauen.

Konsumenten sind heute sehr gut darin, klare Werbebotschaften zu filtern und auszublenden, und zunehmend müde, mit Werbung genervt zu werden. Sie suchen eher interessante Inhalte. Was ist da genialer, als diese Inhalte zu liefern und damit quasi durch die Qualität dieses Wissens für Sie oder Ihr Produkt zu werben? So erwirtschaftet Ihr Content für Sie eine Umwegrendite, wenn Sie ihn verschenken. Schon, weil Sie keine aufdringlich werbenden Botschaften senden, werden Sie gesehen und sind potenziell relevant.

Stellen wir uns im ersten Beispiel vor, Sie seien Headhunter. Sie verdienen Ihr Geld im Mandat von Firmen, die geeignete Mitarbeiter für meist gut dotierte Positionen suchen. Der Arbeitsmarkt solcher Führungskräfte ist ziemlich leergefegt, und diese suchen selten klassisch nach einem Headhunter oder sprechen auf eine Werbung an, die etwas aussagt wie: »Sind Sie im richtigen Job? Jetzt hier klicken!«. Tatsächlich tun sich Headhunter oft schwer, weil die Personen, die sie vermitteln könnten, ja schon einen Job haben.

Umständlicher, aber womöglich zielführender ist es, in solch einem Geschäftsmodell, wenn es digital skaliert werden soll, diese Menschen erst einmal generell für einen Jobwechsel zu interessieren. Eine Webseite mit Themen rund um Karriereplanung, Aufstiegschancen oder die Entwicklung einer spezifischen Branche interessiert diese Menschen womöglich, wenn es nicht gleich – mit dem Zaunpfahl gewinkt – um den sofortigen Wechsel geht. Man fällt ja nicht mit der Tür ins Haus.

Auf dieser Informationsplattform platzieren Sie guten, interessanten Content, »Best-Practice-Beispiele« Ihrer Klienten und womöglich einen Selbsttest für diese Personen: »Der Karrieresprung-Check. Passt Ihr Job zu Ihrem Potenzial?«. Wenn die Leser Ihrer Webseite den Test aus initialem Interesse machen, dann qualifizieren sie sich gewissermaßen für weitere Angebote und Produkte. Das kann dann ein monatlicher, bezahlter Report von Ihnen sein. Schon digitalisieren Sie Ihr Wissen und verdienen damit Geld. Oder die Testteilnehmer werden an eine Zusammenarbeit mit Ihnen auf der Suche nach der neuen Karriereherausforderung herangeführt. All das ist Digitalisierung von Wissen.

Das zweite Beispiel steht wie kein zweites für eine Umwegrendite: Affiliate-Marketing. Beim Affiliate-Marketing baut man ebenfalls eine Internetplattform auf und informiert auch dort in aller Regel erst einmal zu einem Thema. In diese Informationen streut man dann Verlinkungen auf Produkte ein, die der Kunde in dieser Umgebung oft eher berücksichtigt, als wenn sie ihm als reine Werbung angezeigt werden.

Es wurde durch reichlich kostenlosen Content ein Trust erzeugt, sodass der Kunden annimmt, der Ersteller dieses wertvollen und kostenfreien Wissens möge wohl auch die Angebote, die er zeigt, gewissenhaft geprüft haben.

Das Affiliate-Marketing zeigt, dass kostenfreier Content nicht nur zu Wissensprodukten veredelt werden muss. Es kann darüber hinaus auch den Boden für spätere, aber behutsamer eingebundene Angebote eigenen oder fremden Contents bereiten.

Da Content ohnehin ein entwerteter Rohstoff ist, stellt es ein kluges Investment dar, ihn kostenfrei herauszugeben und dann »auf Umwegen« zu einem Business zu machen. Nicht zuletzt erzeugen Sie damit Vertrauen bei Ihrem Kunden. Dieses erkennen wir in unserer Abbildung 1 als Trust wieder, als Stufe der Wissensveredelung über dem Content. Hier kann also schon Wissen zu Geld gemacht werden.

Mehrere strategische Ziele

Content-Marketing ist durchaus mit Arbeit verbunden. Denn auch wenn der reine Content »for free« zu haben ist und Ihre Kunden davon profitieren, ist die Erstellung dieses Wissens für Sie keineswegs umsonst. Es gilt, einen besonders effizienten Einsatz der Ressource Content einzuplanen, denn sie kostet im Einkauf Geld, Zeit oder beides, auch wenn sie im Verkauf nichts bringt.

Wenn Sie beispielsweise ein Video drehen, dann kann dieses als langes Content-Video genutzt und parallel durchaus in kleinere Einheiten segmentiert und als Werbevideo beispielsweise zweitverwertet werden: einmal geskriptet und gedreht, dreimal verwendet.

Die Inhalte, die Sie dort einsprechen, haben Sie schon erarbeitet und strukturiert und können sie sogar über das Video hinaus nun als Grundlage weiterer Texte verwenden. Sie können den Content für ein erläuterndes PDF als Zusatzmaterial aufwerten und viele andere Schwerpunkte setzen. Das Wissen wird mit wenig Aufwand mehrfach genutzt. Content ist in Ihrem System wertvoll, denn er wird aufwendig produziert. Es ist ein Gebot der Effizienz, diesen nicht zu verschwenden.

Rohstoffe werden nur durch Wissen wertvoll

Die Firma Siemens ist in etlichen Bereichen ihrer Produktion Global Player, etwa für Atomkraftwerke. Und das sicherlich unter anderem aufgrund des Wissens, das in der Firma vorhanden ist und durch Patente geschützt wird. Siemens ist zwar in der Lage, ein großes Atomkraftwerk mit Maschinen, Werkzeugen und aus Tonnen von Zement und Stahl zu bauen. Aber das würde nicht ohne das Wissen funktionieren, wie dann ein Atomkraftwerk aus all diesen Teilen gebaut wird. Zum Glück.

Aber Siemens ist längst nicht das beste Beispiel, wie Wissen als Rohstoffeinsatz einen Unternehmenswert wesentlich bestimmen kann. Für den Bau eines Atomkraftwerks werden viele Rohstoffe zu Baumaterialien veredelt und bewegt im Vergleich zu dem, womit andere Firmen ihr Geld verdienen. Und das ist bei Hochgeschwindigkeitszügen und Kühlschränken im Übrigen nicht viel anders.

The Walt Disney Company arbeitet viel mehr mit immateriellen Gütern: mit Wissen und Content. Die Firma ist abgesehen von den Themenparks wie Disneyland eher weniger für physische Produkte bekannt, hier werden neben zahlreichen Geschäften wie Fernsehsendern, Filmproduktionsfirmen und so weiter vor allem die Rechte an den Figuren und Filmen gehandelt, die weltweit nicht nur Kinderaugen strahlen lassen. Animierte Figuren sind denkbar immateriell und damit reines Wissen. Ein Indiz dafür ist, dass The Walt Disney Company mit einem Drittel der Mitarbeiter und bei einem Fünftel des Umsatzes einen ähnlichen Gewinn macht wie der Volkswagenkonzern. Das ist immer ein starker Hinweis auf eine hohe Veredelung des Rohstoffs Wissen bei geringem Einsatz von physischen Rohstoffen. Die Figur Donald Duck ist reiner Content, aber versuchen Sie mal, die Rechte an der Ente komplett von Disney zu übernehmen.

Die Produktion der Merchandise-Figuren, selbst die Erstellung der Filme hat Disney längst ausgelagert an Produktionsfirmen, die sich dann mit Vermögenswerten belasten, die in der Bilanz nachrangig gegenüber der reinen Geschäftsidee und dem Unternehmenswissen sind.

Ideen sind wertvoller als Produkte

Die höchste Wertschöpfung erzeugt also heute längst die Idee, nicht mehr so sehr die Produktion. Das kann man auch gut sehen, wenn man sich die Liste der wertvollsten Unternehmen und ihren Wandel über die vergangenen Jahre ansieht. Unternehmen, die für die Produktion physischer Güter (etwa Merck und Walmart) oder leicht veredelte Commodities (Exxon Mobil für Öl und dessen Raffinerieprodukte) stehen, werden in den Top Ten der letzten 20 Jahre nach unten durchgereicht, während »Ideenproduzenten« nach oben aufsteigen. Apple, zweitwertvollstes Unternehmen der Welt nach Börsenwert, produziert noch nicht einmal seine Handys selbst. »Designed in California, Assembled in China«. Und Apple kann als geschäftstüchtig genug gelten, dass wir den dortigen Entscheidern zutrauen dürfen, genau abgewogen zu haben, ob sie mit Ideen oder mit der Produktion physischer Güter Geld verdienen wollen. Apple hat sich offensichtlich richtig entschieden.[3]

Sogar die Länder weltweit werden heute nach diesen Kriterien in ihrem wirtschaftlichen Erfolg geprägt. Waren früher vor allem Länder mit Zugriff auf Rohstoffe erfolgreich, nicht zuletzt Deutschland mit dem Ruhrgebiet, so sind heute fast alle Zechen und Bergwerke hierzulande geschlossen.

Die rohstoffreichsten Länder gehören heute oftmals gleichzeitig zu den Ländern mit relativ schwachen Volkswirtschaften, etwa Brasilien, Russland und einige afrikanische Länder. Die wirtschaftlich stärksten Länder – darunter auch Deutschland – bauen aber ihre Stärke selten auf Rohstoffen auf, sondern auf Ingenieurskunst, Innovationskraft und der Veredelung von Wissen!

Vertrauen lädt Content auf

Die erste höhere Stufe der Veredelung von Wissen heißt Trust, wie in Abbildung 2 zu sehen ist.

Ihr Kunde denkt: »Wenn ich lernen will, wie ich Brot backe, frage ich am besten den Bäcker. Und nicht etwa jemanden, der mir Brotrezepte verkauft.« Wenn Sie den Weg, den Sie Ihren Kunden in Ihrem Wissens-Business verkaufen wollen, selbst gegangen sind, erzeugt das ein hohes Maß an Trust. Wenn Sie sich auf das Thema »Hundeernährung« spezialisiert haben, haben Sie vor allem dann Trust, wenn Sie selbst einen kerngesunden Hund haben. Und wenn Sie Pferden den

Reitsport auf sanfte Art beibringen möchten, dann sollten Sie Ihr Pferd nach diesen Prinzipien behandeln.

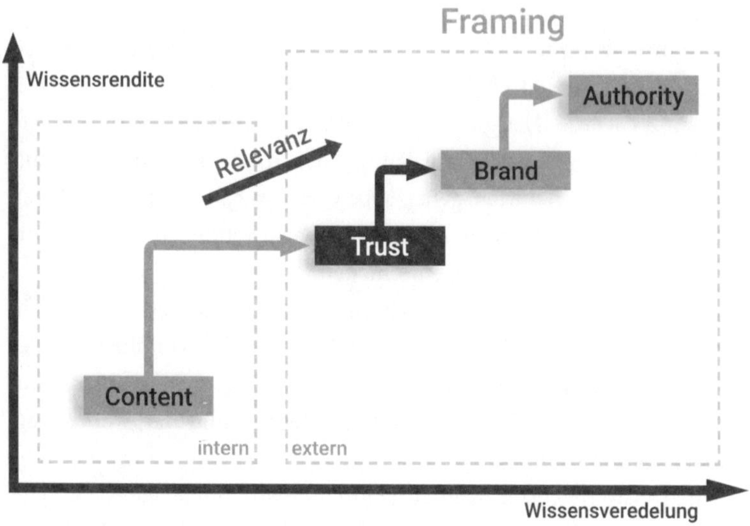

Abb. 2: Trust ist die zweite Stufe der Wissensveredelung.

Sie haben also in diesem Moment das Vertrauen Ihres Kunden verdient, und das kann schon den Unterschied machen. Wenn der Tierarzt Ihres Vertrauens Ihnen sagt, dass Ihre Katze eine ziemlich teure Medizin schlucken muss, um gesund zu werden, dann werden Sie diese Medizin mit hoher Wahrscheinlichkeit kaufen. Der Tierarzt hat seine Expertise in diesem Fachgebiet durch Studium, Titel und Berufserfahrung unter Beweis gestellt, er hat eine Untersuchung an dem Tier durchgeführt und die Situation bewertet. Seine anschließende Verkaufsofferte, denn das ist es letztlich, nehmen Sie dann an. Der Tierarzt hat Trust.

Übrigens ist sogar in diesem Fall alles Wissen, das der Tierarzt hat, schon längst da gewesen. Tierärzte sollten sogar auf Basis klarer Schlussfolgerungen und festgelegter Untersuchungsarten vorgegebene Behandlungswege anbieten, die sie selten selbst erfunden haben. Tierärzte sind meistens keine Erfinder.

Trust als Wissen, dem die Menschen vertrauen

Trust ist in unserem Kontext Wissen, dem man vertraut. Dem Thema Redeangst zu begegnen ist ein ganz gutes Beispiel dafür. Was legitimiert jemanden, mir bei dem Thema Redeangst zu helfen?

Thomas Friebe hat sich ein Wissens-Business aufgebaut: Er ist einer der führenden deutschen Synchronsprecher und die Off-Stimme von *Wer wird Millionär*, dem *ARD-Presseclub* und der Abendshow *Klein gegen Groß*. Er hat ein Online-Business unter dem Titel »Redeangst überwinden« aufgebaut – und weil er genau diesen Weg selbst gegangen ist, genießt er ein Höchstmaß an Vertrauen.

Thomas Friebe hat dabei seine eigene Expertise, souveränes Sprechen, einen sehr bewussten Umgang mit der eigenen Stimme, Umgang mit Lampenfieber und andere Themen, die man meistern muss, wenn die eigene Stimme zu so vielen Menschen spricht, zu seinem Geschäftsmodell gemacht. Thomas Friebe ist ein gutes Beispiel dafür, eine scheinbar sehr an den Live-Moment und die eigene Präsenz gebundene Tätigkeit zu digitalisieren.

Ein Kunde kann sich gut vorstellen, dass Thomas Friebe gut mit der eigenen Redeangst umgehen können muss – und das meistert, sonst wäre er nicht erfolgreich. Und damit ist sein professionelles Wissen bereits veredelt. Wissensanbieter, die sich das Vertrauen ihrer Kunden erarbeitet haben, können eher Geld für dieses verlangen, denn sie sind weniger vergleichbar. Jemand, der über Redeangst spricht, aber nichts mit Reden zu tun hat, hat im Vergleich eine schwächere Position. Thomas Friebe hat viel Trust. Wer spricht schon aus dem Off bei *Wer wird Millionär?* vor einem Millionenpublikum?

Pascal Feyh betreibt sein Wissens-Business »Mehr Geschäft«. Innerhalb der Nische »Geschäftsaufbau« hat er einen hohen

Trust bei seinen Kunden: Er hat zunächst selbst einen Onlineshop für den Import amerikanischer Konsumgüter aufgebaut, die es hier in Deutschland kaum zu kaufen gibt, und es schnell zu beachtlichen Umsätzen gebracht. So hat er viel Know-how gesammelt und vermittelt heute unter anderem die Verkaufstaktiken und viel Wissen, um »mehr Geschäft« zu machen. Weil er diesen Weg selbst gegangen ist, vertrauen ihm seinen Kunden.

Sein Beispiel ist auch deshalb interessant, weil er einen besonderen Weg geht, der eine echte zukunftsgerichtete Facette in diesem Business der Online-Wissensvermittlung beschreibt. Pascal Feyh gibt in seinem sehr hochwertigen YouTube-Channel sein Wissen kostenfrei preis. Das ist Content-Marketing. Und damit baut Pascal als weitere Umwegrendite Trust auf, denn wer so viel gutes Wissen herausgibt, ohne dass man sein Buch kaufen oder seine Kontaktdaten herausgeben muss, hat Vertrauen verdient, so die berechtigte Vermutung des Zuschauers.

Nehmen Sie die Idee, das eigene Wissen aus einem Bereich, den Sie selbst für sich erschlossen haben, zu verkaufen, gerne als Blaupause: Auch als Arzt oder Rechtsanwalt kann man Wissen sehr leicht im Sinne des Content-Marketing zur Verfügung stellen. Ein Fachanwalt für Verkehrsrecht wird schnell feststellen, dass potenzielle Klienten oder Käufer seines Wissens im Internet nach Möglichkeiten suchen, den letzten Rotlichtverstoß anzufechten.

Ein Orthopäde, der das Thema »Volkskrankheit Rückenschmerzen« zu seiner Expertise macht und mit wertvollem Content digital besetzt, hat gute Chancen, dafür Abnehmer zu finden. Beide haben in ihrem jeweiligen Fach Vertrauen verdient, weil sie sich mit dem beschäftigen, über das sie reden.

So bauen Sie für Ihr Wissens-Business Trust auf

Wissen ist per se wenig veredelt. Es wird durch Sie veredelt, wenn Sie in der Lage sind, Trust aufzubauen. Hier unsere Vorschläge für Ihr eigenes Business, mit dem Sie Trust aufbauen können.

Sichtbarkeit. Einen *Spiegel*-Bestseller geschrieben zu haben und von der *Bild*-Zeitung als »Rücken-Papst« geadelt zu werden, hat Professor Dietrich Grönemeyer sicher ebenso geholfen, Trust aufzubauen, wie seine zahlreichen Talkshow-Auftritte. Trust entsteht auch dadurch, dass Sie für Ihre Kunden über einen längeren Zeitraum oder in besonderer Intensität sichtbar sind. Die Kunden kennen Sie irgendwann und gehen beispielsweise davon aus, dass jemand, der so lange sichtbar ist, ein gewisses Vertrauen verdient hat. Dieser Experte hält sich am Markt, und wahrscheinlich steht das wiederum im Zusammenhang mit einer gewissen Werthaltigkeit des Wissens, das er vertritt. Sichtbarkeit und Zeit gehen Hand in Hand und erzeugen dann Trust.

Insignien. Attribute der Macht wie die Reichsinsignien der früheren Kaiser zeigen eine Position der Glaubwürdigkeit. Wir sind ein gutes Stück weit darauf eingestellt, uns von solcherlei Zeichen der Bedeutung eines Gegenübers lenken zu lassen. Wenn Sie einen der sehr anerkannten Fachärzte in Deutschland konsultieren müssten, etwa den deutschen Star-Kardiologen Prof. Dr. Dr. Reiner Körfer, dann kommen Sie zunächst kaum an ihn heran. In der Praxis wird Ihnen erklärt, dass Sie nicht einfach einen Termin haben können, sondern es lange Wartezeiten gibt. Im Wartezimmer hängen vermutlich etliche Zertifikate dieses Arztes, Auszeichnungen und Mitgliedschaften in renommierten Verbänden: All das ist Trust! Der Arzt tritt Ihnen dann in einem weißen Kittel gegenüber, in der speziellen Atmosphäre seiner Praxis- und Behandlungsräume, er wird womöglich eine Helferin die wesentlichen Ergebnisse seiner Anamnese notieren lassen und ihr medizinische Fachausdrücke diktieren. All das sind Insignien seiner Position und Vertrauenswürdigkeit. Sie würden seinem Urteil sicherlich ein hohes Maß an Vertrauen schenken und seinen Empfehlungen folgen, schon aus dieser Situation heraus.

Würden Professor Körfer und Sie die gleiche S-Bahn zur Praxis nehmen und er würde Ihnen unbekannterweise und ungefragt einen medizinischen Ratschlag erteilen – Sie würdest vielleicht abwinken und dem gleichen Arzt wenig Gehör schenken. Es fehlen eklatant wichtige Zeichen seines Trusts.

Oliver Pott hat schon gemeinsam mit Edgar Itt auf einer Bühne gestanden. Edgar Itt ist ein Paradebeispiel dafür, wie man Trust aufbaut. Er hat sich seinen Namen zunächst als Spitzensportler gemacht, war Olympiamedaillengewinner im Hürdenlauf. Dann hat er nach Karriereende ein Diplom als Kaufmann erworben und die Ausbildung zum systemischen Coach gemacht.

Letzteres aber haben sehr viele in Deutschland gemacht, ohne so erfolgreich zu werden wie Edgar Itt. Die Geschichte, dass er als Spitzensportler das Mindset hatte, um als Keynote-Speaker erfolgreich zu werden, macht den Unterschied. Itt überflügelt nicht nur andere Coaches, sondern auch Business-Berater, Motivationsexperten und zum Beispiel Unternehmensberater: Denn er hatte Erfolge als Sportler, hat seine eigenen Ziele erreicht und damit Sichtbarkeit erlangt. Er hat Trust von außen und Insignien verliehen bekommen.

Der weiße Kittel der Ärzte, ebenso wie das Podest, von dem ein Richter in seiner typischen Richterrobe spricht, verleihen Worten Bedeutung und bauen Vertrauen auf. Auf ähnliche Art kann man Titel, Medaillen und akademische Abschlüsse zu diesen Insignien zählen. All diese Zeichen der Position einer Person sind spannend, weil sie wesentlich Äußerlichkeiten darstellen. Und damit sind sie ein Element des sogenannten Framings, das ebenfalls die Grenze von Content zu den höheren Stufen der Veredelung markiert. Framing wird auch die spätere Stufe des Brandings, der Markenbildung also, und der Authority prägen. Dass diese beiden damit klare Verbindungen untereinander aufweisen, werden wir uns im Kapitel »Mit Ihrer eigenen Wissensmarke verkaufen Sie Ihre Inhalte« noch ansehen, um herauszufinden, wie man aus einem guten Trust dann die nächsten und deutlich wertvolleren Stufen der Veredelung von Wissen erzeugen kann.

In beratenden Berufen sind diese Insignien oft wesentlich subtiler, Sie erscheinen bei Ihren Kunden – ob persönlich oder digital – wahrscheinlich »in Zivil«. Dennoch gilt es, Insignien zu wählen, die Ihren Trust untermauern. Ein modernes digitales Flipchart und gute Videoanimationen in einem werbenden Video oder im Content-Video, das Sie Ihren Kunden verkaufen, können als Insignien für Trust gelten. Gleiches tut ein sogenanntes Lavaliermikrofon, dieses kleine Kabelmikrofon, das Sie sich ans Revers des Jacketts stecken.

Lavaliermikrofone kennen Zuschauer aus dem Fernsehen, dort werden sie oft verwendet und stehen durch diesen subtilen Verweis für einen hohen Grad an Professionalität. Ein Headset fürs Handy, das eine vergleichbare Aufnahmequalität erreichen kann, tut dies eben nicht, und so qualifiziert sich das Lavaliermikrofon als Insignie für Professionalität. Für Außenaufnahmen unterstützt übrigens ein kleiner Windschutz aus Kunstfell – der in professionellen Videoproduktionen so bezeichnete »Pudel« – diesen Eindruck zusätzlich.

Professionelle Technik zeigt dem Kunden, dass man sein Business professionell, ernsthaft und damit potenziell vertrauenswürdig betreibt. Achten Sie einmal bewusst auf diese kleinen Insignien auch bei anderen Wissensanbietern, um herauszufinden, was standesgemäße Abzeichen Ihrer Wissensnische sein können.

Vererbung. Hier ist vor allem Vererbung von Trust von anderen Marken auf Sie gemeint. Wenn ein Star Ihrer Branche oder Nische sagt, dass man Ihnen unbedingt zuhören sollte, dann kann das unheimlich Trust für Sie aufbauen, und zwar in kürzester Zeit. Eine wirklich spannende Qualität dieses Faktors von Trust ist, dass er vom Faktor Zeit weitgehend entkoppelt sein kann. In diesem Moment vererbt der mit großem Trust ausgestattete Star seine eigene Glaubwürdigkeit auf Sie. Das ist eines der zentralen Argumente für Kooperationen und Netzwerken in Ihrer Tätigkeit. Fast immer können solche Partnerschaften in Form von Testimonials, Sponsoring oder echter Zusammenarbeit einem oder beiden Partnern einen wirklichen Vorsprung beim Trust gegenüber ihren Kunden verschaffen. Wir nennen das Instant Trust, weil er ad hoc entstehen kann. Damit kann er ein weiterer Baustein in Ihrer Strategie zur Veredelung von Wissen sein, allerdings ist Instant Trust nicht immer allzu langlebig.

Barack Obama begeisterte als Redner der »World Leadership Summit« 2019 rund 15 000 Menschen in Köln. Eingeladen hat hier das Kölner Unternehmen »Greator (vormals Gedankentanken)«, das auch Veranstalter des Kongresses war.

Barack Obama hat Greator an diesem Abend Trust vererbt: Denn eine Veranstaltung, auf der der ehemalige US-Präsident auftritt, muss extrem hochkarätig sein. Nebeneffekt: Die Zeitungen und TV-Sender berichteten ausführlich über den Auftritt, was Greator gut nutzen konnte, um Sichtbarkeit aufzubauen.

Proof. Eine Überprüfung durch eine Institution kann Trust erzeugen. Zertifikate, akademische Titel oder Olympiasiege belegen eine Leistung. Das kann ein Siegel auf einer Webseite sein oder ein Nobelpreis. Haben Sie je die Arbeit eines einzigen Nobelpreisträgers geprüft oder nachvollzogen? Ebenso lieben Menschen Hotelbewertungen und entscheiden oft am ehesten danach. Testimonials gehören ebenfalls in diesen Bereich des Proofs als sogenannter Social Proof. Auch wenn dieser Punkt damit dem vererbten Instant Trust in den Parametern zu ähneln scheint, ist er doch zu unterscheiden. Proof ist eher objektiv untermauert gegenüber dem am Ende doch subjektiven Hinweis einer vertrauenswürdigen Person. Der Faktor Proof ist gleichsam auch dahingehend spannend, dass er oft an Marginalien hängt. Wenn etwa zwei Personen ein Studium bis hin zu ihrer Dissertation vorantreiben, die womöglich in den Studienleistungen noch deutlich bessere Person aber am Tage der mündlichen Verteidigung wegen Prüfungsangst nicht erscheint – dann wird die andere Person, die angetreten ist und ihre Doktorurkunde ausgehändigt bekommen hat, einen ungleich höheren Proof erlangen. Denn mit dem einfachen, aber von vertrauenswürdiger Stelle verliehenen Blatt Papier wurde ihre Leistung bestätigt.

Erfolg. Vertrauen entsteht dort, wo Erfolge nachweisbar sind! Einem Olympiasieger trauen Sie zu, dass er Ihnen etwas über Sport erzählen kann, schließlich unterstellen wir eine umfassende und tiefe Beschäftigung des Sportlers mit seinem Thema. Und dass er dabei alle anderen in dieser Veranstaltung angetretenen Athleten hinter sich gelassen hat, spricht dann auch für sich. Erfolge sind immer ein sehr starkes Zeichen für das Funktionieren von Wissen bei unserem Gegenüber. Das kann übrigens auch ein Trugschluss sein; Olympiasieger wird man sicherlich auch, wenn alle anderen Athleten aufgrund einer Magen-Darm-Erkrankung nicht antreten. Das Wort »Erfolg« bedeutete früher das Gleiche wie »Geschehen«, war also losgelöst von der Brillanz dessen, der Erfolg hat. Erst mit der Industrialisierung und sicher auch der heutigen Leistungsgesellschaft kam zunehmend die Bedeutung einer »Konsequenz der Summe richtiger Entscheidungen« als Definition von Erfolg hinzu. Und das sollte man sich vor Augen führen: Erfolg ist nicht nur ein Indiz für die Brillanz dessen, der ihn erfährt. Er passiert auch ganz häufig einfach. Richtige Entscheidungen schaden aber keineswegs, Geduld und Durchhaltevermögen sind gute Wegbegleiter, weil Zeit immer hineinspielt.

Psychologische Faktoren für Trust

Das waren bis hierher die »einfachen«, aber keineswegs unwichtigen Faktoren. Aber es gibt noch ein paar interessante weitere Elemente, die für Ihr Wissen einen Trust des möglichen Kunden wahrscheinlicher machen:

Grad des Interessenkonflikts. Inwiefern geht Ihr Kunde davon aus, dass Sie die gleichen Interessen haben wie er? Wenn diese möglichst übereinstimmend sind, dann vertraut er Ihnen. Dirk Kreuter hat eine Vision: Er will eine Million Menschen zu besseren Verkäufern ausbilden. Wer ihn einmal erlebt hat, wie er als Europas erfolgreichster Verkaufstrainer regelmäßig riesige Hallen füllt und eine große Fanbase hat, wird sehen, dass er dieses Ziel mit großer Kraft verfolgt. Gleichzeitig ist dieses Ziel natürlich auch das Ziel seiner Kunden. Denn wenn sie seine Trainings absolvieren, dann werden auch sie bessere Verkäufer. Das Ziel von Dirk Kreuter und seinen Kunden ist dabei also hoch übereinstimmend. Und das ist sehr beruhigend für seine Kunden, sodass sie ihm weitgehend vertrauen und seine Trainings buchen. Er erzeugt so neben der Qualität seiner Trainings und der Präsenz den gewünschten Trust.

Sachinformation. Mit fachlich fundierten, verifizierten Informationen liefern sie Fakten, und die wiederum schaffen Vertrauen. Das ist das Prinzip von Werbebroschüren mit technischen Daten, Prüfsiegeln und Kundenmeinungen. Ebenso werden Vergleichstabellen in einschlägigen Vergleichsplattformen im Internet auf Basis dieser Übergabe von Informationen an den Kunden so erfolgreich zur Vermittlung von Produkten genutzt. Vergleichsplattformen im Internet bieten eine hohe Transparenz an Informationen. Ihr Geschäftsmodell besteht darin, dass die Kunden dieser Informationsdichte vertrauen und dann vermittelt Versicherungen oder Handyverträge kaufen. Eine Internet-Vergleichsplattform wie Check24 verkauft nichts anderes als durch Trust aufgeladenen Content.

Kognitive Dissonanz. Das ist ein wirklich spannendes Thema im Marketing. Es hat einerseits etwas mit Ihren Verkaufschancen zu tun, andererseits können Sie damit Ihren Trust effektiv steuern. Aber Vorsicht: Die kognitive Dissonanz ist ein mächtiges Instrument und nicht unumstritten, je nachdem, wie Sie sie nutzen.

Eine kognitive Dissonanz entsteht vereinfacht gesagt immer dort, wo Menschen eine Lücke erfahren zwischen dem, was sie wahrnehmen, und ihren Wünschen. Eine Kognition ist nichts anderes als ein Gefühlszustand mit bestimmten Wahrnehmungen, Gedanken und Wünschen. Eine Dissonanz, der zweite Teil des Begriffs, ist ein Missklang zwischen zwei Tönen oder metaphorisch hier zwischen Gefühl und Realität.

Der griechische Philosoph Äsop hat als Illustration dieses allzu menschlichen Verhaltens die Fabel vom Fuchs und von den Trauben geschrieben. Der kleine Fuchs findet hierin einen Weinstock mit Trauben, die er gerne fressen möchte. Das ist sein Wunsch, seine Kognition. Gleichzeitig muss er aber feststellen, dass er die Trauben nicht erreichen kann, weil er zu klein ist. Das ist dann ein äußerer Faktor, der in Dissonanz, in schlechte Schwin-

gung zu seinem Wunsch tritt. Nun hat der Fuchs grundsätzlich eine äußere und eine innere Option, diese für ihn unangenehme Gefühlslage zu klären: Er löst das Problem im Äußeren und kann irgendwie an die Trauben gelangen, oder er löst es im Inneren und kann seinen Wunsch, die Trauben zu bekommen, loslassen.

In der Fabel findet der kleine Fuchs keinen Weg, die Trauben zu erreichen, und findet letztlich nur eine Lösung im Inneren. Er sagt: »Sie sind mir eh zu sauer«, um die schwer erträgliche Dissonanz aufzulösen, und geht erhobenen Hauptes weiter.

Menschen suchen in Prozessen, in denen ihr eigener Wunsch und die Realität auseinanderklaffen, nach einer Lösung, die beides wieder übereinbringt. Sie hätten beispielsweise gerne ein Problem gelöst, die Lösung ist an den Kauf eines Produktes gebunden. Bei der Frage nach einem Kauf eines für uns hinreichend relevanten Produktes erhöht diese Dissonanz – ich möchte es haben, habe es aber noch nicht – die Wahrscheinlichkeit einer Kaufentscheidung. Und um das zu tun, sind wir sogar bereit, uns selbst zu belügen, ohne dass der Verkäufer das tun müsste.

Ein bekanntes Experiment zur kognitiven Dissonanz macht das deutlich:[4] Die Forscher Leon Festinger und James Merrill Carlsmith haben ihre eigenen Studenten dafür an einen Stapel extrem langweiliger Aufgaben gesetzt. Danach baten sie alle Studenten, bisher nicht involvierte Kommilitonen zu überzeugen, doch auch diese Aufgaben zu verrichten. Einem Teil der Gruppe boten sie 20 Dollar für erfolgreich angeworbene Mitstudenten, einem anderen Teil nur einen Dollar. Danach befragten sie alle Studenten, die von ihrer Werbetour wiederkamen, als wie langweilig sie die Aufgaben beschreiben würden. Die Studenten, die 20 Dollar für die Werbung bekommen haben, haben die Aufgaben offen als sterbenslangweilig beschrieben. Sie hatten zwar Kommilitonen in den schönsten Tönen von den tollen und spannenden Aufgaben erzählt, aber dafür wenigstens Geld erhalten. Der Konflikt zwischen Wahrnehmung und Handlung war dadurch von außen aufgelöst. Gelogen, aber für Geld. Die Studenten, die kaum Geld erhielten, mussten sich der eigenen Wahrnehmung offen stellen, dass sie keinen guten Grund hatten zu lügen, und beschrieben nun die Aufgaben selbst als recht interessant – nicht nur den anderen Studenten gegenüber, die sie anzuwerben versuchten. Sie belogen sich offenbar selbst, um den inneren Konflikt damit erträglicher zu machen.

In gleichem Maße sind Kunden bereit, sich ein Produkt schönzureden, wenn sie es haben wollen. Autokäufer lesen noch nach dem Kauf des Autos die Werbematerialien, um es vernünftig erscheinen zu lassen, so viel Geld für ein Auto ausgegeben zu haben. Wenn Menschen den deutlichen Wunsch haben, etwas zu bekommen – zum Beispiel einen Teil Ihres Wissens zu erlangen –, dann sind sie aufgrund der kognitiven Dissonanz bereit, mehr Trust zu investieren und den Kauf zu tätigen, als vielleicht objektiv vernünftig wäre. Trust entsteht also aus kognitiver Dissonanz, wenn ihre Wahrnehmung (»Dieses Wissen würde mir sehr viel Nutzen versprechen«) nicht der Realität entspricht (»Ich habe das Wissen nicht«).

Einen wichtigen Tipp können wir gleich noch einmal anführen: Eine möglichst hohe Relevanz Ihres Angebotes stützt die kognitive Dissonanz massiv. Da ist sie wieder, die Relevanz an der Schnittstelle von Content zu Trust, von wertlosem Wissen zur Wissensrendite. Konkret bedeutet das, dass die Relevanz maximal aufgeladen werden muss, wenn man einen Verkauf begünstigen will. Das wurde schon deutlich, nun ist auch klar, warum.

Trust ist inflationär

Fassen wir zusammen: Trust ist also die nächste Stufe der Veredelung von Wissen in unserer Veredelungsgrafik. Aber er stellt noch nicht das Maximum an möglicher Wissensveredelung und -rendite dar. Trust hat unter anderem ähnlich wie Content ein quantitatives Problem, und er kann aufgrund dessen auch noch in der Masse an Angeboten untergehen.

Ein Arzt verfügt über Trust. Das ist sicherlich unbestritten. Er hat auch Renommee und Titel, Wissen und gewisse Insignien. Aber als Hausarzt oder Zahnarzt mit einem sehr allgemeinen Behandlungsspektrum ist auch dieser Trust zunächst noch recht indifferent und damit austauschbar. Und: Es gibt viele Ärzte und Zahnärzte, sodass Trust in diesem Bereich inflationär wird.

Ein angestellter Arzt kann einen höheren Trust gar nicht direkt in eine bessere Wissensrendite ummünzen. Als Allgemeinmediziner große Gewinne zu erwirtschaften ist durch die Trust-Inflationierung mühsam.

Auch Trust kann also bei mangelnder Differenzierung, geringer Relevanz und mangelnder unternehmerischer Verwertung für den Wissensgeber in der Masse untergehen. Auch ein Dozent an einer lokalen Bildungseinrichtung, der die wöchentliche Fortbildung aus einem Wissensbereich leitet, den sehr viele abbilden können, verfügt über etwas Trust seiner Teilnehmer, aber kann wenig Profit daraus schlagen – selbst wenn er zum Beispiel Professor ist.

Trust als Fiktion

Trust ist übrigens eine Fiktion. Das hat er in großem Maß mit den späteren Stufen gemein. Wenn Sie jemandem vertrauen, dann tun Sie das in der Regel, ohne groß nachzurecherchieren. Wenn eine Koryphäe sagt, dass jemand Vertrauen verdient hat, dann glauben das viele. Wenn jemand eine Arztpraxis führt, dann lassen sich wenige die Urkunden zeigen und rufen bei der ausstellenden Universität an. Wir sind es gewohnt, solchen Fiktionen zu vertrauen. Für die Veredelung von Wissen bedeutet das vor allem zwei wesentliche Dinge: Erstens ist Zeit ein wesentlicher Faktor. Geschichten – und damit auch Fiktionen wie Vertrauen – werden in der Regel über die Zeit erzeugt.

Zeit ist also ein wesentlicher Faktor für Trust. Zweitens und in der Konsequenz bedeutet das, dass es schon fast fahrlässig anmutet zu denken, seine eigene Personenmarke oder seine Firma als Marke mit Trust des Kunden zu etablieren und dabei auf schnelle Ergebnisse zu hoffen. Wenn Sie nicht wenigstens über ein immenses Marketingbudget oder Instant Trust verfügen, müssen Sie den Faktor Zeit immer mit ins Kalkül ziehen. Der Weg zum erfolgreichen Business aus Ihrem Wissen entsteht letztlich selten ohne den Faktor Zeit, denn es gibt keine Geschichten ohne Geschichte. Das vernachlässigen viele, die den schnellen Erfolg im Wissens-Business suchen.

Wenn Sie Content veredeln zu Trust, dann ist das eine solide Basis für ein Business. Viele kommen nie über diesen Status hinaus und sind damit glücklich. Deshalb dieses Buch jetzt weglegen und anfangen? Gar kein schlechter Ansatz, denn er folgt der »Bananentheorie«.

Die Bananentheorie ist eine Metapher zu einem ganz spannenden Thema aus dem Bereich des Entrepreneurships, also der Gründung einer Selbstständigkeit. Allzu viele Gründer benötigen sehr viel Zeit, um ihr Produkt oder Angebot zur Marktreife zu bekommen, verlieren sich gar in Perfektionismus oder hängen sich an Kleinigkeiten wie dem eigenen Logo auf. Die Bananentheorie ist ein schönes Gedankenspiel für solche Fälle. Eine Banane wird immer grün verschifft und oftmals grün zum Kunden geliefert – dort reift sie dann zum perfekten Produkt.

Softwarehersteller machen das fast immer so, Kunden akzeptieren das oft mehr, als man denkt.

Aber wenn Sie sich noch die Mühe machen, sich über die nächsten Stufen Gedanken zu machen, dann hat das einen sofortigen Mehrwert für Sie. Denn die Übergänge vom Trust zu Brand und Authority sind fließend, und Sie können an allen sogleich arbeiten. Je mehr Sie alle Stufen mit Leben füllen, desto erfolgreicher wird Ihr Wissens-Business werden. Schauen wir uns das an.

Vom Trust zum Brand

Trust und Brand, die nächsten Stufen der Wissensveredelung, erzeugen eine merkwürdige, einander beeinflussende Dynamik, die die beiden manchmal schwer zu unterscheiden macht. Habe ich Trust aufgebaut oder sogar schon einen Brand? Folgendes Beispiel hilft, diesen Übergang zu verstehen, der, obwohl fließend in der Bedeutung, umso entscheidender für den Erfolg ist: Kennen Sie Herbert Diess? Nein?

Herbert Diess ist der Chef des größten deutschen Konzerns nach Börsenwert: der Volkswagen AG. Volkswagen hat im Jahr 2018 650 000 Mitarbeiter beschäftigt, dabei 236 Milliarden Euro Umsatz gemacht und über 12 Milliarden Euro Gewinn.

Nach diesem Vergleich ist Volkswagen eher ein kleines europäisches Land, keine Firma. Aber kaum jemand kennt seinen Chef. Würde Herbert Diess auf einem Symposium zur Automobilwirtschaft sprechen, so würde er selbstverständlich als VW-Chef größten Trust genießen. Aber er ist kein Brand – oder kannten Sie seinen Namen vorher?

Herbert Diess aber ist ein Schwergewicht im Bereich Trust. Er kann äußerst berufen über Automobilwirtschaft, Konzernsteuerung oder Ähnliches berichten. Aber ohne die Marke Volkswagen würde er diese Funktion nicht haben. Diess steht markentechnisch auf den Schultern eines Riesen; ohne den Riesen Volkswagen wird er kaum gesehen. Die Marke Volkswagen strahlt auf ihren Chef ab.

Elon Musk ist im Kontrast dazu der Gründer und einer der Chefs von Tesla, dem aufstrebenden Stern der Automobilwirtschaft. Im Gegensatz zu Herbert Diess hat Elon Musk einen Brand und strahlt an ganz vielen Stellen auf seine Firma Tesla ab. Und viel mehr Menschen kennen Elon Musk und haben eine Idee, was sie mit ihm verbinden.

An der Firma Tesla liegt das nicht, zumindest, wenn man die Zahlen der beiden Autokonzerne betriebswirtschaftlich auswertet. Teslas Zahlen sind im Vergleich zu VW viel geringer: 2016 wurde zum ersten Mal nach 13 Quartalsverlusten ein Gewinn von 22 Millionen Dollar verbucht, im Jahr 2018 wurde zum überhaupt erst dritten Mal ein Quartalsgewinn von immerhin dann schon 139 Millionen Dollar bei einem Umsatz von 7,2 Milliarden Dollar geschrieben. Seither macht Tesla immer noch öfter Verlust als Gewinn in einem Monat. Ganz anders als Volkswagen, das zweistellige Milliardengewinne in einem Jahr erwirtschaftet, und das mit steigender Tendenz seit Jahren (Ausnahme war 2015 mit einem niedrigen Verlust).[5]

Gleichwohl hat Tesla aber im Börsenwert etablierte und erfolgreiche Autobauer längst überholt. Und das wohl vor allem deshalb, weil der Börsenwert eines Unternehmens ein Stück weit eine Wette auf die Zukunft ist. Und die nährt sich bei Tesla aus Vertrauen, Trust also, denn was sonst soll es sein?

Dieses Vertrauen wird aber nur unzureichend aus den nackten Zahlen des Konzerns genährt. Der Trust wird offenbar von dem Brand Tesla und dem Brand seines Lenkers Elon Musk gestützt. Mit Musk verbinden die Menschen unterscheidbare Elemente, wie seine durch verschiedene visionäre Firmengründungen belegte unternehmerische Kraft oder seine sehr besonderen und öffentlichkeitswirksamen Produktpräsentationen– und das ist ein wichtiger Teil einer Marke. Und in einer Marke geht Trust oft direkt auf, er wird gleich mittransportiert.

Trust bedeutet auch, dass Kunden – in diesem Falle Aktionäre – auf eine mögliche Zielerreichung vertrauen, die durch ein Produkt in Aussicht steht. Dieser Satz ist zentral für jeden, der ein Wissens-Business betreibt, denn er bedeutet nicht nur, dass man Trust besonders gut aufbaut, wenn man eine Vision skizzieren kann. Vielmehr bedeutet es, dass Kunden nicht primär für die Zeit oder den Aufwand bezahlen, den jemand betreibt. Sie zahlen für Transformation.

Das ist gewissermaßen das Angebot hinter dem Angebot. Vordergründig bedeutet es, dass man ein Coaching oder eine Beratung anbietet, aber das ist das Instrument. Dahinter steht das Ziel, das der Kunde erreichen will. Und das ist erstens viel wertvoller und zweitens von der beiderseits eingesetzten Zeit gut zu entkoppeln. Wenn Tesla keine besonders guten Zukunftsprognosen bieten könnte, weil die Firma das Vertrauen aufbauen kann, besonders gute Lösungen für die Zukunft zu verkaufen, wäre der Aktienkurs der Firma viel schlechter – denn im Status quo macht das Unternehmen wenig Gewinn, das mögen Aktionäre nicht.

Wenn Sie als Anbieter von Wissen durch Ihr Branding ein Vertrauen rechtfertigen können, dem Kunden für seine Zukunft eine gute Lösung seines Problems zu bieten, dann wird dieser sich auf diese Vision konzentrieren und weniger auf das, was gerade produziert wird. Können Sie wenig Trust aufbauen, so bleibt Ihr Kunde im Hier und Jetzt und bezahlt Sie nach Stunden; können Sie aber viel Trust und Brand aufbauen, so bezahlt Ihr Kunde die möglichen Ergebnisse, wenn Sie diese auch so anbieten. Das löst Sie nebenbei aus der Abhängigkeit vom Tausch Zeit gegen Geld – die behandelt das fünfte Kapitel quasi als Krönung des Ganzen – hin zum echten Tauch Wissen zu Geld.

Mit Ihrer eigenen Wissensmarke verkaufen Sie Ihre Inhalte

Nehmen wir noch einmal das Thema »Rückenschmerzen«. Trust im hohen Maße hat Prof. Dr. Dietrich Grönemeyer. Vermutlich haben Sie diesen Namen schon mal gehört, zumindest, wenn Sie zur Zielgruppe der Rückenschmerzpatienten zählen. Außerhalb seiner Zielgruppe spielt sein Branding schon deshalb keine große Rolle, weil jemand, der keine Rückenschmerzen hat, kaum Interesse an seinem Brand und wahrscheinlich nicht einmal an seinem Wissen hat.

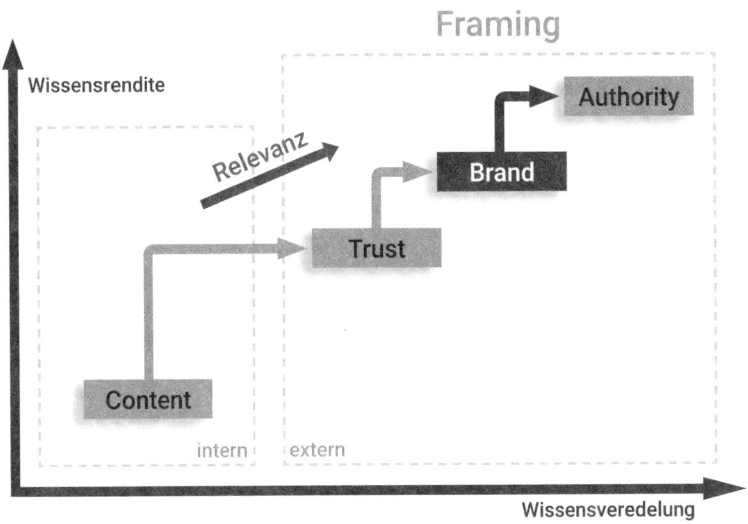

Abb. 3: Brand als dritte Stufe der Wissensveredelung

Professor Grönemeyer hat ein so starkes, zielgruppenspezifisches Branding in Deutschland, dass die »Münchener Abendzeitung« ihn als den deutschen »Rückenpapst« bezeichnet hat. Er hat einen Professorentitel in der Medizin und ist approbierter Orthopäde. Und: Sein »Großes Rückenbuch« ist Spiegel-Besteller, all das ist Trust. Aber es ist auch Brand, der Brand »Prof. Dr. Grönemeyer«.

Kunden buchen Wissen vor allem als Marke

Stellen wir uns ein Szenario vor: Helene Fischer ist kurz vor dem Konzert von einer Stimmbandreizung betroffen, die es ihr verbietet, aufzutreten. Nun bietet das Management dem versammelten Publikum an, als Ersatz eine ausgebildete Opernsängerin anstelle von Helene Fischer auftreten zu lassen. Die Tickets der Konzertbesucher können auch für dieses Konzert gültig bleiben, die Opernsängerin kennt alle Lieder und Choreografien auswendig und bringt sie gegebenenfalls besser vor als Helene Fischer selbst. Darin könnte man der Opernsängerin sicher vertrauen (Stufe Trust also), denn sie ist schließlich ausgebildete Sängerin.

Dennoch würden die meisten Besucher um eine Rückgabe der Tickets oder noch lieber eine Wiederholung des Konzerts ersuchen. Sie haben schließlich Helene Fischer gebucht – und sie ist eben unersetzlich! Es würde etwas fehlen, trotz inhaltlicher Werthaltigkeit. Wenn zwei das Gleiche tun, ist es noch lange nicht dasselbe.

Ein ähnliches Szenario ließe sich für ein Seminar bekannter deutscher Top-Speaker wie Money-Coach Bodo Schäfer oder Marketingprofi Hermann Scherer skizzieren. Was aber machen diese anders als andere? Zuallererst sind sie eine Marke.

»Was machen Sie beruflich? «
»Ich bin Geldtrainer«
»Aha, so wie Bodo Schäfer! «

Bodo Schäfer und Hermann Scherer sind solche *Brands.* Und es gilt als oberstes Ziel, in seiner Nische oder seinem Bereich, zum Brand zu reifen. Tempo ist ein Synonym für Taschentücher wie Zewa für die Küchenrolle. Die Golf-Klasse umfasst Dutzende von Fahrzeugen verschiedener Hersteller. Und Bodo Schäfer ist der Money-Coach.

Eine Marke ist zunächst einmal nichts anderes als die Summe von Eigenschaften, in denen sich Produkte oder Dienstleistungen eines Anbieters von denen anderer Anbieter unterscheiden. Man kann sogar feststellen: Diese Produkte dürften sogar gleich- oder minderwertig gegenüber anderen Produkten sein – im Einzelfall würde die

Marke für die einzigartige Qualität einstehen. Das ist die Kraft der Marke.

Bärenmarke-Milch darf teurer sein als die Eigenmarken des Discounters. Und für eine Sprechstunde beim deutschen Rückenpapst würde mancher wohl eine hohe Summe zahlen, selbst als Privatleistung, wenn nur sein (Rücken-)Schmerz groß genug ist. All das trägt allein die Marke, mehr noch als der auch hierfür zugrunde liegende Trust. Die Marke ist aber gewissermaßen mehr, sie ist eine Garantie für Trust. Garantien sind aber wertvoller als angenommenes Vertrauen.

Und wie die Marke das schafft, sehen wir uns an.

Brands in der Unternehmensbilanz

Wie Trust ist auch die Marke eine Fiktion. Sie existiert in der Vorstellungskraft des Kunden als Betrachter.

Und das ist spannend, denn das bedeutet wiederum, dass eine Marke im Wesentlichen aus Geschichten besteht. Wir haben schon geschildert, dass Geschichten immer zwei Elemente haben, nämlich einerseits die Übereinkunft, dass sie Wissen transportieren können und Zusammenhänge tradieren.

Andererseits, dass sie Fiktionen sein können. Und diese spannenden Fiktionen und großartigen Erzählungen sind im Bereich Marke interessanterweise vor allem da niedergelegt, wo man sie kaum vermuten würde: im Handelsgesetzbuch (HGB), konkret in der Bilanz von Unternehmen.

Im unter diesem Gesichtspunkt völlig neu zu lesenden Paragrafen 266 HGB »Gliederung der Bilanz« steht geschrieben, wie eine Bilanz eines Unternehmens aufzuführen ist, in der alle wesentlichen Posten des Vermögens aufzutauchen haben. Für uns ist dieses Vermögen interessant, denn Ihr Wissen kann Ihr größter Wertgegenstand sein.

(2) Aktivseite

A. Anlagevermögen:

I. Immaterielle Vermögensgegenstände:

1. Selbst geschaffene gewerbliche Schutzrechte und ähnliche Rechte und Werte;
2. entgeltlich erworbene Konzessionen, gewerbliche Schutzrechte und ähnliche Rechte und Werte sowie Lizenzen an solchen Rechten und Werten;
3. ...
4. ...

II. Sachanlagen:

1. Grundstücke, grundstücksgleiche Rechte und Bauten einschließlich der Bauten auf fremden Grundstücken;
2. technische Anlagen und Maschinen;
3. andere Anlagen, Betriebs- und Geschäftsausstattung;
4. ...

III. ...

B. Umlaufvermögen:

I. Vorräte:

1. Roh-, Hilfs- und Betriebsstoffe;
2. unfertige Erzeugnisse, unfertige Leistungen;
3. fertige Erzeugnisse und Waren;
4. ...

II. ...

III. ...

IV. Kassenbestand, Bundesbankguthaben, Guthaben bei Kreditinstituten und Schecks.

C. ...

D. ...

E. ...

V. Jahresüberschuss/Jahresfehlbetrag.

Die Aktivseite ist nach der Liquidität des Vermögens sortiert. Die Aktivseite beschreibt also das Vermögen, das ein Unternehmen gerade nutzen kann, und den Grad der Liquidität dieses Vermögens. Im Wort Liquidität steckt das lateinische »liquidus«, flüssig. Wir sagen auch im Deutschen: Ich bin gerade nicht flüssig. Wie schnell kann ich dieses Vermögen zu Geld machen, wie schnell kann es aus meinem Unternehmen abfließen – wäre eine sehr einfache Definition dieser Staffelung.

Der erste Posten in der Bilanz ist also das am wenigsten liquide Vermögen des Unternehmens, das es am wenigsten schnell zu Geld zu machen ist und das am wenigsten schnell abfließen kann.

Und das sind interessanterweise alles Posten, die auf Wissen basieren: Schutzrechte wie Patente und ähnliche Rechte sowie etwa Konzessionen, also eingekauftes Wissen und Ähnliches. Wissen steht als Allererstes in der Bilanz jedes Unternehmens, gewissermaßen im kaum veräußerlichen Kern. Posten A.1.1. ist der Wesenskern eines Unternehmens, seine Geschäftsidee, seine Marken, seine Patente – alles ist Wissen.

Trust wertet einen Brand auf

Über Jahre hinweg gab es in Deutschland Lieferschwierigkeiten für sogenannte Erstlingsmilch, Milchpulver für Säuglinge. Eigentlich sollte das in einem modernen Industrieland mit eher sinkender Geburtenrate nicht passieren.

Der Grund lag damals nicht in einer Geburtenexplosion in Deutschland oder dem Konkurs eines Herstellers – der Grund lag in China. Dort war seit 2013 gepanschtes Milchpulver aus chinesischer Produktion vertrieben worden und hatte zu gesundheitlichen Schwierigkeiten bei etlichen Kindern geführt, teilweise mit Todesfolge. Das Vertrauen der Konsumenten in chinesische Babymilch war stark zerrüttet, und die Lösung lag in deutscher Milch der Markenhersteller.

Es etablierte sich ein riesiger Bedarf an deutschem Milchpulver in chinesischen Graumärkten, gestützt durch Hamsterkäufe in den einschlägigen Drogeriemärkten und eBay-Anbieter in Deutschland, die plötzlich ihr Liefergebiet auf China ausdehnten. Allein die Szenen, die deutsche Drogeriemarktmitarbeiter damals schilderten, waren grotesk: ganze Reisegruppen von Chinesen, die bei den Drogerieketten Rossmann oder dm auftauchten und die gesamte Babymilch aus den Regalen aufkauften.[6]

Letztlich konnte die Nachfrage nur durch Abgabebegrenzungen und neue Fabriken für Babymilch befriedigt werden.

Auch ganz normale Milch gilt in China generell als Luxusgut, und deutsche Milch ist auch hier wieder besonders angesehen. Kostet sie hierzulande beim Discounter oft deutlich unter einem Euro pro Liter, so wird deutsche Milch in China gerne mal für 3,50 Euro verkauft und bei Familienfeiern als Mitbringsel stolz überreicht. Wichtig ist, dass »Made in Germany« auf der Packung steht; die deutsche Milchindustrie freut es, und die deutschen Marken stehen hoch im Kurs.

Milch ist ein Rohstoff und in Deutschland extremem Preiswettbewerb unterworfen. Aber ein anderer Markt, eine Spezialisierung und eine Herausstellung der besonderen Herkunft kann die Preiselastizität weitgehend aussetzen – wenn der Vorteil im Vertrauen diesem Angebot gegenüber wirksam ist. So wichtig sind Trust und ein spezieller Brand. Die Bedeutung, die die chinesischen Kunden der Marke »Milch – made in Germany« beimessen, löst diese völlig aus ihrem normalen Preisgefüge. Das kann der Brand auf Basis des Trusts.

Das schwarze T-Shirt für 600 Euro

Ein Geschäftspartner erzählte uns die Geschichte, dass seine Partnerin immer schon nach einem schwarzen T-Shirt von Gucci geschaut hatte. Sie wollte es für Anlässe der besseren Gesellschaft nutzen, weil es dort immer einen guten Gesprächseinstieg böte. Für 600 Euro konnte sie schließlich dieses Shirt erwerben. Nach ihrer Rückreise stellte sie fest, dass das Shirt Löcher hatte, und war enttäuscht, einen Fehlkauf getätigt zu haben.

Sie ging in die Filiale von Gucci in der Heimat in Zürich und sah – alle Shirts der gleichen Art hatten diese Löcher. Befreit stellte sie fest:

Es handelte sich nicht um einen Fehler, sondern um ein Feature dieses Shirts. Vor diesem Hintergrund akzeptierte sie das besondere Markenzeichen genau dieses Shirts gerne.

All das trägt die Marke.

Der größte Sprung der Wertschöpfung zwischen Trust und Brand

Blicken wir noch einmal auf unsere Grafik zu den vier Stufen der Wissensveredelung. Obwohl zwischen Trust und Brand durchaus Parallelen feststellbar waren, liegt hier gleichzeitig ein größerer Sprung bezüglich der Wertschöpfung zwischen beiden Stufen. Der erfolgreiche Aufbau einer Marke bedeutet in der Regel ein immens größeres Potenzial, Rohstoffe und nicht zuletzt Wissen zu veredeln und damit einen höheren Preis dafür zu verlangen.

Die börsennotierte »LVMH Moët Hennessy – Louis Vuitton SE« hält die Rechte an über 70 weltweiten Marken. Der Umsatz betrug 2019 fast 54 Milliarden Euro.[7]

Bekannt ist der Konzern neben Champagner, Parfum und Uhren wohl vor allem für Mode und Lederwaren der Kernmarke Louis Vuitton oder der Tochterfirmen Givenchy, Fendi und Marc Jacobs. Und da wiederum für Handtaschen. Man muss vermutlich gar nicht allzu sehr Klischees bemühen, um festzustellen, dass Handtaschen in manchen Kreisen als Statussymbol gelten.

Wenn man sich ansieht, dass etwa die teuerste je von Louis Vuitton verkaufte Handtasche, die »Urban Satchel«, neben besonders feinem italienischen Leder aus recycelten Wasserflaschen, Zigarettenschachteln und Kaugummipapier gefertigt und zum Preis von 125 000 Euro verkauft wurde, dann mag man sich doch fragen, ob sie bei ansonsten ähnlicher Funktionalität wirklich tausend Mal besser ist oder mehr Vertrauen in ihre Qualität erlaubt als eine Handtasche eines wenig bekannten Herstellers, die für 125 Euro angeboten wird.

Ein deutlicher Unterschied zwischen Markenprodukten und solchen von unbekannteren oder sogenannten No-Name-Marken besteht oft darin, wo dieser Hersteller auf dem Produkt vermerkt ist. Bei teuren Marken fast immer sichtbar und außen. Das berühmte Zeichen von Louis Vuitton, als Monogramm-Muster oft auf weiten Teilen der Taschen aufgedruckt, wird seit 1896 geschützt. Unter den weltweit gefälschten Markennamen nimmt die Marke dabei einen Spitzenplatz ein. Das Label, die Nennung der Marke hat einen eigenen Wert beziehungsweise steigert jenen des Produkts.

Ein Kleidungsstück der Marke, auf dem die Markeninsignien entfernt wurden, verliert gleichzeitig mit Sicherheit dramatisch an Wert, weshalb augenfällig wird, dass die Marke hier den eigentlichen Wertsprung trägt. Auffällig ist, dass die Marke einen eigenen Wert kreiert, der vom Content seltsam losgelöst scheint. Das wird im Hinblick auf unsere Wertschöpfungsabsichten schon wieder richtig interessant.

Framing als unterscheidender Faktor

Werfen wir noch einmal einen kurzen Blick in das Schaubild. Framing wird dort als Trennung zwischen Trust und den weiteren höheren Stufen vermerkt und ist gleichzeitig für den an dieser Stelle sehr deutlichen Sprung hinsichtlich der möglichen Wertschöpfung Ihres Wissens verantwortlich. Framing betrifft die oberen drei Punkte unserer Wissensveredelung.

Dabei ist Framing eine ziemlich alte Sache! Die Wortherkunft ist leicht herzuleiten und sagt schon ganz viel aus: der Rahmen, in dem man etwas zeigt. Stellen Sie sich vor, die Mona Lisa würde im Louvre in einem einfachen Rahmen aus Plexiglas hängen. Das wäre doch irgendwie unangemessen, und wir würden sagen: Das wird ihr nicht gerecht. Der Rahmen passt nicht. Stattdessen wird das für sich genommen ziemlich kleine und erst einmal fast unscheinbare Bild aber in einem schönen Rahmen hinter massivem Panzerglas präsentiert. Während an allen anderen Wänden des riesigen hellen Raumes im Louvre lauter Bilder hängen, hängt die Mona Lisa alleine. Sie wird von einer Holzkonstruktion auf Abstand zu den Besuchern gebracht, die anstehen, um das berühmte Bild zu sehen. Die Ausleuchtung ist perfekt. Der

Blick wandert, wenn man den Raum betritt, unwillkürlich auf das Gemälde, und seine Alleinstellung ist jedem klar. Das ist Framing, das in diesem Fall eher dem unscheinbaren, aber im Detail einzigartigen Bild geschuldet ist. Das Bild wertet den ganzen Louvre auf, der sonst wohl weniger Besucherzahlen aufweisen würde. Alles richtet sich nach Leonardo da Vincis Meisterwerk.

Aber Framing funktioniert auch anders. Auch der Rahmen kann das »Bild aufwerten«. Denken Sie an die Monstranz in der Kirche. Diese wird oft vor Prozessionen hoch erhoben getragen, ist aus wertvollem Gold und Edelsteinen gefertigt und beinhaltet eine unscheinbare Hostie. Eine Hostie ist vor der Weihung zunächst ein mehr als profanes Gebäck aus Mehl und Wasser; mit der Weihung und der Aufbewahrung in der kunstvollen Monstranz wird ihre Bedeutung durch die »Einrahmung«, die Einbettung in eine Zeremonie und die Präsentation geschaffen und augenfällig gemacht. Auch die nicht schriftkundigen Gläubigen früherer Zeiten konnten sofort erkennen, dass hier etwas von größter Bedeutung getragen wurde, obgleich man eine ungeweihte Hostie nicht von einer geweihten unterscheiden kann. So funktioniert Framing eben auch, der Rahmen lenkt die Deutung.

In Washington wurde vor einiger Zeit ein Experiment durchgeführt. Joshua Bell, einer der besten Violinisten des Landes, spielte auf seiner Stradivari: Das ist an sich kein ungewöhnlicher Akt, nur spielte er dieses Mal nicht in einer der großen Konzerthallen der Welt – er spielte in der U-Bahn-Station der Stadt. Und das wie ein normaler Straßenmusiker mit dem Koffer des Instruments vor sich, in das Passanten Geldstücke warfen. Niemand erkannte das beeindruckende Spiel des Musikers oder gar ihn, er wurde meistens ignoriert. Erst spät erkannte ihn eine Passantin und sprach ihn an, dass sie ihn in der »Congress Library« gehört hatte.

Für ein Konzert von Bell werden rund 100 Dollar pro Sitzplatz fällig. In der U-Bahn von Washington, D.C., waren es innerhalb einer Dreiviertelstunde rund 30 Dollar durch hingeworfene Münzen. Das Framing, der Ort und die Erwartungshaltung der Besucher prägen wesentlich die Marke Joshua Bell. Er benötigt dafür seine Insignien, die wie eine »normale« Violine wirkende, aber 3,5 Millionen Dollar teure Stradivari – die Besucher des Konzerthauses wissen eher um diesen

Umstand –, vor allem aber den feinen Anzug, die Konzertatmosphäre und womöglich das große Orchester. Ohne das funktioniert seine Marke nicht.

Und gleichzeitig garantiert dieses Framing für ihn den beeindruckenden Sprung in der Veredelung seines Wissens. Der Straßenmusiker spielt genauso gut – sein Verdienst ist aber nur ein Bruchteil dessen, was ein Abend im richtigen Frame für Bell einbringt. Der Content ist nichts ohne Framing und Marke. Framing ist ein wesentlicher Unterscheidungsfaktor zwischen Trust und Brand.

Julien Backhaus ist ein leuchtendes Beispiel für das Thema Framing, und über dieses Thema tauschen sich Oliver Pott und Julien oft im persönlichen Gespräch aus. Nach einer Betätigung mit eigener Agentur, die er nach zehn erfolgreichen Jahren verkauft hat, tritt er heute vor allem als Herausgeber der Magazine *Erfolg Magazin* und *Founders Magazin* in Erscheinung.

Für diese und für sein Buch *Erfolg* sprach er mit vielen Prominenten und erfolgreichen Menschen, so zum Beispiel Wladimir Klitschko oder Dieter Bohlen.

Damit hat er sich, durch diese Bekanntschaften, die teilweise auch freundschaftlicher Natur sind, ein starker Framing geschaffen. Buchveröffentlichung plus die Nähe zu anderen Personen der Öffentlichkeit und die eigene Verlegertätigkeit: Backhaus beherrscht mit dem Label Erfolg, das er fast jeder öffentlichkeitsrelevanten Betätigung anheftet, das eigene Framing perfekt.

Seine Direktheit und pointierten Statements zu den Dingen im Marketing und der Welt des Erfolgs, die täglich seine Aufmerksamkeit gewinnen können, stellt er in seinem Format »Backhaus Daily« bei YouTube und Instagram offen und ehrlich vor – und hat sich einen eigenen Personal Brand geschaffen.

So entwickeln Sie Ihre eigene Wissensmarke

So wie wir vorhin die Faktoren entwickelt haben, nach denen sich Trust bildet, haben wir hier einige Anregungen zusammengetragen, mit denen Sie sich Ihren Brand aufbauen können.

Vorab: Trust geht mit allen Elementen in der Marke auf. Der Brand ist größer als der Trust, daher auch die nächste Stufe der Veredelung (Ihres) Wissens. Was für den Trust wichtig ist, ist auch für den Brand wichtig. Hinzu treten dann noch folgende Elemente:

Markenzeichen. Sie sollten eigene Markenzeichen haben. Wenn Sie eine gute Werbe- oder Marketingagentur beauftragen, Ihre Markenbildung zu unterstützen, dann wird sich diese um Logo, Farbkonzept, Schriften und Botschaften kümmern. Es gibt reichlich Marketingagenturen, die diesen Job hervorragend übernehmen. Markenzeichen können natürlich auch ganz anderer Natur und mit Ihrer Persönlichkeit, Ihrem Auftreten oder wiedererkennbaren Requisiten verknüpft sein.

Unterscheidbare Eigenschaften. Der betriebswirtschaftlichen Definition nach sind unterscheidbare Merkmale der Kern einer Marke. Schon wird deutlich, dass die Marke mit allen weiteren Eigenschaften ein Ziel sein muss, den niedrigen Preisen für Wissen zu entkommen. Nach welchen Eigenschaften kann ein Kunde Sie von anderen Anbietern oder Marken unterscheiden? Das kann über den Preis geschehen, über Innovationen, die Sie bieten, über die Qualität Ihrer Produkte oder weitere Eigenschaften.

Wir hatten das Thema schon bei der Preiselastizität. Kurz noch einmal zusammengefasst: Erhöhen Sie den Preis Ihres Produktes leicht und sinkt dadurch der Absatz stark, so sprechen wir von einer hohen Preiselastizität. Das geschieht tendenziell dann, wenn mein Produkt vergleichbar und austauschbar ist. Also sollte Ihr Produkt über unterscheidbare Eigenschaften verfügen. Und das meint sicher kaum den Namen oder das Logo. Es muss vielmehr echte Vorteile bieten, die der Kunde am besten sofort erkennen kann. Wir unterscheiden hier zwischen mehr oder weniger erklärungsbedürftigen Eigenschaften; alles, was augenfällig besser ist, ist dabei von Vorteil.

Die Unterschiede können in den verschiedensten Bereichen liegen. René Müller ist ehemaliger Fußballer mit Zweitligaerfahrung und Ex-Trainer des SC Paderborn. Er hat ein Angebot als Speaker und Coach entwickelt, in dem er Themen aus dem Fußball in Unternehmen und Institutionen überführt. Der Transfer ist sehr klug, weil Fußball ein für sehr viele Menschen interessantes und emotional aufgeladenes Thema darstellt und gleichzeitig tatsächlich erstaunliche, lehrreiche Parallelen bietet. Für viele Themenbereiche, die René anschneidet, mag es ausgewiesene Experten geben, die eine Unternehmensberatung in ihrem sehr konkreten Bereich ebenso gut und inhaltlich womöglich tiefer ausgestalten könnten. Aber René tut etwas Wichtigeres, wenn er seine Vorträge hält: Er inspiriert die Menschen, sie merken sich seine Geschichten, weil sie niemand so erklärt wie er.

René Müller ist ehemaliger Fußballer und Bundesligatrainer. Nach seiner Karriere auf dem Platz, die ihn bis zu mehreren Vereinen der 2. Bundesliga führte, wurde er Trainer, unter anderem des SC Paderborn in der 2. Fußball-Bundesliga. Heute ist er im Nachwuchsleistungszentrum des DSC Arminia Bielefeld tätig.

René Müller zeichnet aus, dass er im weiten Wissensbereich des Fußballs außerordentlich und vielseitig interessiert ist. Er hat sich über viele Ausbildungen und Lehrgänge unter anderem als Fußballlehrer, Fußballmanager und Motivationstrainer viel Wissen angeeignet und als Leiter des Nachwuchsleistungszentrums des Vereins SC Paderborn auch unternehmerisch über den Tellerrand geschaut. Mit diesem besonderen Ansatz gibt er heute sein Wissen als »Fußballer« an Unternehmen weiter. Seine Story: Die Fußballwelt ist wie ein Brennglas für bestimmte Prozesse.

Im Gegensatz zu einem Unternehmen, in dem man, wenn es nur groß genug ist, als mittlerer Angestellter oft lange nur mittelmäßige Leistung erbringen kann, ist der Fußball unerbittlich. René Müller selbst weiß zu berichten, wie er binnen einer Woche vom gefeierten Star der Mannschaft zum Auswechselspieler wurde. Gleichzeitig muss man als Trainer Entscheidungen zu Teamverhalten, Strategien und Taktik, Mitarbeiterführung und Krisenintervention auf einigen Quadratmetern Rasen treffen, die extrem spannend auch auf Unternehmen angewendet werden können.

Renés Müllers Wissen und seine Darstellung desselben sind unterscheidbar zu anderen.

Alleinstellungsmerkmal. Wenn Sie ein Alleinstellungsmerkmal haben, dann halten Sie sich aus dem Thema »Vergleichbarkeit und Preiselastizität« fein raus. Was bietet nur Ihr Produkt, das Sie unvergleichbar machen kann? Das wäre ein großer Vorteil. Marken müssen kein Alleinstellungsmerkmal haben, aber zumeist streben sie danach, und oft haben sie eines.

Differenzierte Produkte. Das Produkt zu entwickeln ist im Wissens-Business oft der Flaschenhals. Aber die Marke steht und fällt mit den Produkten. Die Praxis zeigt, dass Anbieter oft sehr lange an ihren Produkten arbeiten. Sie sind unsicher, ob das Produkt schon gut genug ist, ob es zu einem guten Preis zu verkaufen sein wird und ob es genügend Kunden erreichen kann. Es klingt etwas paradox, aber meistens ist man gar nicht gut darin, sein eigenes Produkt zu bewerten. Die zwei klassischen Gründe, warum das so ist:

1. Betriebsblindheit. Man ist so vertieft in sein eigenes Wissen, beschäftigt sich ständig mit Details und weiß eher zu viel als zu wenig. Es ist schwer, einen Schritt zurückzutreten und zu sagen: Was ist denn der Kern meines Produkts? Was ist das Tolle daran?
2. Produktverliebtheit. Es gibt die selbstkritischen und die produktverliebten Anbieter; beide kommen unter Umständen nie zur Marktreife. Die produktverliebten finden ihr eigenes Wissen so stark, dass sie vergessen, Ihren Kunden zu fragen, was er denn will: Wenn Ihr Kunde einen Apfel will, dann verkaufen Sie ihm keine Birne. Erklären Sie ihm nicht, wie schmackhaft Birnen sind; lassen Sie ihn erst zum Apfel greifen und sichern Sie den Verkauf und damit den Kunden. Dann können Sie ihm mit etwas Verlaufstalent immer noch einen ganzen Obstsalat bereiten.

Zeit. Die Marke Tempo gibt es seit rund 100 Jahren, seit 1951 sieht das Logo gleich und die Verpackung ähnlich aus. Jeder kennt Tempo. Die Entwicklung einer Marke dauert in der Regel ein paar Jahre, eben weil Menschen eine Weile brauchen, die Elemente von Trust und die Parameter, die einen Brand bedingen, der Marke zuzuordnen. Sie werden sicher nicht über Nacht zur Marke, allerdings ist das digitale Zeitalter mit Sicherheit ein Turbo für solche Entwicklungen.

Sichtbarkeit. Die Qualität Ihres Produkts, die Zeit, die Sie schon am Markt sind, Ihre geniale Innovation – all das ist nichts wert ohne Sichtbarkeit. Das gilt schon für den Trust, aber wenn man immer sichtbar ist, dann wirkt das früher oder später stark auf den Brand. Viele Produkte sind auch deshalb eine Marke, weil sie als Erste da waren, eine lange Tradition haben und immer als qualitativ hochwertiger Produzent sichtbar waren. Sichtbarkeit und Zeit gemeinsam sind der Acker, auf dem eine Marke gut wachsen kann. Viele Marketer haben zum Beispiel ein explizites oder implizites »Visibility-Budget« in ihrer Firma. Sie investieren Geld, um gesehen zu werden, etwa in Social-Media Posts oder in ganze Events, die eine hohe Aufmerksamkeit generieren.

Qualität ist in einer wirtschaftswissenschaftlichen Definition die Erfüllung von Erwartungen. Aber auch nicht mehr. Viele Privatcoachingkunden, die zu uns kommen, oder Menschen, die mit uns über ihr Wissens-Business sprechen, berichten von ähnlichen Problemen. Sie arbeiten schon lange an ihrem Produkt, weil sie der Meinung sind, noch nicht die Qualität liefern zu können, die notwendig ist. Oft haben diese Menschen eine große Menge an Wissen zusammengetragen und aufgearbeitet, Methoden entwickelt und an ihrer Präsentation herumgegrübelt. Aber sie trauen sich nicht auf den Markt mit ihrem Wissen! »Das, was ich anbieten kann, ist noch nicht gut genug.«

Vielleicht stimmt das sogar, aber es liegt in der Regel nicht an zu wenig Wissen, sondern eher an der falschen Durchdringung des Wissens, an mangelndem Selbstbewusstsein oder schlicht daran, dass man seinen Kunden das Wissen noch nie gezeigt hat – der Markt erklärt Ihnen schon, ob Sie Qualität liefern.

Noch ein kleines Tesla-Beispiel dazu, weil diese Marke an so vielen Stellen so lehrreich sein kann, wie man Wissen veredelt und Markenbildung betreibt: Eine der renommiertesten Automobil-Test-Zeitschriften[8] in Deutschland urteilte 2019 über das Tesla Model 3 im Vergleich mit dem BMW 330e:

> »Tesla. Klarer Fall: das lustigere Auto. Weil er seinen Fahrer mit quirligem Handling, hoher Fahrsicherheit und Elektro-Kick packt – und mit äußerst mieser Verarbeitung enttäuscht.«

Der Tesla enttäuscht die Tester. Aber tut er das auch beim Kunden? In den wesentlichen Bereichen, für die er gekauft wird, funktioniert er: Als schnelles, alltagstaugliches und prestigeträchtiges Fahrzeug für Technologieliebhaber funktioniert er wunderbar, fährt weiter, schneller und rein elektrisch im Vergleich zum BMW, der einen kleinen Elektromotor an den alten Benziner anflanscht. Und damit erfüllt er die Erwartungen seiner Kundschaft und wird blendend verkauft.

Dass viele Testfahrer dennoch im Alltag an der schwachen Qualität sekundärer Funktionen wie Rostvorsorge, Reparaturmöglichkeit und Dauerhaltbarkeit des Innenraums Kritik üben, sollte Tesla vielleicht im Blick behalten. Tesla kann als sehr mutig gelten darin, einen Markteintritt konsequent und schnell durchzuführen. Sie suchen nicht lange nach Ausreden.

Kurios: 95 Prozent Qualität ist besser als 100 Prozent

Qualität ist die Erfüllung der Erwartungen des Kunden. Wenn Sie das berücksichtigen – und das prüfen Sie schon früh am Relevanzkriterium –, dann haben Sie ein marktgängiges Produkt. Das muss man selbstbewusst betrachten, anstatt in Perfektion zu scheitern.

Warum es oft besser ist, 95 Prozent Perfektion als 100 Prozent zu liefern, zeigen folgende Argumente:

Perfektion schafft Aggression. Bei Ihnen oder bei Ihrem Kunden. Entweder Sie werden Stress empfinden, weil Sie immer mehr an Ihrem eigenen Anspruch verzweifeln, oder Ihr Kunde, weil er 600 Seiten Bedienungsanleitung rezipieren muss, um einen Bleistiftanspitzer zu benutzen. Ein erträgliches Maß an menschlichen Fehlern macht sympathisch, es sei denn, Sie konstruieren Weltraumraketen, die dann nach zwei Minuten explodieren.

Ihre Kunden wissen nicht, was Sie auslassen. Ihr Kunde will sein Ziel erreichen, nicht unbedingt vollumfänglich informiert werden. Solange Sie mitreißend Ihren Content teilen, ist das im Business »Wissen zu Geld« ein hoher Wert an sich. Ihre Kunden räumen Ihnen die Legitimation ein, sie zu begleiten, wenn sie Ihr Produkt kaufen. Gute Wissensanbieter haben oft einen Schwerpunkt in der Einfachheit ihrer Darstellung – simpel, folgerichtig, einleuchtend, aber nicht dumm und kurz gesprungen – sowie in der Art, Menschen zu inspirieren.

Ihre Kunden merken sich Ihre Geschichten, nicht Ihre Inhalte. Nach einem Vortrag erinnert sich Ihr Publikum an Ihre kleinen Geschichten, die ihnen ein gutes Gefühl gegeben haben oder die sie inspirierten. Selten können Sie noch alle zehn Punkte Ihrer großen Strategietabelle nacherzählen, die Sie ins Zentrum Ihrer PowerPoint-Präsentation gesetzt haben. Aber die Geschichten dazu sind im Gedächtnis geblieben.

Ihre Kunden kaufen Ziele, nicht Werkzeuge. Die wenigsten Menschen kaufen Bohrmaschinen, weil sie Bohrmaschinen so toll finden. Eigentlich kaufen sie Löcher! Das ist sehr wichtig, wenn man sein eigenes Wissen zu Geld machen will: Verkaufen Sie den Menschen ihre Ziele und nennen Sie die Werkzeuge nur, wo sie notwendig sind. Wenn Sie sich darauf fokussieren, werden Sie auch viel schneller den Content erstellen, den Sie benötigen. Bringt es meinen Kunden an sein Ziel? Dann muss es rein. Gibt es meinem Kunden Inspiration oder Orientierung? Rein! Ist es drin, weil ich die Geschichte liebe, aber eigentlich ist es nicht so wichtig bei der Zielerreichung? Weg damit! Und denken Sie noch einmal an die Relevanz: Ist mein Produkt relevant für die Lösung des Problems meines Kunden? Alles, was dem Kunden Zuversicht gibt, sein Problem zu lösen und ihm dabei hilfreich ist: genau, rein!

Eine Marke aufbauen: 15 Jahre.
Eine Marke zerstören: Sekunden.

Germanwings ist ein fatales Beispiel dafür. Germanwings, eine Lufthansa-Tochter, war eine etablierte Marke – bis beim Absturz eines großen Flugzeugs der Fluglinie 2015 über 150 Menschen ums Leben kamen. Danach wollte niemand mehr in eine Germanwings-Maschine steigen, weil Trust, Vertrauen also, schlagartig fehlte. Lufthansa blieb nur der Weg des Re-Brandings in »Eurowings«.

Trust und Brand stehen also in einem engen Verhältnis zueinander und beeinflussen sich gegenseitig. Wenn Sie lange genug Trust aufbauen können, dann ist es oft wesentlich der Faktor Zeit, der eine Markenbildung daraus werden lässt. Wenn Sie Trust verlieren, dann kann das ein empfindlicher Angriff auf den Brand sein. Und umgekehrt kann ein Brand auch einen sehr positiven Einfluss auf den Trust haben.

Die Wertschöpfungspyramide des Wissens-Brand

Für Ihre eigene Umsetzung hilft Ihnen die Wertschöpfungspyramide: Brand und Content stehen insbesondere im Bereich der Wissensvermittlung in einem durchaus speziellen Verhältnis, daher ist es sinnvoll, auch diesen Teil unserer gesamten Wertschöpfung von Wissen zu betrachten.

Ein Beispiel ist die Volkshochschule. Die Veranstaltung findet in einem festen Raum statt, das Thema ist auch bekannt. Womöglich buchen Sie: »Grundlagen des Marketings für Handwerker.« Dozent: N.N. – das steht für Nomen nominandum und bedeutet etwa: Der Name wird noch genannt.

Letztlich bedeutet es: Der Dozent ist in diesem Fall völlig austauschbar, der Content ist sogar auch zwischen den einzelnen Dozenten der Einrichtung austauschbar. Und wenn Sie in diesem Bereich als Dozent versuchen, die hohe Preiselastizität auszuhebeln, dann werden ganz schnell die nackten Zahlen relevanter, als Ihnen lieb ist. Ein paar Euro können den Unterschied machen, ob Sie den Job bekommen oder nicht. Wer etwa an einer deutschen Volkshochschule Deutsch als

Fremdsprache unterrichtet, der gilt mit 35 Euro Stundenlohn schon als Topverdiener.[9]

Die nächste Stufe ist die des Experten. Das ist etwa der Fachanwalt gegenüber dem Rechtsanwalt, der Herzspezialist gegenüber dem Hausarzt. Hier tummeln sich selten Generalisten, sondern es hat eine deutliche Spezialisierung stattgefunden. Sie gehen also zu einem Spezialisten seines Fachs, der sich in einem eng abgegrenzten Gebiet eine hohe Wissensdichte erarbeiten konnte. Damit ist auch deutlich klarer, mit welchen Fragen Sie sich an diesen Experten wenden und mit welchen nicht. Fachanwälte und medizinische Experten, Top-Speaker und Wissensindividualisten verdienen sehr gut.

Abb. 4: Die Wertschöpfung der vier Stufen der Wissensveredelung

Sie bearbeiten klare Probleme Ihrer Zielgruppe und stellen die Abkürzung zu einem klar beschriebenen Ziel in Aussicht.

Autorität ist die höchste Stufe der Wissensveredelung

Ist das aber schon die höchste Stufe von Veredelung des Rohstoffs Wissen? Nein, denn diese liegt in der Fähigkeit, Ihre Kunden zu führen und ihnen Orientierung zu bieten: in der Authority.

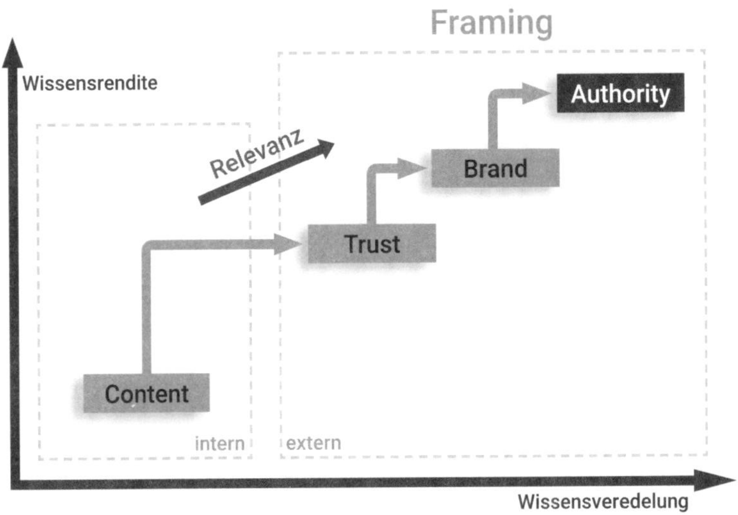

Abb. 5: Authority als höchste Stufe der Wissensveredelung

Der Fußball-Kaiser

Die deutsche Fußballnationalmannschaft der Männer hat 1974 den Weltmeistertitel gewonnen, in einer noch heute bewunderten und gefeierten Mannschaft, die nicht wenige als das beste deutsche Team aller Zeiten benennen würden: Sepp Maier, Günter Netzer, Paul Breitner, Franz Beckenbauer.

Der deutsche Fußball war auf dem damaligen Höhepunkt seiner Qualität und seines Erfolgs mit dem zweiten Weltmeistertitel.

In den Folgejahren konnte sich dieser Erfolg jedoch nicht wirklich festigen. Der deutsche Fußball brauchte einen Hoffnungsträger und fand ihn in Franz Beckenbauer, der zum Teamchef berufen wurde.

Denn die Stelle des Teamchefs musste für Beckenbauer erst geschaffen werden, er durfte nämlich nicht Bundestrainer werden. Er verfügte über keine anerkannte Trainerlizenz und nicht einmal einen Grundkurs im Trainerhandwerk, sodass ihm ein Bundestrainer zur Seite gestellt werden musste, wollte man mit der neuen Personalie überhaupt in offiziellen Spielen antreten. Ihm fehlte in gewisser Weise der Content.

Aber das Wissen um Trainingsgrundlagen, Spieltaktiken oder sportwissenschaftliche Grundlagen, wie es im Rahmen einer Fußballlehrerausbildung vermittelt worden wäre, benötigte Beckenbauer für seine Funktion gar nicht. Die Basis seiner Rolle lag für die Sportfunktionäre, die seine Berufung entschieden hatten, im Ruhm und Glanz seiner Spielerhistorie und in der praktischen Erfahrung aus 103 Länderspielen als Spieler, dem Welt- und Europameistertitel sowie den Vereinserfolgen mit Bayern München.

Und sicherlich in der Funktion, die heute als die »Lichtgestalt Beckenbauer« aufsummiert wird. Beckenbauer, der »Kaiser«, stand für etwas, er war eine Autorität. Content war hier zu einem guten Teil unwichtig geworden beziehungsweise wurde anders eingekauft.

Autorität hat diese Kraft. Sie ist als höchste Stufe der Veredelung von Wissen gar in der Lage, die vorherigen Stufen zu überstrahlen, weil sie Brand und Trust, sogar Wissen schlicht aufnehmen und ein Stück weit ersetzen kann. Das Vertrauen in die möglichen Leistungen eines Franz Beckenbauer als Teamchef der deutschen Nationalmannschaft wurde wesentlich genährt aus seiner Autorität, gestützt auf das Erreichte.

Alle möglichen Spieltaktiken im Fußball können in einem Spiel eingesetzt werden: Franz Beckenbauer hat keine einzige dieser Taktiken im Rahmen einer Trainerausbildung gelernt oder wurde gar in diesen geprüft. Aber ihm wurden als Spieler Taktiken vermittelt, die zum größtmöglichen Erfolg geführt haben. Er hatte Erfolg. Diese Taktikkenntnisse waren zu allem Überfluss noch eine geringe Auswahl – allerdings hochveredelten – Wissens.

Seine früheren Trainer hatten zwischen erfolgversprechenden Taktiken und erfolglosen unterschieden, als sie ihn lehrten. Er selbst hatte im Spiel selektiert, was ihn und seine Mannschaftskameraden zum Weltmeister machen würde und was nicht. Der Erfolg gab ihm recht, und allein das begründete seine Autorität.

Franz Beckenbauer verfügte zu seiner Zeit womöglich nicht über das breiteste oder beste Wissen als Fußballtrainer – aber er konnte es am besten veredeln.

Autorität wirkt auf alle vier Stufen der Veredelung von Wissen

Karl Lagerfeld war im Bereich der Mode eine Autorität. Er hat in seiner Karriere für verschiedene Modehäuser gearbeitet, den größten Erfolg dabei in Paris und mit der Marke Chanel erreicht. Die heute extrem erfolgreiche Firma Chanel war nach dem Tod der Gründerin und Markenikone Coco Chanel in eine Krise geraten. Die Mode war nicht mehr stilbildend und gefiel bestenfalls älteren Damen. Lagerfeld brachte die Marke als neuer Designer mit seinen Kreationen zu neuem Ruhm, wobei nicht unumstritten war, ob es seine eigene Genialität oder die Fähigkeit zur Modernisierung der Entwürfe von Coco Chanel war, die Chanel auch jungen Frauen wieder zur Leitmarke der Haute Couture empfahl.

Womöglich war es also gar kein absolut geniales Wissen über Mode, das Lagerfeld schließlich zum Star seiner Branche und zur Autorität machte – zumindest nicht sein Wissen über Mode selbst. Man schrieb ihm diese Wiedererweckung der Marke Chanel zu, und es war auch sein Habitus, sein Auftreten und seine Art, die eigene Meinung oft als unverrückbar stehen zu lassen, die seine Autorität ausmachte – neben dem Erfolg mit Chanel und der langen Zeit, die er sich dort an der Spitze hielt.

Diese Geschichte muss man erzählen, schon weil sie sicherlich wenige so genau kennen. An der Autorität von Karl Lagerfeld kratzt das aber kaum. Er funktioniert ohne diese Erfolge, weil es eine fiktive Geschichte ist, dass Lagerfeld für das Thema Mode sprechen darf. Und wenn er später dann ein Urteil über einen jungen Designer getroffen hat, ein Model zu seiner Favoritin erklärte oder sagte, welche Farbe in diesem Sommer »Mode« sei, dann war das gesetzt. Besonders das Beispiel der (Mode-)Farbe passt wunderbar als Erklärung einer Autorität.

Denn hier funktionieren unsere vier Stufen der Veredelung von Wissen plötzlich auch rückwärts, und das ist interessant. Eine Autorität bestimmt, was Wissen ist. Lagerfeld bestimmt, was Mode ist und was nicht.

»Wer eine Jogginghose trägt, hat die Kontrolle über sein Leben verloren.«
Karl Lagerfeld

Durch diese Wahl von Content war Lagerfeld in der Lage, auch Trust aufzubauen; die wichtigen Elemente dafür wie Erfolge, Unterscheidbarkeit und Insignien hatte er. Und dann hat er in späten Jahren eine eigene Modelinie herausgebracht und sie »Lagerfeld« genannt. So wie Chanel die eigene Firma nach sich benannt hatte und Lagerfeld diesen Ruhm geerbt hatte, so konnte die Marke Lagerfeld nun den Brand auf Kleidung vererben. Das hat gut funktioniert, weil die Personenmarke Lagerfeld alle Anzeichen einer Autorität trug.

Damit ist die Autorität die höchste Veredelungsstufe des Wissens und kann alle unteren Stufen recht frei beeinflussen. Die unteren Stufen können sogar vergleichsweise schwach akzentuiert sein, und dennoch mag es funktionieren.

So wie bei Andreas Voßkuhle.

Andreas Voßkuhle war von 2010 bis 2020 Präsident des Bundesverfassungsgerichts. Aufgrund seiner mangelnden Bekanntheit in weiten Teilen der Bevölkerung würde man ihn vermutlich eher als schwache (Personen-)Marke bezeichnen, denn wenige können seinen Namen seiner Funktion und der Quelle seiner Autorität zuordnen. Wenn er aber aus welchem Grund auch immer mit allen Insignien seiner Autorität geschmückt leicht erhaben Ihnen gegenübersitzt und Recht spricht, dann hat das Autorität, denn er und seine Kollegen sprechen in des Volkes Namen. Es ist sogar Gesetz, denn Voßkuhle und seine Kollegen haben das höchste Recht auf Gesetzesauslegung in Deutschland. Sie begründen Geschichten im Sinne unserer Festlegung gesellschaftlicher Zusammenhänge als Fiktionen – und diese Geschichte hat dann erstaunliche Praxisbedeutung.

Andreas Voßkuhle bezieht diese Autorität übrigens wesentlich aus seinem Amt. Auch das ist eine mögliche Quelle für Autorität, die «vererbte« Autorität, wie wir sie bezeichnen. Diese Vererbung geht dabei durchaus so weit, dass die *Süddeutsche Zeitung* zum Beispiel Voßkuhle in der Nachbesprechung einer Fernsehshow, an der er teilnahm, als »Halb Mensch, halb Institution« titulierte[10].

Oliver Pott trifft regelmäßig Bodo Schäfer, um sich mit ihm über Wissens-Business-Modelle auszutauschen.

Bodo Schäfer ist eine Autorität. Jeder, der sich mit dem Bereich Geldanlage und auch flankierender »Geldthemen« auseinandersetzt und nach Coaching- und Weiterbildungsangeboten sucht, begegnet ihm oder kennt ihn längst. Denn er ist heute mehr denn je präsent, obgleich man ihn zugleich als Urgestein der Branche bezeichnen darf, da er seit über 20 Jahren auf den großen Bühnen Vorträge hält. In Kombination mit seiner besonderen Art, die Menschen anzusprechen – das wird fast jeder bestätigen, der ihm einmal zugehört hat –, der hohen Anerkennung anderer Speaker, der außerordentlichen geschäftlichen Erfolge und nicht zuletzt seines breiten und zu wirksamen und beliebten Kursinhalten veredelten Wissens macht ihn das zu einer Autorität seines Wissensbereichs.

Autorität kommt von Autor

Wie kommt man denn an Autorität, wenn diese so wertvoll ist? Die Überschrift dieses Kapitels ist ein bekannter Spruch in diesem Zusammenhang: Wenn Sie ein Buch geschrieben haben, dann haben Sie als Autor eine hohe Autorität, die Ihnen ad hoc verliehen wird. Wir nennen das »Instant Authority«. Das ist jene Authority, die Sie durch ein externes Ereignis gewinnen.

Und das Schreiben eines Buches ist sicherlich ein privilegierter Zugang zu dieser »Instant Authority«.

Übrigens ergibt es an dieser Stelle durchaus Sinn, auf ein paar Punkte zu achten. Das Buch ist zugleich eine Funktion des Framing. Das Wichtigste, wenn Sie ein Buch für Ihr Framing verwenden wollen, ist sicherlich ein renommierter Verlag. Dieses Buch ist im Campus Verlag erschienen, der seinen eigenen Anspruch auch in den Verlagszentren »Frankfurt, New York« bekennt.

Der Verlag gibt quasi Trust und Markenstärke an die veröffentlichten Bücher weiter, weil er als vertrauenswürdig gilt, keine schwachen Bücher zu drucken.

Dabei gilt der Proof durch den Verlag, in der Regel durch das Lektorat, als die wesentliche Hürde. Verlage bekommen unzählige Manuskripte gefragt und ungefragt zugeschickt; die Minorität wird gedruckt. Also bedeutet es Autorität, wenn ein Buch diese Hürde überspringt.

Zur Instant Authority zählen auch Auftritte in renommierten TV-Sendungen oder Artikel in namhaften Magazinen oder Zeitungen.

Das Dreieck der Autorität

Drei Faktoren bestimmen wesentlich den Sprung zur Autorität: Zeit, Geld und Sichtbarkeit.

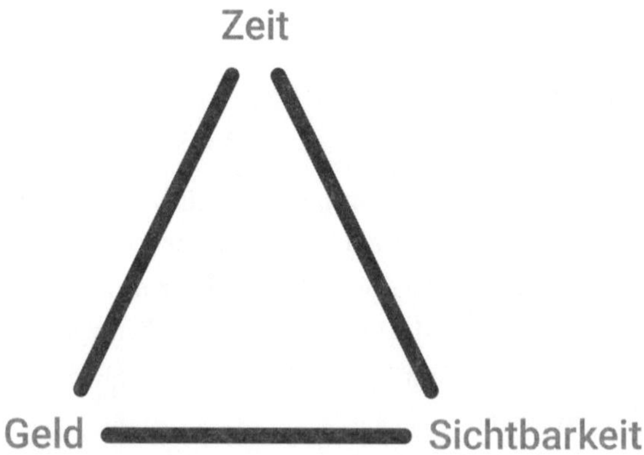

Abb. 6: Das Dreieck der Wissensveredelung

In der Regel werden Sie, um eine Marke aufzubauen oder sie gar zu einer Authority zu veredeln, Zeit investieren, bei mäßigem Einsatz der beiden anderen Faktoren. Unter anderem weil Sie wenig Geld für Marketing zur Verfügung haben und Sie noch keiner kennt. Und das geht so.

Erfolg im Dreieck

Sie haben begonnen, Wissen zu veredeln, und bauen langsam Trust bei Ihren ersten Kunden auf. Diese ziehen am Anfang mit etwas Glück überhaupt in Erwägung, für Ihr Produkt oder Ihre Dienstleistung zu bezahlen. Einigen wenigen Kunden können Sie Ihr Angebot vorstellen, meistens im 1:1-Gespräch oder mit ein wenig Marketingbudget. Sie lernen ganz langsam, was bei Ihren Kunden gut ankommt und welche Argumente sie zu einer positiven Entscheidung verleiten. Die Sichtbarkeit und der Einsatz von Geld für Marketing bleiben moderat, sind aber ebenfalls vorhanden. Sie investieren vielleicht in eine Webseite oder ein wenig Marketingbudget. Vor allem aber investieren Sie Zeit.

Sie können innerhalb des Dreiecks aber auch andere Schwerpunktsetzungen wählen. Klassisch ist der Einsatz von Geld, wenn eine neue Marke etabliert wird.

Große Firmen können eine neue Marke mit immensen Marketingbudgets durchaus schnell in einen Markt bringen. Aber das ist vermutlich nicht der Weg Ihres Start-ups im Wissens-Business.

Der dritte Faktor ist Sichtbarkeit. Wenn es Ihnen gelingt, Sichtbarkeit zu erlangen, dann kann das durchaus eine Hilfe sein. Stellen Sie sich vor, eine Koryphäe Ihres Wissensbereichs gibt ein gutes Testimonial über Ihre Qualitäten. Das kann ein großer Faktor für Instant Authority sein. Aber es ist auch gleichsam schwer zu erreichen, und letztlich gilt auch: Damit die Großen der Branche Sie rühmen oder damit ein fertiges Buch von Ihnen erscheint, benötigen Sie womöglich wiederum: Zeit.

Das Verhältnis von Brand und Authority

Brand und Authority haben auch wieder eine gewisse Nähe, die die Unterscheidung schwer macht. Wenn Sie mit einer Autorität im Raum sind, merken Sie das sofort. Die Menschen reagieren anders, wenn diese Person den Raum betritt, und hören aufmerksam zu, werden ihr seltener widersprechen, und wenn, dann eher mit dem gebotenen Respekt. Authorities sind ein wenig wie der Papst: mit einem Hang zur Unfehlbarkeit ausgestattet, von gewissen Zeremonien und von einem Nimbus des Besonderen umgeben. Sie erkennen sie, wenn Sie sie treffen.

> **Autoritäten werden eher dadurch definiert, dass sie selbst definieren: zum Beispiel, was gutes Wissen und guter Content ist, welche Geschichten erzählt werden und was Menschen über das Wissen in der Nische glauben, sagen und weiterdenken.**

Sind aber Authorities immer durch die höchste Form der Wissensveredelung, durch das umfassendste Wissen und die intelligentesten Schlussfolgerungen da, wo sie stehen? Sind sie Überflieger, Genies und Erfinder? Ja, manchmal.

Ganz oft aber haben sie einfach eine gewisse Schaffenszeit, gute Entscheidungen, Sichtbarkeit und Erfolge gut kombiniert und sich so an die Spitze ihrer Wissensnische setzen können: Authority sind die »Top-of-Mind-Marke« ihrer Nische. Und dann kommt noch eine immens wichtige Kombination hinzu.

Entertainment und Emotion

Helene Fischer steht vor allem für Entertainment, Unterhaltung also. Ihre Fans könnten vermutlich doppelt und dreifach so lange Konzerte fröhlich bestreiten, sie lieben ihre Liedtexte und das Gefühl, das ein Lied von Helene Fischer live oder im Player erzeugt. Mit Wissen im klassischen Sinne hat das aber wenig zu tun, abseits der erlernten Liedtexte, Choreografien und Melodien.

Für Wissen zahlen Ihnen die Leute 500 Euro. Für eine Gänsehaut 10 000. Schaffen Sie es, Entertainment und Emotion mit Ihrem Wissen zu kombinieren, können Sie erheblich höhere Renditen erzielen.

Hermann Scherer ist einer der bekanntesten deutschen Redner. Er und Oliver Pott treffen sich regelmäßig auf großen Events, zum Beispiel bei Greator. Wenn man ihm auf der Bühne lauscht, dann gehen seine Zuhörer auf eine höchst unterhaltsame und lehrreiche Reise. Dabei ist seine eigene Geschichte ebenso bemerkenswert wie seine Bühnenprogramme. Als Erbe eines hoch verschuldeten Einzelhandelsgeschäfts musste er früh lernen, die Regeln des Erfolgs und guten Verkaufens anzuwenden, nur um als Speaker später sicherlich seine wahre Bestimmung zu finden – mindestens gemessen am Erfolg.

Dabei ist er als Autor des *Spiegel*-Bestsellers *Glückskinder* ebenso eine Koryphäe und bringt in New York bei den größten Speaker-Slams der Welt genauso wie in seiner umgebauten Möbelfabrik in Mastershausen vielen Menschen bei, was er kann und weiß. Seine zahlreichen Vorträge, Bücher, DVDs und Hörbücher zu vielen verschiedenen Themen eint eine Qualität: Sie lassen seine Kunden spüren, dass das, was für sie immer schwer erschien, ganz leicht sein kann – und das zu vermitteln schafft nur der, der es wie Hermann Scherer wirklich durchdrungen hat.

Hermann Scherer ist in seinem Gebiet eine Autorität; und er schafft es zugleich, Entertainment und Emotion in seine Vorträge einzubinden.

So finden und entwickeln Sie Ihre eigene Wissensnische

Wissensarbeiter wissen in der Regel besonders viel: Ärzte, Anwälte, Coaches, Berater und Experten. Aber es ist für jeden Menschen eine Herausforderung, das eigene System zu beschreiben oder zu bewerten, ohne es zu verlassen.

Wir werden Ihnen in diesem Kapitel zeigen, wie Sie Ihr eigenes Wissen so bearbeiten, dass es sich automatisch veredelt und hohe Relevanz für Ihre Kunden erhält.

Blauer Ozean und roter Ozean

Unsere klare Botschaft: Suchen Sie sich eine Nische für Ihr Wissensbusiness!

Es gibt eine recht bekannte Theorie für diese Nischen in den Wirtschaftswissenschaften dazu: die Blue-Ocean-Theorie von W. Chan Kim und Renée Mauborgne[11].

Die Idee dahinter ist schnell erklärt: Verschiedene Märkte sind von Anbietern unterschiedlich gut erschlossen. In einigen Märkten gibt es einen vergleichsweise hohen Wettbewerbsdruck, in anderen ist dieser eher gering. Das kann verschiedene Ursachen haben: Der Markt wurde noch nicht von Anbietern als solcher entdeckt, oder er ist nicht lukrativ, beispielsweise, weil es dort keine Kunden gibt. In der Medizin gibt es etwa für seltene Erkrankungen oft kaum wirksame Medizin, einfach weil die Pharmaindustrie lieber an Medikamenten für häufige Erkrankung forscht – der Markt ist einfach aussichtsreicher.

Und weil sich Medikamente in der Regel sogar gut schützen lassen, ist man dank Patent auch gleich von der Preiselastizität befreit.

Märkte mit vielen Anbietern nennen wir hier nach Kim und Mauborgne *rote Ozeane*. Das Bild beschreibt die Anbieter im Markt als Fische, die sich darin bekämpfen und blutig beißen. Märkte mit wenig oder keinen Anbietern und ohne solche Beißereien sind dann *blaue Ozeane*.

Der Markt kann dabei durchaus blau sein, weil die Markteintrittsbarrieren sehr hoch sind. Würden Sie morgen versuchen, eine Firma für Tiefseeexploration zu gründen, die dort zum Beispiel Rohstoffe erschließt? Vermutlich nicht, man kann auch kaum dazu raten. Das Investment müsste doch sehr hoch sein, Lizenzen erworben, Forscher und Schiffstechniker angeheuert werden und so weiter.

Das ist alles teuer, kostet Zeit und ist sehr schwierig. Aber es gäbe wenig Konkurrenz. Der Ozean ist blau, aber keine wirkliche Empfehlung wert.

Dann doch lieber so etwas wie Versicherungsvergleiche anbieten. Das ist sogar auf eine Art ziemlich smart, denn die Produkte müssten Sie nicht einmal selbst erstellen, sondern nur vergleichen. Ihr Angebot wäre, die Übersicht über frei verfügbaren Content zu geben und ihn damit zu veredeln. Das ist gut, und die Programmierung eines Vergleichsrechners ist schnell erledigt, die Webseite morgen gebaut. Die Anfangsinvestition könnte gering sein, es würde keine aufwendige Produktionstechnik und kein Personal benötigt.

Aber die Markteintrittsbarrieren sind dadurch für jeden eher gering, sodass die Konkurrenz sehr stark ist und den Markt komplett im Griff hat. Einige sehr große Fische beißen sich speziell in diesem Markt zudem um alles, was an Marktpotenzial da ist. Hier ist der Ozean rot von den Beißereien der Fische.

Wissen, insbesondere allgemein zugängliches, lässt sich schlecht schützen. Das muss anders geschützt und damit im Wert erhalten werden.

Markteintritt in einen roten Ozean: Sie begeben sich trotz viel Konkurrenz und starken Wettbewerbs in einen roten Ozean.

Vorteile:
- Der Markt ist da.
- Der Markt ist eher leicht zu finden.
- Es gibt auf jeden Fall Kunden.
- Die Kunden kennen Produkte Ihrer Art.
- Die Kunden reagieren auf Angebote (positiv oder negativ).

Nachteile:
- Viel Konkurrenz
- Gefahr der Vergleichbarkeit
- Erfolg über Preisführerschaft oder Qualitätsführerschaft, beide tendenziell aufwendig zu erreichen
- Eher hohe Markteintrittsbarrieren

Markteintritt in den blauen Ozean: Sie finden den Markt, den noch kaum jemand oder niemand besetzt.

Vorteile:
- Wenig oder keine Konkurrenz
- Kein Preis- und Qualitätskampf
- Niedrigere Markteintrittsbarrieren

Nachteile:
- Vielleicht gibt es den Markt gar nicht.
- Kunden wissen vielleicht nicht, was sie benötigen.
- Tendenziell hohe Marketingkosten am Beginn, um das Problem anzusprechen
- Konkurrenten können sehr schnell nachrücken.

Gefahren im blauen Ozean

Der blaue Ozean klingt wie die vernünftigere Wahl, weil der Faktor der starken Konkurrenz im roten Ozean wie ein Killerkriterium gegen diesen Markt klingt. Im blauen Ozean gibt es wenig Konkurrenz, denn davor sollte man immer gehörigen Respekt haben. Die Markteintrittsbarrieren sind zudem ziemlich niedrig, und ich muss nicht versuchen, meine Konkurrenten im Preis zu unterbieten oder in der Qualität zu überflügeln: Aber beides ist anstrengend! Zwar klingt die Idee gut, einfach einen Markt zu finden, den keiner zuvor gesehen hat und in dem man dann erfolgreich sein Business ansiedelt. Klar, das gibt es und das geht. Aber es ist die Ausnahme.

Und der blaue Ozean hat ein paar schwerwiegende Nachteile, die seine Eroberung auch zu einer ziemlichen Havarie werden lassen können. Das Wichtigste: Vielleicht gibt es den Markt gar nicht!

Es kann doch sein, dass es keine Konkurrenten in einem von Ihnen beschriebenen Markt gibt, weil es dort einfach nichts zu holen gibt. Keine Kunden, keine Verkaufsmöglichkeiten. Dann haben sich die Wettbewerber nie dort hingewagt oder sind nach kurzer Zeit enttäuscht weitergezogen. Und das kommt schon öfter vor, als man denkt. Jemand hat eine Business-Idee und ist begeistert, weil die Idee ihn glücklich macht. »Das macht mir solch einen Spaß, erfüllt mich oder hilft mir weiter, das muss doch auch anderen Leuten gefallen!« Manchmal tut es das einfach nicht. Oder die potenziellen Kunden sehen den Wert des Wissens, sind aber nicht bereit, dafür Geld zu bezahlen. Das ist eine wichtige Hürde, die es zu überspringen gilt.

Blaue Ozeane haben auch den Nachteil, dass die Kunden an diesen Markt nicht gewöhnt sind. Sie wissen gar nicht, dass es Ihre Produkte oder Dienstleistungen gibt, schließlich sind diese per Definition des blauen Ozeans noch kaum angeboten worden. Manche versuchen, Probleme zu lösen, die der Kunde gar nicht hat. Andere versuchen Probleme zu lösen, von denen der Kunde gar nicht weiß, dass er sie hat. Beides ist schwierig.

Das bedeutet dann in diesem Fall, dass Ihr Produkt eher erklärungsbedürftig ist, was die Akzeptanz durch Ihre Kunden gefährden kann. Wenn man sofort weiß, welchen Nutzen ein Produkt verspricht, gilt das als Idealfall. Müssen Sie allerdings erklären, welches Problem Ihr Produkt oder Ihre Dienstleistung löst, dann braucht das Zeit und den Willen des Kunden, Ihnen Aufmerksamkeit zu schenken, auf Basis eines Vertrauensvorschusses oder mindestens von Neugier. Sie merken, das Marketing wird in einem reinen blauen Ozean nicht unbedingt einfacher.

Konkurrenten können in einem solchen Markt auch schnell nachrücken, wenn sie Ihren Erfolg bemerken. Denn die für Sie geringen Barrieren gelten dann für jeden, zumal wenn es sich um ein wenig veredeltes Wissens-Business handelt. Auch hier ist Veredelung ein guter Schutz.

Die blaue Lagune

Am Ende bleibt die vernünftigere Wahl oft der rote Ozean, denn dieser hat neben den offensichtlichen Nachteilen auch einige Vorteile. Natürlich werden wir ihn intelligent anpassen. Problematisch ist, noch einmal zusammengefasst, dass im roten Ozean viel Konkurrenz herrscht, die Sie in einen Kampf um die Kunden zieht – über den Preis oder die Qualität. Dadurch sind Sie nämlich fast automatisch in der Problematik der hohen Preiselastizität angekommen und müssen Strategien finden, dieser zu begegnen.

Sie drücken die Kosten oder liefern die beste Qualität gegenüber so vielen Konkurrenten. Wie können Sie noch ein Produkt anbieten, wenn das schon so viele andere tun? Das erfordert Innovationskraft, ein hohes Marketingbudget oder auch eine *Disruption*. Sie können der Konkurrenz ein Schnippchen schlagen, indem Sie die Vorteile, die der rote Ozean bietet, für sich nutzen. Wenn Sie eine Zitrone erwischen, dann machen Sie Limonade daraus, verändern also Ihr Produkt ein wenig. Zum Beispiel gibt es diesen Markt auf jeden Fall schon. Das ist gar nicht selbstverständlich, wie wir uns am blauen Ozean schon angesehen haben. Und Ihre Kunden kennen den Markt, sie wissen, was man dort bekommt, kennen ihr eigenes Problem recht gut und suchen nach Lösungen. All das müssen Sie ihnen nicht mehr erklären. Das ist eine gesunde Grundlage für ein Business.

Wie jede Metapher zeigt auch die Geschichte von den roten und blauen Ozeanen in der Klarheit und Einfachheit der Beschreibung Schwächen. Natürlich ist der rote Ozean nicht einfach rot, sondern sehr unterschiedlich durchfärbt. In manchen Bereichen beißen sich die Fische wie Piranhaschwärme um jeden Krümel Futter, in anderen Bereichen herrscht einigermaßen Ruhe. Dort ist der Konkurrenzkampf weniger groß, weil die Futtermenge geringer ist, weil die großen Fische hier nicht unbedingt hinkommen oder andere Stellen eben lukrativer erscheinen. Das sind gewissermaßen blaue Lagunen im roten Ozean. Hier, in kleinen Buchten, können Sie immer noch gut leben, es kommen immer mal lukrative Kunden vorbei, und der Konkurrenzkampf lässt Sie einigermaßen unbeeindruckt. Nach Kim und Mauborgne wäre das ein blauer Ozean, aber das Bild der Lagune ist für uns viel stimmiger.

Wenn wir uns dann von der Metapher lösen, gilt es, in einem vorhandenen, interessanten Markt eine Nische zu finden, die wir gegen weniger Konkurrenz erobern können. Dabei wollen wir darauf bauen, dass es schon Kunden für unser Angebot gibt, diese uns schnell erkennen und unsere Lösung suchen. Also das Beste aus beiden Ozeanen vereinen.

Schnellboote und Tanker

Wenn Sie über Konkurrenten in einem Markt nachdenken, dann schauen wir uns zuerst mal große Konkurrenten an, vor denen Sie von Beginn an einen gewissen Respekt haben sollten. Denn sie haben allerhand Trümpfe in der Hand: Sie sind in ihrem Markt bekannt, haben Trust und Brand aufgebaut und ihre Marktanteile erschlossen.

Kunden kennen sie, kaufen dort gerne und vertrauen ihnen. Sie haben felsenfeste Produktionsbedingungen geschaffen und ein immenses Marketingbudget, wenn es darum geht, Ihnen die Kunden vor der Nase wegzuschnappen. Sie sind weithin sichtbar und haben eine große Wasserverdrängung. Aber es gibt dazwischen noch die Schnellboote. Diese sind viel kleiner als die Tanker, die mit immenser Kraft langsam, aber unaufhaltsam durch die Wellen des roten Ozeans pflügen. Dafür können die kleinen Speed-Boote schnelle Richtungswechsel erzeugen, zügiger an neue Orte gelangen und Hindernissen ausweichen. Bei rauer See, wenn also der Markt Erschütterungen ausgesetzt ist, ist es in einem Tanker sicher angenehmer. Wenn aber im Nebel ein Eisberg vor Ihnen auftaucht, dann würden Sie vielleicht lieber in einem Schnellboot sitzen.

Das Gute für Sie ist, dass Sie gar nicht entscheiden müssen, welches Schiff Sie sein wollen. Sie sind höchstwahrscheinlich immer ein Schnellboot am Anfang, niemals ein Konzerntanker. Damit sind Sie schnell – Sie sollten nur aufpassen nicht allzu lange ein Ruderboot zu sein – und beweglich, können schnell überall hingelangen und dort nach Kunden angeln. Sie können Kurswechsel schnell vollziehen und das Tempo anpassen. Die großen Tanker haben allerdings durch Kapital und Marketingbudget eine hohe Stärke gegenüber unruhiger See, wo Sie schon kleinere Wellen umwerfen können.

Disruptives Wissen: Chance oder Gefahr?

Die in einem der typischen Anglizismen beschriebene *Disruption* (Zerstörung) ist ein Lieblingsbegriff der Start-up-Szene. Darin geht es darum, dass Geschäftsmodelle, Firmen oder ganze Märkte von einer Innovation ersetzt oder eben zerstört werden.

Innovationen als Verwandte der Disruption sind eine ganz natürliche Sache, die in fast jeder Firma stattfindet, auf ganz kleiner Ebene wie auf größerer. Wenn die wöchentlichen Meetings von einer Stunde auf zehn Minuten verkürzt werden, dann ist das eine Innovation. Aber eben eine, die das Unternehmen nur leicht verändert, es eher stärken als zerstören soll. Das könnte man als Innovation oder auch als evolutionäre Veränderung beschreiben. Es ist keine wirkliche Disruption.

Die Entwicklung des Benzinmotors ist dafür ein gutes Beispiel: Hier wurde über Jahrzehnte der Spritverbrauch um Zehntel eines Liters gesenkt, die PS-Zahl pro Liter Hubraum gesteigert und die Abgaswerte verbessert. Aber das geschah immer in kleinen Schritten und auf der ähnlichen technischen Basis. Große Unternehmenstanker und gesetzte Industrien sind fast immer evolutionär geprägt in der technischen Entwicklung, selten zerstörerisch.

Disruption aber ist mehr, es ist eine Zerstörung, meist von außen. Wie Schiffe von Eisbergen, die plötzlich auftauchen, zerstört werden, weil man sie nicht früh genug sieht und weil man die eigene Richtung aufgrund einer schwerfälligen Struktur nicht ändern kann, so werden Unternehmen von disruptiven Innovationen zerstört.

Die Firma Apple gilt gemeinhin als sehr innovativ, und insbesondere Steve Jobs stand für das Ideal des innovativen Managers, mit einem goldenen Händchen für bahnbrechende Erfindungen. Dass die Produkte der Marke dabei oft gar nicht das höchste technologische Level widerspiegeln, sondern eher durch Design und eine gewisse emotionale Aufladung den Status des Must-have erreichen, ist die eine Sache. Die andere ist, dass die Produkte von Apple auch oft disruptiv waren, für den Markt, für andere Unternehmen und für das Unternehmen selbst. Die Idee der Produkte war oft sehr gut, auch oder gerade weil nur bestehende Technologien clever neu kombiniert wurden. So hat der iPod den Markt der Datenträger wie Schallplatten, CDs und Kassetten annähernd zerstört, weil Musik plötzlich anders transportiert wurde, nur um später vom iPhone selbst komplett aus dem Markt gedrängt zu werden. Mit diesem konnte man dann Musik hören, telefonieren und es als Smartphone mit den zubuchbaren Apps um fast unendliche Funktionen erweitern.

Mit einem Handstreich hat das iPhone den Mobiltelefonmarkt als innovatives Smartphone erschüttert, den iPod beerdigt und das Internet in die Hosentaschen seiner Nutzer gebracht, mit allen Innovationen für das Leben der Menschen, die damit einhergingen. Apple hat binnen weniger Produkt-Launches erst den Markt disruptiv erschüttert und sich dann von innen selbst zerstört – im positivsten Sinne für das eigene Unternehmen.

Start-ups lieben Disruption, und wenn Sie Ihr Wissen zu Geld machen wollen, dann kann man das sicher als Start-up sehen. Disruption klingt immer nach Unternehmergeist, Innovationsstärke und Markteroberung. Aber die Mühe muss man sich gar nicht machen, das sehen wir gleich.

Wirklich zerstören?

Die Start-up-Szene liebt den Begriff der Disruption sehr. Der Grund dafür ist oft, dass es zeitgeistig ist, wenn man »disruptiv« unterwegs ist. Das klingt nach verwegenem Unternehmertum, kreativen Einfällen und dem »Next big Thing«.

Aus unserer Beobachtung heraus gilt es aber hier in aller Deutlichkeit zu abstrahieren zwischen Wunsch und Realität. Sind die großen Wissensprofis, die ein erfolgreiches Business »Wissen zu Geld« aufgebaut haben, wirklich die großen Zerstörer und die Meister der Innovation? Ist jeder neue Marketer, der Ihnen erzählt, dass er einen revolutionären neuen Weg gibt, wirklich ein Revolutionär?

In der Regel ist das tatsächlich nicht der Fall, und es handelt sich auch in diesem Bereich um Evolution anstatt um Revolution. Also müssen wir einmal genau zwischen diesen drei Begriffen unterscheiden:

Innovation – Evolution – Disruption

Innovationen sind für Unternehmen wichtig und sollten ganz natürlich sein. Auch für Ihres eines Tages, und das ist im Wissensbereich ganz besonders von Bedeutung. Sie müssen quasi immer einen Blick auf Ihren technologischen Vorsprung behalten und sehen, wer Sie kopiert, in Konkurrenz bedrängt oder ob es zwischenzeitlich bessere Lösungen als Ihre oder neue Probleme Ihrer Kunden gibt. Sonst werden Sie eines Tages zerstört werden, oder Ihr Business stirbt einen langsamen Tod, es läuft einfach aus.

Innovation des eigenen Wissens scheint zwangsläufig. Und Disruption ist scheinbar nicht das, was Erfolg bringt, jedenfalls nicht der Weg, den die erfolgreichen Anbieter von Wissen in der Regel gehen. Checken wir der Vollständigkeit halber noch das Gegenteil der Disruption, die Kopie von Wissen, quasi als unveränderte Fortführung von erprobten und bestehenden Wissens-Businesses: Ist vielleicht der beste Weg, nicht über Zerstörung nachzudenken, sondern etwas ziemlich Ähnliches zu kopieren und damit sein Glück zu versuchen? Nun, auch das ist sicherlich nicht der richtige Ansatz, denn dann gehen Sie im roten Ozean schnell mit den großen Haien auf Tuchfühlung, näher als Ihnen lieb sein kann, auch wenn dieser Weg vielen seltsam nahezuliegen scheint. Die Unterscheidbarkeit leidet zwangsläufig auch. Innovation und Kopie können wir getrost außen vorlassen.

Disruption ist ein funktionierendes Modell, aber leider auch ein hohes Ziel. Wenn Sie das nächste iPhone erfinden könnten, dann müssten Sie noch die Technik und die Technologie dahinter zusammenbringen, und dann könnten Sie – vorausgesetzt, es ist ebenso innovativ und kopiert eben nicht das iPhone – womöglich erfolgreich sein.

Da wir aber über Wissens-Business sprechen, ist es ungleich schwerer, etwas so dermaßen Neues zu kreieren, weil Wissen eben allzu schwerelos geworden ist, überall verfügbar, inflationär vorhanden und in unveredeltem Zustand oft wertlos ist. Bevor wir zur Lösung kommen, eine weitere Herausforderung:

Disruption und Innovation sind kontraintuitiv

Disruption wie auch Innovation hat ein weiteres Problem: Sie ist gegenintuitiv, und das ist sowohl für Sie als auch für Ihren Kunden ein Problem.

Machen Sie mal selbst einen Test: Schreiben Sie jetzt zehn Märkte für Produkte auf, die es gibt. Der Wettbewerb ist dafür unwichtig, es kann ruhig einen hohen Konkurrenzkampf geben. Das sollte schnell gehen: Milch, Benzin, Karrierecoachings, Photoshop-Video-Tutorials … Wie lange hat das gedauert? Nun schreiben Sie mal zehn Märkte auf, die es eigentlich geben müsste, an die aber noch keiner gedacht hat. Es sollten wohlgemerkt Leute vorhanden sein, die die Produkte dieses Marktes kaufen könnten, es sollte also ein realistischer Markt sein, aber keine Konkurrenten geben.

Wenn es leicht wäre, solche blauen Ozeane zu entdecken, würde es jeder versuchen.

Für Ihre Kunden sind disruptive Innovationen oft schwerer zu verstehen, weil neue Produkte auch für sie gegenintuitiv sind. Man muss die Sache erst erklären, denn niemand hat in dieser Richtung je etwas gekauft. Und dann arbeiten Sie womöglich an der Akzeptanz dieses

Produktes. Wenn man hier nach Beispielen sucht, muss man sich disziplinieren, immer marktfähige Produkte zu finden.

Denn genau das ist ja die große Unbekannte in diesem Spiel: ob diese tollen Dinge jemand kaufen würde. Fleischersatz aus Insekteneiweiß, implantierte Mobiltelefone – bestimmt hat über das auch schon jemand nachgedacht.

Aber wer kauft das später? Viele, alle, wenige oder keiner?

Fassen wir kurz zusammen: Eine Wissensinnovation ist eine Neu-Erfindung von Wissen oder einer Art, Content darzustellen, die es noch nie gab. Hier wird ein völlig neuer Markt erschlossen, neue Probleme gelöst oder Probleme erstmalig angegangen. Das ist schwierig. Disruption ist ähnlich definiert, zerstört aber quasi ein bestehendes Problemlösungsmodell, weil es deutlich besser ist. Und die Kopie von Wissen, Content oder aufbereiteten Formen von Content tritt sofort in Konkurrenz zu Bestehendem und führt damit zwangsläufig in die Austauschbarkeit. Weil wir Wissen zielsicher zu Geld machen wollen, benötigen wir einen gangbaren Weg.

Das Konzept der schöpferischen Zerstörung

Joseph Schumpeter, österreichischer Nationalökonom mit zahlreichen Schriften, hat das Thema der *kreativen Zerstörung* entwickelt, und er hilft uns aus dem Dilemma des blauen und roten Ozeans heraus.[12]

Die kreative oder schöpferische Zerstörung bezeichnet eine Grundfunktion der Wirtschaft, wie wir sie hier im Grunde auch schon gesehen haben: Jede ökonomische Weiterentwicklung baut im Kern auf einer Zerstörung von etwas Vorhandenem auf. Dabei werden in der Regel bestehende Produktionsfaktoren und teilweise auch Strukturen einfach neu kombiniert und geordnet. Schumpeter beschreibt diesen Prozess als unaufhörliche »Mutation«.

Diese entsteht also aus der Wirtschaft selbst heraus und ist getrieben von dem Willen, einen (neuen) Markt für das Unternehmen zu erobern. Genau das, was Sie auch vorhaben sollten. Damit ist die schöpferische Zerstörung weniger rigoros, sie setzt wesentlich auf eine Neuordnung bestehender Systeme, die durch Innovationen eher einen kleinen Kick von außen erhalten, als dass sie etwas völlig Neues zu erschaffen suchen.

Der blaue Ozean ohne Konkurrenten ist vielleicht durch eine Disruption eines bestehenden Geschäftsmodells zu erschaffen. Aber wer erschafft schon Ozeane, das sollte man womöglich höheren Kräften überlassen. Stattdessen ist es eher ratsam, in einem bestehenden roten Ozean nach der blauen Lagune zu suchen, die eine gewisse Sicherheit vor den anderen Fischen sichert und in welche die großen Tanker nicht reinfahren können, weil sie viel zu viel Tiefgang haben. Und diese blaue Lagune können wir sehr wohl erschaffen, und zwar eben durch die kreative Zerstörung.

Wissen muss nicht neu erfunden werden

Zwei Schritte müssen wir noch verstehen, dann haben wir alles Handwerkszeug dafür zusammen. Erstens müssen wir verstehen, wie wir jetzt das Wissen genau einsetzen. Wissen kopieren? Wissen evolutionär entwickeln? Innovationen suchen oder eher Wissen zerstören und ersetzen?

Und zweitens müssen wir schauen, wie denn Wissen überhaupt behandelt werden muss, wenn es doch nicht wertvoll ist und an jeder Ecke, im Überfluss zu bekommen ist.

Will sich nach Schumpeter ein Business weiterentwickeln, dann muss es eine schöpferische Zerstörung erreichen, aus sich selbst heraus und eher als Evolution denn als Revolution.

Wissensevolution

Also, die Antwort auf die erste Frage, wie wir das Wissen nutzen wollen, disruptiv, innovativ oder eher evolutionär, lautet: Vorsicht vor der Disruption. Sie kann gut funktionieren und einen völlig neuen Markt für Sie aufstoßen. Aber sie ist risikoreich, schwer zu erfinden und vereint alle Nachteile des blauen Ozeans in sich.

Die Kopie von anderen Wissensmodellen ist auch tendenziell schwierig, denn wir wollten ja nicht mit den großen Fischen in Konkurrenz treten. Und wenn es nicht die großen Haie sind, sollte man trotzdem zusehen, sich von einer großen Anzahl kleiner, aber sehr bissiger Piranhas fernzuhalten. Ein typischer Markt mit vielen kleinen und großen Fischen ist zum Beispiel der Fitnessbereich, in dem viele Anbieter eine gewisse Expertise für sich beanspruchen und Trainingspläne oder -angebote zu verkaufen versuchen.

Sie können Ihr Wissen in kreativer Zerstörung behandeln: Schöpferisch oder kreativ bedeutet dann eben nicht, dass wir etwas komplett Neues erschaffen, sondern dass Sie neu kombinieren, eine Innovation beimengen und sich auf eine Nische konzentrieren, um Ihre kleine, blaue Lagune im großen roten Ozean zu erschaffen.

Wissensanbieter besitzen oft Expertise in einem relativ allgemein angelegten Thema, das sie für sich besetzen wollen oder das sie schon für ein paar ihrer Kunden gut verkaufen. Aber es ist schwierig, den Preis für Angebote in roten Ozeanen zu erhöhen – wen wundert es angesichts der hohen Preiselastizität? Zu Themen dieser Art zählen beispielsweise: »Gesundheitscoaching«, »Karrierecoaching«, »Meditation«, »autogenes Training«, »Frauen in Führungspositionen« oder »Alles für das Tier«. Diese Themen sind zu breit aufgestellt und zielen auf rote Ozeane. Wie kann man hier die Marktchancen verbessern?

Die Blue-Ocean-Strategie

Die Blue-Ocean-Strategie, die in diesem Buch vorgestellt wird, basiert zwar auf dem originalen Konzept. Sie wurde aber auf die Anforderung, Wissen zu verkaufen, optimiert und zugespitzt. Denn: Die Blue-Ocean-Strategie von W. Chan Kim und René Mauborgne richtet sich an alle Formen von Märkten oder Industrien und muss daher etwas allgemeiner argumentieren, um stimmig zu bleiben.

Wir können es uns angesichts des konkreten Bereichs Wissens-Business erlauben, klarer zu formulieren und konkreter

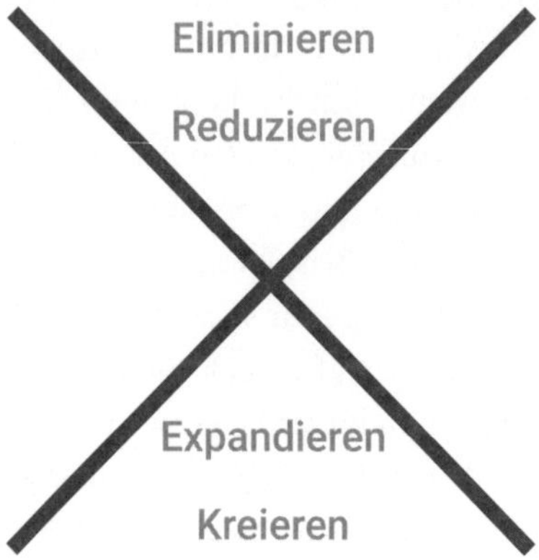

Abb. 7: Die Blue-Ocean-Strategie wird wie eine Sanduhr von oben nach unten durchlaufen.

zu sein; gleichzeitig ist unser Modell fordernder. Das werden Sie sehen: Kim und Mauborgne legen ebenfalls vier ähnliche sogenannte Kernelemente des Werts einer Industrie oder eines Markts an, wie wir das hier gleich tun. Aber sie sagen, dass man nur einen oder zwei der Werte ändern muss. Wir wollen an allen arbeiten.

Die Lösung liegt in einer Abwandlung der *Blue-Ocean-Strategie*. Die sieht in unserer Grafik aus wie eine Sanduhr.

Die Grafik zeigt, wie neben dem Aufbau von Relevanz, der die Wissensveredelung wesentlich vorantreibt und bereits beschrieben wurde, auch die sorgfältige Aufbereitung, Sortierung und Zuspitzung des Wissens wesentlicher Motor der Wissensrendite sein kann. Veredeln wir also Wissen, so ist auch hier die erste Stufe: Eliminieren. Wir lassen viel Wissen weg. Wir sind eben nicht Wikipedia, sondern haben eine Nische entdeckt. Diese spitzen wir ziemlich weit zu, um uns vor allzu viel Konkurrenz zu schützen.

Wenn Sie Content zu Do-it-yourself-Handarbeitstechniken verkaufen wollen, dann sollten Sie nicht zugleich über Tischtennis sprechen. Dieser Punkt ist auch gleich eine Mahnung. Denn viele Menschen, die Wissen zu einem Thema gesammelt haben, sind an vielen Bereichen interessiert.

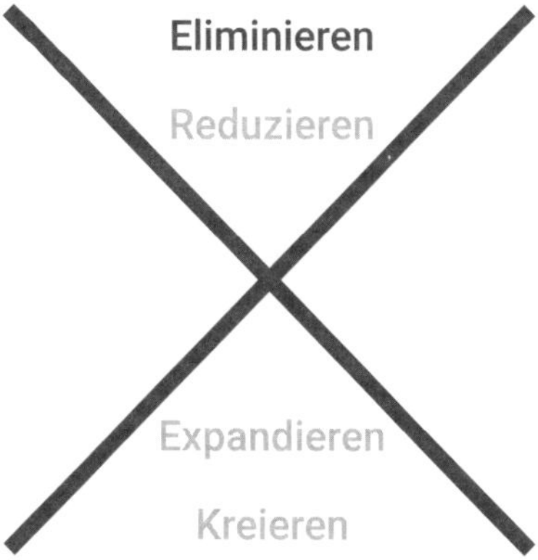

Abb. 8: Die erste Stufe der Blue-Ocean-Strategie: Eliminieren von Wissen

Wenn Sie sich für Arbeitsorganisation interessieren, weil das eben aus Ihrer Sicht jedem Berufstätigen spannende Möglichkeiten eröffnet, und zusätzlich Triathlon und Backen lieben, dann versuchen Sie dennoch nicht, alles gleichzeitig an den gleichen Kunden zu verkaufen. Wenige wollen gerade ihre Arbeitsorganisation optimieren, backen gerne Torten, fahren Fahrrad, schwimmen wettkampfmäßig und laufen Marathon. Ihre potenziellen Kunden wären vollends verwirrt.

Was hier als Beispiel ziemlich plakativ daherkommt, sollten Sie auch bei schwieriger zu erkennenden Überschneidungen Ihrer Wissensgebiete immer prüfen. Erklären Sie dann lieber, dass Ihre besondere Form der Arbeitsorganisation ein spezifisches Problem löst, das Ihrem Kunden sofort den Arbeitstag retten kann. Und machen Sie irgendwann ein eigenständiges Angebot zu Triathlon, oder lassen es Ihr Hobby sein.

Eine gute Prüfung des eigenen Wissensangebotes ist immer: Welches Killerproblem meines Kunden löse ich? Das ist eine der schweren Lektionen für viele: Niemanden interessiert Ihr Instrument, alle wollen Ihre Lösung. Die Menschen kaufen Löcher, nicht Bohrmaschinen.

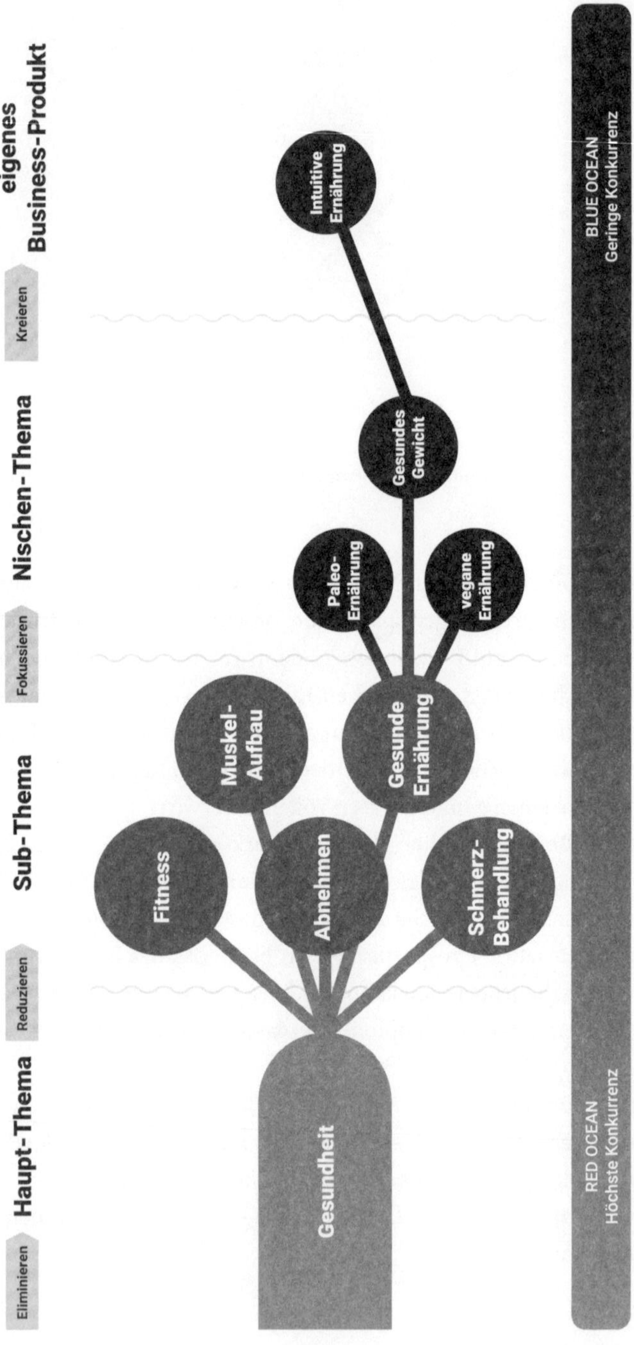

Abb. 9: Wissen ist wie ein Baum, der sich in sinnvoll zu besetzende Nischen verzweigt.

Die erste Stufe der Blue-Ocean-Strategie ist die Stufe der größten Reduktion von Wissen und Content. Fragen Sie sich also genau, was Ihr Thema sein soll.

Gesundheit ist ein sehr breites Thema und damit tendenziell nicht gut zu besetzen. Allzu weit ist das Themenspektrum, zu viele Ansätze, Problemstellungen und Anforderungsprofile von möglichen Kunden sind abzubilden. Das schafft niemand wirklich komplett. Trust und Brand bilden sich dann schwer, und Ihr Geschäft wird sich mühsam entwickeln.

Wenn Ihr Thema allgemein »Gesundheit« ist, was ist dann das klassische Killerproblem der Zielgruppe? Arthritis? Angst vor Herzinfarkt? Unreine Haut oder unerfüllter Kinderwunsch?

Sport ist genauso ein viel zu allgemeines Thema, in dem alles und nichts versteckt sein kann.

Wissen ist wie ein Baum

Beim Eliminieren nehmen Sie zu Beginn deshalb konsequent ganze Oberthemen oder Themengebiete einfach raus aus Ihrem Business-Modell.

Und Sie sollten immer das Killerproblem Ihrer Kunden oder, etwas netter beschrieben, das Nutzwertversprechen für Ihre Kunden im Auge behalten. Das bedeutet oft auch, dass Sie Themen eliminieren, die Sie besonders mögen, weil sie Ihnen am Herzen liegen. Wenn das dazu führt, dass Sie sich als Anfänger ohne viel Authority auf die recht weit auseinanderliegenden Themen »Abnehmen«, »Schmerzbehandlung« und »unreine Haut« stürzen, ohne diese in einen engen Zusammenhang zu stellen und ein Killerproblem der Kunden zu lösen, dann gilt: »Kill your Darlings«: Weg mit den Lieblingsthemen, wählen Sie das eine (Lieblings-)Thema, das vor allem aber die Kunden interessiert.

Sie entscheiden grundsätzlich, dass Sie über Gesundheit informieren wollen anstatt über Tierhaltung. Diese Vorgehensweise kann man sich bildlich ein wenig so vorstellen wie einen Baum oder auch einen Stammbaum. Sie entscheiden sich zunächst für einen festen, dicken Stamm. Damit schließen Sie schon einmal alle anderen Bäume des

Waldes aus. Das ist das Eliminieren von Oberthemen. Diesen einzelnen dicken Stamm können aber nur wenige komplett besetzen, also umfassend für dieses Thema stehen. In der Regel sind das Autoritäten.

Nun müssen Sie in diesem Oberthema fortfahren und weiter Content und damit Wissen ausklammern. Auch ein großer Ast, der direkt aus dem Stamm wächst, ist noch ein sehr großes Thema, und es gibt sicherlich noch zu viel Content, zu verschiedene Kundenanforderungen, zu viel Konkurrenz und wenig Möglichkeiten, hier ans Licht zu kommen.

Deshalb folgt unmittelbar danach die Stufe **Reduzieren**.

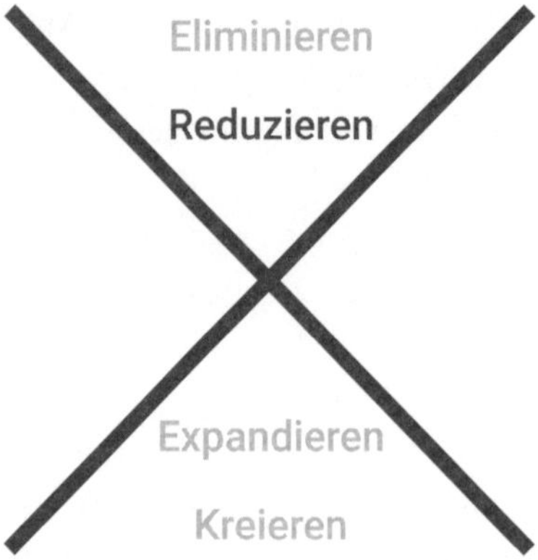

Abb. 10: Die zweite Stufe der Blue-Ocean-Strategie: Reduzieren von Wissen

Reduzieren ist die Zuwendung zu einem Unterthema. Wenn wir eben Sport oder Gesundheit als Stamm des Baumes gesehen haben, dann sind die Unterthemen die dünneren Äste, zum Beispiel im Sportbereich: Fitness, Muskelaufbau, Sportlerernährung, Abnehmen oder Schmerzvermeidung. Und Sie merken, dass es sofort leichter fällt, hier spezielle Kundenanforderungen zu ermitteln: Schmerzvermeidung durch Sportübungen könnte bereits einen Kundenwunsch abholen und Relevanz erzeugen. Mögliche Kunden im Bereich Sport mit der Zuspitzung auf das Subthema Schmerzvermeidung sind etwa Freizeitsportler, die immer mal wieder ein Kniezwicken haben, aber ihren Sport weiter ausführen wollen.

Das ist viel präziser und spezieller als »Gesundheit«, und es lässt sich viel besser als Thema ansprechen. Muskelaufbau ist ebenso ein hochinteressantes Thema für einige Kundengruppen, die sich zudem nun gut beschreiben lassen. Ihr typischer Kunde wird an solch einer Stelle plötzlich greifbar:

»Guten Tag, ich interessiere mich für Sport, haben Sie da etwas für mich?«

»Vielleicht, das weiß ich nicht genau, was suchen Sie denn?«

»Nun, ich möchte etwas über Proteinsupplementation für Muskelaufbau erfahren!«

»Ja, dazu kann ich Ihnen gern etwas anbieten!«

Die Spezialisierung, die Suche nach der passenden Nische, ist also auf mehreren Ebenen eine Hilfe. Die beiden ersten Stufen der Strategie zur inhaltlichen Wissensveredelung sind dabei destruktiv, denn sie entfernen Inhalte und schaffen dafür Orientierung.

Claudio Trento ist examinierter Sportlehrer, sehr erfolgreicher Personal Trainer, Speaker und Autor. Er wird beispielsweise von Fitnessstudios regelmäßig gebucht und trainiert dort die Trainer in der korrekten Anwendung von speziellen, revolutionären Geräten, gibt sein Wissen aber auch an die Nutzer gerne weiter. In über 20 Jahren dieser Tätigkeit hat er Methoden entwickelt, die wirklich schnell wirken und gut in den Alltag zu integrieren sind – auch ohne Geräte.

Statt sich aber allgemein mit dem Thema Fitness zu beschäftigen, konzentriert er sich auf Übungen, die sich leicht in den Alltag einbinden lassen: Claudio Trento zeigt Betroffenen, wie sie mit wenigen kleinen Übungen »in fünf Atemzügen angewendet« eine Verbesserung erzielen können.

Sein aus dem Fitnessbereich hervorgebrachter Nischenbereich ist zugleich seine Wissens-Geschäftsidee: Wir leben heute in einer Welt mit glatten Böden und normierten Bürostühlen, in der wir den Körper nicht mehr so nutzen, wie das in früheren Gesellschaften der Fall war und wofür unser Körper gebaut ist. Das führt dazu, dass unser Körper manche Funktionen nicht mehr in dem Maße bereithält, und die Konsequenz sind Bewegungsstörungen, Schmerzen und Einschränkungen.

Und auf dieser Basis entwickelt Claudio Trento sein digitales Coaching-Business. Er hat einen Online-Kurs gestaltet, der mit

Videos seine Kunden an kleine, leicht zu adaptierende Übungen heranführt, ohne dass diese ein Fitnessstudio besuchen oder allzu viel Zeit investieren müssten. Claudio Trento hat die Probleme der Menschen in einer Nische gesehen, seinen speziellen Ansatz ausformuliert und führt die Menschen an einen besseren, weil potenziell beschwerdefreien Punkt.

Dass er das »in fünf Atemzügen« tut, ist ein erkennbarer Vorteil und sein Alleinstellungsmerkmal.

Die beiden Linien der Sanduhr oder des X laufen über die Stufen von Eliminieren und Reduzieren bis zu einem Schnittpunkt zusammen, der dann Ihre optimale Nische beschreibt. Lassen Sie alle Oberthemen weg bis auf eines, reduzieren Sie dann in diesem Subthema Ihren Content auf einen möglichst kleinen, aber klar und verständlich umrissenen Nukleus, einen Kern, den Sie genau greifen können und der eine Verbindung zu Ihren potenziellen Kunden herstellt.

Die richtige Nische zu finden ist ein wenig wie eine Michelangelo zugeschriebene Anekdote: Er arbeitete über Jahre an einer Marmorskulptur und vollendete sie schließlich in Perfektion. Auf die Frage, wie er dieses Kunstwerk erschaffen konnte, soll er gesagt haben: Nun, die Figur war schon da, ich musste nur den überflüssigen Marmor wegschlagen.

Reduzieren wir nochmal die Breite des Wissens, das wir transportieren, um treffsicher eine Marktnische zu schaffen: Das angenommene Oberthema heißt Unternehmensführung. Da fällt so einiges an Themen rein, es ist schwer, das Killerproblem der dort tätigen, möglichen Kunden klar zu formulieren. Mitarbeiterführung, Projektmanagement oder Controlling? Also müssen wir weiter eliminieren und expandieren. Wir wählen die engere Nische der »Führung«, reduzieren die Zielgruppe und wenden uns mit unserem neuen Produkt »Erfolgreiche Führungsmethoden für Geschäftsführer mittelständischer Betriebe« an eine klar umrissene Personengruppe, und schon werden einige Fragen beantwortet. Gleiches könnte man tun, indem man »Mindset-Training für Start-ups«, »Vertriebstraining für freie Künstler« oder »Social-Media-Consultant für kleine und mittelständische Betriebe« wird.

Die Kernwert-Kurve für ein Business

In der nun über zwei Stufen (Eliminieren und Reduzieren) aufzufindenden Nische gilt es nunmehr, das eigene Produkt zu definieren. Das geschieht von nun an in konstruktiven Schritten und in der Genese des vorhandenen Wissens zu einem »Mehr«, als vorher da war. Das klingt wie ein innovativer Prozess, kann sich aber angenehmerweise an Kleinigkeiten festmachen lassen.

Über Kernwerte sprechen auch W. Chan Kim und René Mauborgne, allerdings reichlich wirtschaftswissenschaftlich. Daher nur so viel: Jeder Markt, jeder Industriezweig, jede Nische und jedes Angebot können nach der Blue-Ocean-Theorie in einer Wertekurve widergespiegelt werden. Das ist also nicht direkt ein Produkt oder ein Wissensangebot, sondern es sind hier einzelne Werte, die dem Kunden oder dem Interessenten dabei besonders wichtig sind, während er andere zu vernachlässigen scheint.

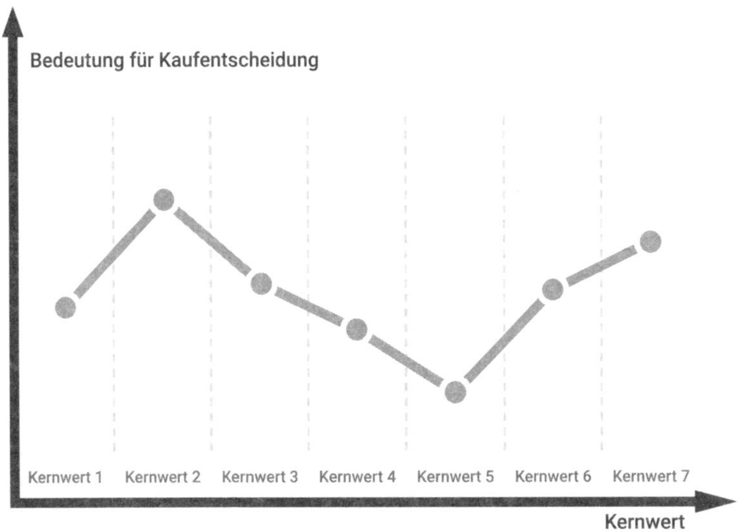

Abb. 11: Die Bedeutung einzelner Kernwerte für ein Produkt fällt unterschiedlich aus, hier allgemein dargestellt.

Manche mögen kaufentscheidend sein, bei anderen nimmt der Kunde sogar in Kauf, wenn sie eher schwach ausgeprägt sind, weil andere Werte das überstrahlen. Verschiedene Produkte oder Dienstleistungen können zudem in unterschiedlichen strategischen Systemen unterschiedlich funktionieren.

Ein Brot im Discounter wird aufgrund des niedrigen Preises seinen Absatz finden. Andere Kernelemente wie die Zusammensetzung oder die Produktion spielen hier eine untergeordnete Rolle.

Wenn am Preis gedreht wird, ändert sich der Absatz schlagartig: Ein Brot im Bioladen kann ganz anderen Anforderungen unterworfen sein; dass ein Brot hier teurer ist, scheint den Kunden normal, aber dafür bewerten sie andere Kernelemente wie die Erzeugung des Getreides für das Brot, etwa nach gewissen Biostandards, deutlich höher. Wenn diese nicht erfüllt werden, dann kann das den Absatz des Brotes im Bioladen erschweren. Es könnte sogar sein, dass der Geschmack des Brotes eine unterschiedliche Rolle spielt, hier wie dort. An Brot werden schon alleine je nach Absatzmarkt und -ort verschiedene Wertekurven angelegt.

In diesem Kontext bewerten verschiedene Kunden die Kernelemente unterschiedlich. Kann ich mir den Gang in den Bioladen leisten oder nicht, ist mir die Art der Erzeugung wichtig, weil mir am Tierwohl gelegen ist oder ich sie mit meiner Gesundheit in Verbindung bringe, oder blende ich solche Faktoren aus; bedeutet es vielleicht sogar einen gewissen Status, wenn ich für meine Kinder die Bioprodukte kaufe?

So, wie anhand der verschiedenen x/y-Werte in der Schule das Diagramm entsteht, so entsteht die Wertekurve aus diesen Kernelementen. So werden auch je nach Kundengruppe unterschiedliche Wertekurven erzeugt.

Produkte oder Dienstleistungen, die am Markt funktionieren, spiegeln folglich eine Wertekurve, die einer gewissen Anzahl von Kunden gegenüber Relevanz erzeugt und ihre Bedürfnisse befriedigt. Ist die Gruppe dieser Kunden größer, kann ich eventuell mehr davon verkaufen. Ist die Relevanz größer, können Sie eventuell einen höheren Preis verlangen.

Gerald Hörhan ist der »Investment-Punk«. Wir erkennen schnell: Investment, Geld und Vermögen sind womöglich ein eigener Baumstamm, vielleicht ein sehr dicker Ast im Oberthema »Geldanlage«. Gerald Hörhan steht aber hier als Success-Story für gelungene Eliminierung und Reduktion. Er hat viele Themen des Bereichs Investment für sich weitgehend ausgeschlossen: Aktien, Festgeldanlagen, Edelmetalle und so weiter, all das sind Unterthemen, für die er nicht bekannt geworden ist. Er beschäftigt sich mit Immobilien als Geldanlage und Geldvermehrungslösungen. Und das finden sehr viele Kunden interessant.

Im deutschsprachigen Raum ist der Investment-Punk durchaus ein Leuchtturm seiner Nische. Und er hat das Thema auch noch vorbildlich weiter reduziert, nämlich wesentlich auf die Nutzung von oftmals eher unscheinbaren, kleinen Apartments, die, innenstadtnah gelegen, leicht zu vermieten sind. Diese werden nach seiner Lehre gekauft, durch Sanierung und Möblierung aufgewertet und dann gewinnbringend vermietet oder weiterverkauft.

Wir gehen weiter durch unsere Grafik in den unteren Teil, dieser ist nun konstruktiv.

Ihrem reduzierten Wissen wird nun Inhalt hinzugefügt: Das ist im Schaubild der Sanduhr zunächst das Expandieren.

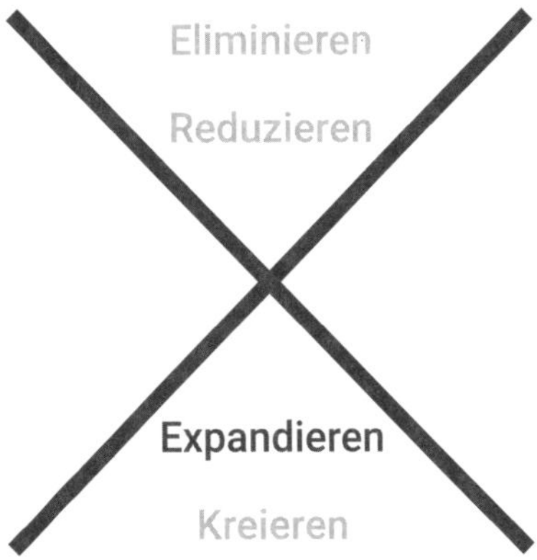

Abb. 12: Die dritte Stufe der Blue-Ocean-Strategie ist das Expandieren.

Die Blue-Ocean-Strategie hat dafür einen faszinierenden Ansatz: Wenn Sie einzelne Kernelemente des Produktes oder des Marktes verändern, dann können Sie alleine daraus ein neues Produkt machen. Sie kombinieren die beiden Modelle nun und finden damit ein für die Kunden attraktives Angebot in der Nische.

Nehmen wir noch einmal die Milch. Sie kommt aus der Kuh. Das ist vielleicht ein Kernwert, der aber vom Kunden ignoriert wird: Milch ist eben Milch. Sie wird nicht besonders tierfreundlich produziert, wenn sie sehr günstig ist. Wir wissen das, verdrängen es aber gerne. Die Discountermilch hat keine wirkliche Marke, und ob Milch aus Massentierhaltung schlechter oder besser für die Gesundheit ist, darüber denkt der Kunde oft nicht nach.

Eine billige Milch kann man mittels eines guten Milchaufschäumers in ein fantastisches Topping eines Cappuccinos verwandeln.

Das sind ein paar, teilweise sehr austauschbare und unterschiedlich wichtige Kernwerte.

Was passiert denn, wenn man diese nun massiv ändert?

Die Gesundheit ist unserem Kunden womöglich nun enorm wichtig. Massentierhaltung ist schlecht für die Tiere, diesen werden womöglich Antibiotika verabreicht. Das will der Kunde nicht. Die Aufnahme von Milch durch Erwachsene wird infrage gestellt, weil sie mit verschiedenen Krankheiten in Verbindung gebracht wird. Und plötzlich würde der Kunde den Kernwert Preis gerne zurückstellen, wenn ihm eine Alternative angeboten würde. Für den Cappuccino sollte die Milch auch taugen. Die Lösung: vegane Hafermilch für Baristi.

Dieses Produkt gibt es, und es wird für einen deutlich höheren Preis verkauft als Kuhmilch: Der Preis ist nur dann von Bedeutung, wenn nicht andere Kriterien eine Entscheidung zugunsten des Produktes nahelegen. Der höhere Preis funktioniert nur, weil einige Kernelemente verschoben wurden und damit bei anderen Käuferschichten eine hohe Relevanz erzielt wurde. Diese Milch ist ein Beispiel für eine deutliche Zuspitzung der Nische. Das geschieht hier im Hinzufügen einer Innovation.

Das Produkt stellt dabei jedoch keine Disruption dar, weil es für Kuhmilchtrinker eigentlich keine wirkliche Alternative ist, sondern eher eine Kundennische besetzt, die Kuhmilch ohnehin nicht erreichen kann: die der Veganer oder von Menschen mit Laktoseintoleranz.

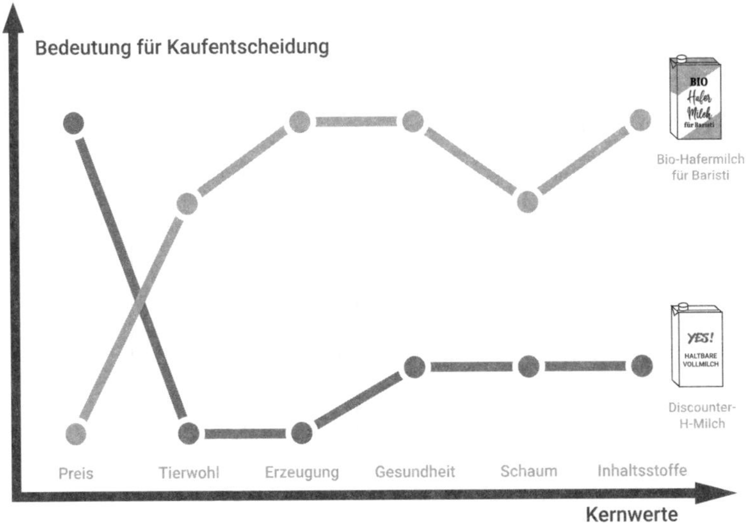

Abb. 13: Bedeutung einzelner Kernwerte für zwei verschiedene Milchprodukte im Vergleich

Womöglich schafft es auch erst eine neue Nische. Kuhmilchtrinker trinken wahrscheinlich weiter Kuhmilch. Und die überraschende Zuspitzung auf Hafermilch für Baristi, also das Hervorheben der guten Schaumbildung, zeigt, wie dann noch zusätzlich Relevanz beim Kunden erzeugt werden kann. Es wird sofort im Produktnamen erklärt, welche Probleme hier gelöst werden.

Nun sind die Kuhmilchtrinker als ideale Kundengruppe der Discounter-H-Milch in der Abbildung 13 eingetragen sowie die Gruppe der Veganer, die gerne Hafermilch für Baristi kaufen. Wichtig: Bei beiden Gruppen sind die idealtypischen Anforderungen an das Produkt und die Bedeutung dieser Kernelemente für die Relevanz des Produkts erkennbar. Veganer würden die Herkunft der Milch aus der Kuh sehr hoch werten und sie gerade deshalb nicht kaufen. Dass Kuhmilchtrinker auch mal eine Hafermilch trinken könnten, lassen wir außen vor.

Laut Kim können neue Geschäftsmodelle genau da entstehen, wo Kernelemente der Wertekurve verändert, anders gewichtet, hinzugefügt oder weggelassen werden.

Übrigens reicht dabei oft ein Wert, der verändert wird. Denken Sie an Bio-Kuhmilch. Die würde nur die Produktionsbedingungen anders gewichten und ist in der Regel schon zu einem höheren Preis verkäuflich. Genau so geht's.

Für Ihr Business ist das eine potenziell sehr wertvolle Idee: Schauen Sie sich die Kernwerte eines Produktes an, das Sie sich vorstellen können zu verkaufen. Welches Wissen möchten Sie zu Geld machen? Das dürfen bewusst auch Produkte sein, die es schon in einem roten Ozean gibt. Und dann erstellen Sie eine Wertekurve dieses Wissensbereiches. Worauf achten die Käufer des Wissens in diesem Markt? Orientierungsfunktion, Unterhaltungsfunktion, den Anbieter, die Präsentation in 1-zu-1-Coachings oder in großen Hallen, tolle Geschichten oder geniale Theoriemodelle? Und dann ändern Sie einzelne dieser Werte.

Wertekurve am Beispiel eines Experten-Business

Schauen wir uns konkreter ein Business als Experte an. In der folgenden Grafik sind die möglichen Werte, die die Bedeutung für die Kaufentscheidung ausmachen, eingetragen, ähnlich wie vorher bei der Milch.

Deutlich wird das am Vergleich eines Top-Speakers mit Brand und Authority mit einem Gruppenleiter einer örtlichen Fortbildungseinrichtung. Weil bei Letzterem alle anderen Werte durch den Kunden deutlich weniger wichtig genommen werden, wird der Preis hier zum ausschlaggebenden Kriterium. Das ist nicht gut. Die Inhalte werden durch den Kunden beim weniger renommierten Experten umgekehrt auch ein wenig herabgewürdigt, weil er ja viel günstiger sein Wissen zu Markte trägt. Beim Inhalt ist der Kunde also bereit, Abstriche zu machen. Auch das ist nicht gut, und alle verlieren in dem Spiel, auch die Kunden, die tendenziell schwächeres Wissen präsentiert bekommen, weil der weniger renommierte Experte schlecht bezahlt wird und nicht in die Qualität seines Produktes investieren kann.

Die anderen Werte treten noch deutlicher zurück: Die Persönlichkeit des Experten ist ebenso hinzuzunehmen wie sein Netzwerk und seine Entertainer-Qualitäten. Die Erfolge des günstigeren Experten

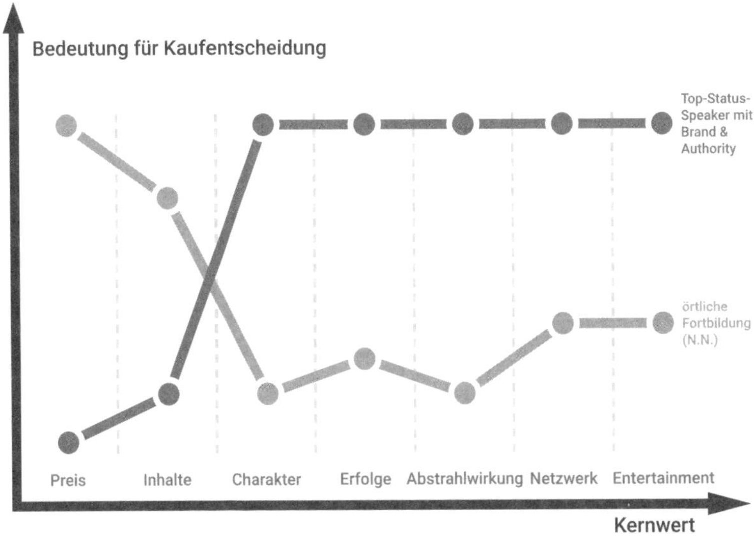

Abb. 14: Bedeutung einzelner Kernwerte für den Status als Experte im Vergleich eines Redners einer örtlichen Fortbildungseinrichtung versus eines Top-Speakers

werden kaum überprüft: Wer fragt schon seinen Dozenten an der örtlichen Fortbildungseinrichtung nach dessen umfassender Vita?

Umgekehrt kann der Top-Speaker Werte wie eigene Erfolge, seinen besonderen Charakter und das Netzwerk, das er pflegt, ins Feld führen – und diese sind von hoher Bedeutung für das Publikum. Für Kunden dieses Experten ist es ein eigener Wert, eine Fortbildung von ihm zu besuchen. Sicher kennen Sie solche Phänomene, wenn sich beispielsweise die Schüler eines Experten mit genau diesem Dreiklang brüsten und damit implizit einen Abstrahleffekt der besonderen Aura des Top-Experten für sich reklamieren. Und sie bezahlen, weil er diese Werte allesamt so perfekt ausfüllt, fast jeden Preis. Dass die Top-Speaker einen hohen Unterhaltungsfaktor haben, verbindet sie fast alle. Der Preis tritt als Kriterium hinter anderen zurück.

Erinnern Sie sich noch an unsere Ergebnisse möglicher Nischen, als wir das Thema reduziert hatten? Jetzt können wir diese Beispiele möglicher Nischen, die wir dort freigelegt hatten, expandieren.

Hier der vollständige Überblick der drei Stufen:

Thema eliminiert	Thema reduziert	Thema expandiert
Unternehmensführung	Erfolgreiche Führungsmethoden für Geschäftsführer mittelständischer Betriebe	Mitarbeitermotivation durch flache Hierarchien – Coaching für Geschäftsführer mittelständischer Betriebe
Motivation	Mindset-Training für Start-ups	Start-up leben – Work smart, not hard
Verkauf	Vertriebstraining für freie Künstler	Verkaufen lernen – mit psychologisch fundierten Modellen Kundentypen erkennen für Künstler
Online-Marketing	Social-Media-Consultant für kleine und mittelständische Betriebe	Social-Media-Strategien für KMUs – die Blaupause zur Kundenakquise in sozialen Medien

Nehmen wir ein Thema aus der Tabelle noch einmal heraus: Motivation, reduziert auf den Bereich »Mindset-Training für Start-ups«.

Dieses haben wir nun expandiert auf die Formulierung: »Start-up leben – Work smart, not hard«. Neben der Tatsache, dass dieser Slogan womöglich einige andere Anforderungen gut erfüllt, wie eine Darstellung des Killerproblems vieler Start-ups, die sich schnell überfordert sehen angesichts der Fülle der Aufgaben: Wir haben hier einige Kernwerte anders betont. Während das Thema Motivation oft damit arbeitet, den Menschen zu verändern, dass er seine Aufgaben bewältigen kann und mehr Energie findet, expandieren wir auf die Idee, dass man mit den richtigen Techniken gar nicht so hart arbeiten muss. Das motiviert vielleicht aus sich heraus und ist für manche Start-ups ein interessantes Wissensprodukt.

Welche Schlussfolgerungen ziehen wir nun aus unseren Erkenntnissen zur Expansion von Wissen?

Wenn Kunden beispielsweise das Wissen um eine Kundengewinnungstechnik im Verkaufstraining grundsätzlich interessant finden und Sie Ihr Wissen auf diese Nische fokussieren wollen, Sie aber feststellen, dass dieses meist recht wissenschaftlich und trocken präsentiert wird, dann könnten Sie genau diesen Aspekt fortan besonders unterhaltsam präsentieren. Verdeutlichen Sie das Wissen in einer knackigen, amüsanten oder erinnernswerten Art.

Das wäre solch eine Verschiebung in der Wertekurve. Und wie bei einem Sound-Mischpult ändert die Verschiebung eines Wertes oft einige andere. Das kann dann sehr gut auch der Preis sein, der sich mit steigender Relevanz plötzlich nach oben schieben lässt. Auch hier gilt: Wenn andere Kernwerte eine hohe Ausprägung erhalten, dann tritt der Preis als Wert in den Hintergrund.

Kernwerte expandieren: Ideen dazu

Folgende Elemente können Sie zu Ihren Kernwerten hinzufügen oder, wenn sie schon vorhanden sind, expandieren:

Geschichten. Wir erinnern uns: Menschen lieben Geschichten. Analysieren Sie Ihre vielleicht noch recht grobe Nische und sehen Sie sich die Geschichten an, die dort erzählt werden. Welche holt Sie besonders gut ab, zu welcher Geschichte können Sie sich eine besonders gute Abwandlung einfallen lassen?

Solche Geschichten, die immer schon erzählt werden, sind die Geschichte vom Bandarbeiter zum Unternehmer, vom besseren Leben durch Meditation, vom Verkaufstipp, der jeden Verkäufer besser macht, oder Geschichten vom Sportcoach, der die eine Methode erfindet, die in kurzer Zeit fit und schlank macht. Richten Sie den Fokus in Ihrer Nische vielleicht auf eine besonders starke Geschichte, die Sie bestens erzählen können, die die Augen Ihrer Kunden strahlen lässt. Es schadet meist nicht, wenn es Ihre Geschichte ist, die Sie authentisch erzählen können.

Abkürzungen. Menschen lieben Abkürzungen. Wir wollen nicht immer den langen Weg gehen, wir wollen nicht alle Fehler selbst machen. Wenn uns jemand zeigt, welche Fehler wir vermeiden können, welche Tipps und Tricks uns den Weg erleichtern, dann nehmen wir das dankbar auf. Und solche Abkürzungen kennt eben in der Regel der, der den Weg mit allen Fehlern und Sackgassen schon gegangen ist. Das ist auch Authentizität. Wenn man sich anschaut, wo dieses Wort herkommt, nämlich aus dem Altgriechischen, dann ahnt man, wie es funktioniert. Es leitet sich ab aus den Worten für »Selbst« und »vollenden«. Wer Authentizität ausstrahlen will, sollte die Dinge selbst getan haben.

Emotionale Trigger. Was beschäftigt Ihre künftigen Kunden? Angst vor etwas, das Streben nach Glück, die Erfüllung gesellschaftlicher oder eigener Werte sind immer interessant.

Killerproblem. Was ist das Killerproblem Ihres Kunden? Also der »Herzinfarkt«, für den der Kunde sofort und ohne viel zu überlegen eine passende und hilfreiche Lösung verlangt? Weil diese medizinischen Vergleiche ziemlich bekannt sind, nennt man das auch den Schmerzpunkt des Kunden, um die besondere Relevanz herauszukehren, die darin stecken sollte. Ein Schmerz ist jetzt da. Er überstrahlt im Zweifel alles andere und soll gelöst werden. Solche Probleme suchen Sie für Ihr Business.

Sie spitzen mit diesen Werten auch Ihre Nische weiter zu. Wenn das Oberthema der Stamm des Baumes war, dann sind die Subthemen die starken Äste. Gesundheit ist ein Stamm. Ernährung, Abnehmen, Krankheitsvorbeugung, Schmerzbehandlung und viele weitere können Subthemen aus diesem Bereich sein.

Nehmen wir die Ernährung als einen Ast des Stammes Gesundheit. Gesunde Ernährung besetzen viele als Thema. Also sollten Sie schauen, dass Sie Geschichten finden, emotionale Träger und Schmerzpunkte, auf die Ihr Kunde in diesem Bereich gut reagiert. Paläodiät könnte solch ein Thema sein.

Grundidee einer Paläodiät ist, dem Körper Lebensmittel zuzuführen, die er gut vertragen kann. Das wird als Grundlage einer gesunden Ernährung angesehen. Und dabei wird einfach geschaut, wie sich der Mensch in den letzten Jahrtausenden ernährt haben mag, schließlich muss sich unser Körper an diese Ernährung gut angepasst haben und davon profitieren. So lautet jedenfalls die nicht unumstrittene Schlussfolgerung der Paläodiät. Das Paläolithikum, also die Altsteinzeit, war eine lange und weithin bekannte Phase der Menschheitsgeschichte und wird daher hier als Referenz hinzugenommen.

Heutiger, industriell gefertigter Nahrung und auch der starken Veränderung der Nahrung durch Kochen, Weiterverarbeitung et cetera steht die Paläodiät kritisch gegenüber. Man ernährt sich vorwiegend von wenig verarbeiteten Beeren, Gemüsen, Obst, Nüssen, Fleisch, Eiern und Samen. Dem, was man damals so fand.

Egal, wie man diesen Ansatz betrachtet, die Geschichte ist tragfähig. Sie fokussiert sich auf einen noch spezielleren Teil von Ernährung. Sie trifft einen Schmerzpunkt vieler Menschen, die beispielsweise eine Diabeteserkrankung mit dieser Diät zu behandeln suchen, und die Referenz auf die Menschheitsgeschichte hat eine schöne, abgegrenzte innere Logik. So wird eine gut beschriebene Landkarte von Wissen erzeugt, das man dann verbreiten kann.

Die Paläodiät pointiert dabei folgende Parameter eines guten Subthemas:

Zunächst einmal eine emotionale Komponente, weil es um die eigene Gesundheit geht. Gesundheit ist ein hohes Gut, aber sie kann als Thema schlecht allzu allgemein angesprochen werden.

Daher die kluge Zuspitzung auf die Steinzeitdiät. Dann wird eine klare Relevanz für den Kunden hergestellt, wesentlich durch die Verbesserung dieser individuellen Gesundheit, die versprochen wird. Das ist eine Abkürzung. Das Problem des Kunden (Krankheit, Unwohlsein, Sorge um die eigenen Ernährungsgewohnheiten) und das Ziel des Kunden (Gesundheit, bessere Ernährung, Beschwerdefreiheit) wird beschrieben sowie die optimale Abkürzung mit der Methode gleich verkauft.

Trust entsteht im Sinne unserer Content-Veredelung dadurch, dass man die Probleme der Zielgruppe, ein gewisses Unwohlsein gegenüber der industriell gefertigten Nahrung von heute zu verspüren, gesehen hat. Man muss argumentativ vielleicht nur mal auf einen gerade mal wieder aktuellen Lebensmittelskandal hinweisen, um der Lebensmittelindustrie den Schwarzen Peter zuzustecken. Schon beinhaltet die Paläodiät ein tolles Storytelling, denn die Geschichte mit den Steinzeitmenschen, die sich noch natürlich ernährt haben, ist wirklich stark und für viele überzeugend.

Damit wandern wir langsam, aber sicher aus dem hochroten Ozean der Gesundheit in die gesunde Ernährung – es wird langsam weniger rot – und schließlich in ein reichlich spezielles Thema, das dann weniger Konkurrenz kennt, aber dennoch viele Menschen abholt. Das ist unsere blaue Lagune. Hier wird ein breites Thema erst reduziert, und dann wird die entstehende Nische durch ein gutes Storytelling wieder expandiert. Ähnlich könnten Sie eine Spezialisierung auf vegane Ernährung oder eine neu erfundene Wohlfühlernährung als Expansion beschreiben.

Ist Ihr Wissensthema wirklich markttauglich?

Man kann nicht einfach einen bekannten Markt, den man selber spannend findet, nehmen, sich dort spezialisieren und dann Geschichten erfinden. Denn: Wir haben ja schon zur Vorsicht vor dem blauen Ozean gemahnt, und die blaue Nische kann natürlich an ähnlichen Problemen kranken. Keine Konkurrenz, weil beispielsweise kein Markt da ist. Ob Hafermilch für Baristi ein Erfolgsmodell ist? Wir wissen es nicht genau.

Es ist nach dem bisher Gesagten durchaus schlau gedacht, gut umgesetzt. Aber es zielt auch in eine ziemlich enge Nische. Die einzelnen Kernelemente der Wertekurve des Produkts wurden intelligent verändert. Aber ob es eine hinreichend große Zielgruppe gibt, die genau diese Kernelemente abfragt, ob die Abwandlung hier wirklich so klug umgesetzt ist – wer weiß?

Der Markt entscheidet es sicherlich. Im Wissensbereich sind Sie demgegenüber mit dieser Herangehensweise eher im Vorteil, weil Wissen viel mehr veredelt werden kann als das Konzept von Milch.

Daher sehen wir uns nun an, wie Sie auf dem Weg der Herausarbeitung Ihrer speziellen Nische immer wieder überprüfen können, ob Sie die richtigen Entscheidungen treffen. Wir gehen dabei wieder vom Oberthema und vom Eliminieren über die Subthemen, reduzieren dort und expandieren dann mit neuen Elementen, als Innovationen im Sinne der kreativen Zerstörung. Sie werden sehen, dass die Lösung dieses Problems eigentlich eine Parallelstruktur der bisher erarbeiteten drei Stufen unserer Sanduhr-Grafik darstellt.

Gibt es eine starke Community in Ihrer Nische?

Ein gutes Nischenthema zeichnet sich in der Regel durch reaktive Communitys aus. Diese erkennen Sie leicht an Events, Zeitschriften, Facebook-Gruppen oder anderer Medienpräsenz. Subthemen zum Bereich Sport wären etwa einzelne Sportarten. Fußball ist ein großes Thema in Deutschland, und es gibt sicherlich viele Facebook-Gruppen dazu beziehungsweise noch spezialisiertere in diesem Bereich zu einzelnen Vereinen oder Ligen, zu Trainingsübungen oder zur Verabredung von Reisen zu Auswärtsspielen der eigenen Mannschaft. Aber es gibt ganz wenige zum Thema »Sport allgemein«. Daran erkennen wir aktive Subthemen.

Jedes Wochenende finden im Fußball Spiele statt, in den unteren und Jugendligen engagieren sich Millionen Deutsche. Der Markt ist da, er konsumiert und reagiert auf Angebote. Und es wird reichlich Geld mit diesem Sport verdient. Das ist zunächst einmal ein gutes Subthema. Da kann man sein Wissen sicherlich verkaufen.

Doch ist Fußball ein vielleicht noch zu großes Subthema? Wie steht er im Vergleich mit anderen Sportarten da, welche Kriterien kann man beispielsweise an verschiedene Subthemen anlegen, um die eigenen Erfolgsaussichten zu bewerten? Sicherlich muss im Bereich des Fußballs als Wissensthema noch eine weitere Spezialisierung auf eine engere Wissensnische erfolgen, sonst wird man kaum gesehen, wenn man nicht mindestens den Status einer Authority hat.

Schauen wir nach anderen Sportarten, die etwas mehr Nischenpotenzial versprechen als der Fußball. Handball hat ebenfalls einen Ligabetrieb, viele untere Ligen, Jugendarbeit und wird von vielen Menschen geschaut. Aber er steht nicht so sehr im Fokus. Handball klingt nach einer kleineren und damit lukrativeren Nische, wenn wir die Spezialisierung ernst nehmen. Und nehmen wir dann noch Triathlon dazu für unsere Betrachtungen: Auch diesen Sport absolvieren etliche Menschen, er wird aber in der Regel nicht in großen Hallen geschaut und ist eher ein Individualsport. Noch einmal viel weniger Menschen trainieren für Triathlons als für Handball. Welche der beiden weniger verbreiteten Sportarten verspricht nun, im direkten Vergleich untereinander, die lukrativere Nische für Wissensprodukte zu sein? Handball, der nicht so ein hochroter Ozean ist wie Fußball, oder Triathlon, der die Gefahr aufweist, doch reichlich klein als Markt zu sein und nur Einzelsportler anzusprechen, aber schön eng abgegrenzt ist?

Alles spricht erst einmal für den Handball. Unserer Erfahrung nach ist der Triathlon weitaus interessanter, das hat aber überraschend wenig mit der Größe des Marktes zu tun. Denn es zählen andere Kriterien: Während beim Handball ein Ball und ein paar Trikots für sieben Spieler reichen, muss für Triathlon durch jeden Sportler einiges an Equipment angeschafft werden, wie gute Laufschuhe, besondere Schwimmsachen und nicht zuletzt ein Fahrrad, für das Triathleten oft fünfstellige Beträge bezahlen. Triathlon hat eine starke Verbreitung in der Gruppe von Männern mittleren Alters, die es beruflich geschafft haben, entsprechend liquide sind und mit viel Aufwand dieses Hobby maximal forcieren. Ein Schelm, wer von Midlife Crisis spricht. Hier ist der Einzelsportler jedoch viel eher bereit, auch für gutes Wissen zu bezahlen, weil er auf sich eben Geld und Passion für das Thema vereint. Die Klientel ist zahlungskräftig und investitionsbereit. Bleiben wir also bei diesem Beispiel.

Was ist das zentrale »Killerproblem« Ihrer Nische?

Wenn es gilt, nun die guten Geschichten zu finden, die bei unserem Beispiel des Triathlons Kunden abholen, dann muss man sich anschauen, wo das Killerproblem der Zielgruppe liegt. Und das liegt zum Beispiel in der Bahnhofsbuchhandlung. Natürlich nicht wirklich, aber je nach Thema sollte man eine Recherche genau dort beginnen.

Schaut man sich etwa die Fachmagazine zu Triathlon an – und solche finden Sie zum Beispiel in der Bahnhofsbuchhandlung –, dann beschäftigen sich diese auffällig oft mit Zeitmanagement. Darauf kommt man zunächst nicht, aber es liegt auf der Hand: Wenn Sie Triathlon semi-professionell betreiben, dann haben Sie nebenher andere Aufgaben, den Job und die Familie. Einen so zeit- und trainingsintensiven Sport wie Triathlon halbwegs seriös zu betreiben erzeugt das Killerproblem: zu wenig Zeit!

Wer das löst, der wird automatisch relevant für diese Zielgruppe. Also könnten wir großartige Zeitpläne für das optimale Triathlontraining vermitteln, und schon steht unsere Nische. Wir haben genau den Schmerzpunkt unserer Kunden gefunden und zeigen ihnen nun eine Vision von einem erfolgreichen Sport, der sich mit Beruf und Familie vereinbaren lässt. Wir lösen ihr Problem und vergrößern dieses Thema im Subthema Triathlonsport, machen uns zu der Wissensinstanz in diesem Bereich. Wir expandieren die Nische und schaffen uns damit die blaue Lagune im roten Ozean.

Die Entdeckung der Magazine für Triathlonsport, ebenso wie Messen, Events und Social-Media-Gruppen, sind allgemein wieder ein Indiz für einen kaufbereiten, aktiven Markt. Es ist sicher gut zu schauen, wie kaufbereit der Markt wohl sein mag, denn Handball verliert in der Berechnung des Investments pro aktiven Sportler deutlich gegenüber dem Triathlon. Aber grundsätzlich können Sie in beiden Subthemen-Nischen Content verkaufen, wenn Sie nur Relevanz herstellen können.

Sie sollten schauen, ob der Markt generell kaufbereite Kunden hat. Gibt es schon funktionierende Business-Modelle in diesem Markt für Content wie die Magazine, bieten andere dort ihr Wissen an, etwa als Personal-Triathlon-Coach, dann ist der Markt kaufbereit.

Was kaufen Ihre Kunden bereits?

Diese bestehenden wie auch die eigenen Business-Modelle muss man sich immer auch kritisch ansehen. Die Tatsache, dass in einem Bereich Geld verdient wird, bedeutet nicht, dass Ihr Geschäftsmodell diesen Markt auch trifft, selbst wenn es auch um Handball oder Triathlon geht und dort Geld verdient wird. Dass Triathleten Fahrräder kaufen, bedeutet nicht automatisch, dass sie für Wissen bezahlen. Dass sie Zeitschriften kaufen und Personal-Coaches beschäftigen, hingegen schon eher.

Plötzlich wird aus der geringen Zahlungskraft der jungen Handballer eine Pointe, wenn Sie ein B2B-Business daraus machen. Die Akquise von Vereinssponsoren für kleine Vereine ist eine Abwandlung eines Geschäftsmodells, das beispielsweise Bundesligavereine im Fußball längst durch Agenturen abbilden lassen. Also wurden einige Kernwerte geändert, und es entstand ein neues Geschäftsmodell in einem neuen Markt.

Soll man lieber auf sogenannte B2B-Kunden zielen, also Business-to-Business (Firmenkunden), oder auf B2C-Kunden, also Business-to-Customer (Privatkunden)? Wie immer gibt es hier nicht die eine Antwort. Firmen sind in der Regel zahlungskräftiger und bringen Ihnen vielleicht gleich mehrere Kunden in Form ihrer eigenen Angestellten, wenn Sie nur einmal überzeugen können. Dafür ist schon mancher im Laufe von Entscheidungsprozessen von Großkonzernen fast verhungert, weil die Entscheidung, ob man als Wissensexperte gebucht wird, durch allzu viele Abteilungen geht. Privatkunden haben oft den Vorteil, dass sie spontaner entscheiden, aber dafür wenig zahlen können. Als optimal stellt sich der Bereich der kleinen Unternehmen dar, mit niedrigen Entscheidungshierarchien, aber hohen Zielen.

»Aber meine Freundin fand das Thema toll«

Sie selbst sind oft Ihr schlechtester Berater für die Marktchancen eines Produktes. Das hat etwas mit der Produktverliebtheit zu tun, die wir schon betrachtet haben. Sie sind doch von Ihrem Produkt überzeugt, sonst sollten Sie übrigens gar nicht beginnen, es verkaufen zu wollen. Bitte beherzigen Sie Folgendes: Verkaufen Sie nur etwas, das Sie auch selbst kaufen würden, wenn Sie es bräuchten.

Aber Sie haben Ihr Produkt beispielsweise auch verstanden wie kaum ein anderer. Das bedeutet, dass Ihnen niemand mehr die Vorteile erklären muss. Vielleicht ist das gar nicht so einfach, und vielleicht blenden Sie auch aus, dass andere dieses Problem für Ihre Kunden besser oder einfacher lösen. Und auf eine Art finden wir unsere eigenen Inhalte doch auch immer besonders gut, oder? Seien Sie an der Stelle möglichst kritisch mit sich selbst, ohne deswegen gleich in der Suche nach dem perfekten Produkt zu verharren.

Seien Sie auch kritisch mit Ihrem Umfeld. Wenn Leute, die Ihnen wohlgesonnen sind, das Produkt kaufen würden, bedeutet das zunächst mal eine gewisse Sympathie, nicht mehr. Spannend wird immer der sogenannte kalte Verkauf, also an Leute, die Sie und Ihr Produkt nicht wirklich kennen. Dort geht es dann rein um Fakten, Nutzen und Preis-Leistungs-Verhältnisse. Man sieht oft, dass die Enttäuschung hier groß sein kann, wenn Menschen versuchen, ihr Produkt zu verkaufen, und feststellen, dass der »böse Kunde« es ignoriert oder nicht versteht.

Die Porter-Kurve

Porter ist aufgefallen, dass, wenn man einerseits den Return on Investment, also den Gewinn pro eingesetztes Kapital, in einem Business auf einer y-Achse und dann den Marktanteil auf der x-Achse, wie in der folgenden Grafik, abträgt, zwei Gruppen von Anbietern besonders durch hohe Gewinne hervorstechen: die Kostenführer und die Qualitätsführer.

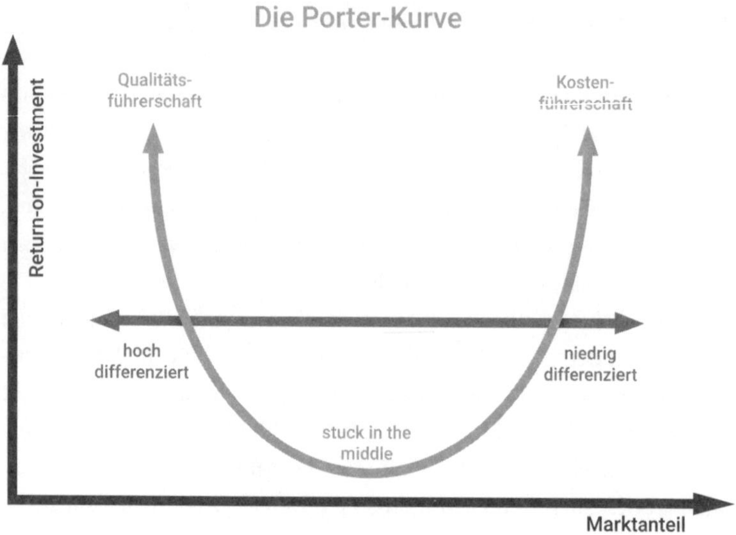

Abb. 15: Die Porter-Kurve beschreibt die Abhängigkeit der Rendite von Marktanteil und Marktstrategie.

Die Kostenführer haben hohe Marktanteile, verkaufen aber viele vergleichbare Produkte, die sich kaum von denen anderer unterscheiden. Sie generieren hohe Gewinne, weil sie die Kosten massiv drücken können. Pro Verkauf verdienen sie sehr wenig. Das sind unsere Discounter.

Die anderen Gewinner, der linke Arm des Us, das hier entsteht, sind die hoch differenzierten Unternehmen, die im Zweifel eine Sache richtig gut machen und dort auffallen, in der Regel besonders durch höhere Qualität, besseren Service und einen Brand. Sie haben keinen hohen Marktanteil, verdienen aber pro Verkauf sehr gut. Da fügt sich einiges zusammen, was wir schon kennen.

Diese Unternehmen polarisieren, längst nicht jeder kauft dort ein. Aber sie haben ihre Kundschaft, die vielleicht nur dorthin geht. Niemand verabredet sich für einen Samstagstrip zu einem Lebensmitteldiscounter, dorthin geht man für wenig emotionale Grundbedürfnisse.

Aber ein Flug zum Weihnachts-Shopping in einen besonderen Laden in New York, das klingt schon verführerischer. Für diese spezialisierten und emotional aufgeladenen Angebote nimmt der Kunde einiges in Kauf, auch einen hohen Preis.

Und dann gibt es die Unternehmen, die sich nicht entscheiden wollen. Sie sind nicht besonders spezialisiert, aber auch nicht völlig breit aufgestellt. Sie haben einen ganz ordentlichen Marktanteil, aber sind auch längst nicht die größten. Sie haben weder die Qualitätsführerschaft noch die Kostenführerschaft inne.

Das ist die breite Masse der Stuck-in-the-Middle-Anbieter, der untere Bogen des Us. Und diese Platzierung gilt es unbedingt zu vermeiden, denn sie haben tendenziell den geringsten Gewinn aus ihren Angeboten zu verzeichnen. Da Sie nicht Kostenführer im Wissensbereich werden wollen, weil Wissen sowieso wertlos ist, müssen Sie also Qualitätsführer werden. Ansonsten werden Sie in der breiten Masse der wenig differenten, wenig verdienenden und wenig gefragten Stuck-in-the-Middle-Anbieter landen. Klassische Beispiele für solche Stuck-in-the-Middle-Wissensanbieter sind Full-Service-Werbeagenturen, Hausärzte oder Coaches mit einem Tagessatz um 200 bis 500 Euro.

Dass die erfolgreichen Unternehmen mit geringen Marktanteilen in der Regel eine enge Nische besetzen, erscheint uns jetzt ziemlich folgerichtig. In dieser Nische müssen Sie das beste Angebot erstellen, zumindest in der Wahrnehmung Ihrer Kunden.

Kreieren Sie Ihre eigene Methode

Sie können – auf der Basis bestehenden Wissens – Ihr eigenes System kreieren und benennen. Dieses Modell wäre eine Innovation, würde den Kunden eine Orientierungsfunktion bieten und ihnen damit helfen.

Das Wissen zu diesem Thema würde eine Evolution erfahren. Dieses Theoriemodell könnten Sie trocken in einen Vortrag einfügen und erklären. Oder aber, Sie benennen Ihre eigene Methode danach und erheben es dadurch zu einem völlig neuen Ansatz von Wissen.

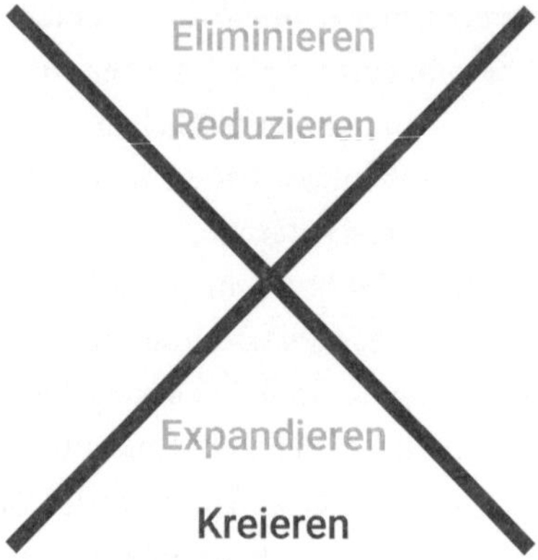

Abb. 16: Die letzte Stufe der Blue-Ocean-Strategie: das Kreieren des eigenen Produkts beziehungsweise der eigenen Methode

Greator kreiert neues Geschäftsmodell

Ihre eigene Methode schafft auch Ihren eigenen Brand: Schauen Sie sich einmal Greator an. Greator verfolgt einige Geschäftsmodelle, aber bekannt geworden ist das Unternehmen vor allem für seine offline wie online sehr reichweitenstarken Wissens-Abendveranstaltungen: Es werden Speaker auf eine Bühne geholt, die dort zu verschiedenen Themen referieren.

Die Vorträge gab es im Zweifel schon einmal an anderer Stelle, von den gleichen und anderen Speakern – wie sollte es anders sein?

Aber was macht Greator besonders? Beispielsweise wurden die Themen der Reden hinsichtlich von Faktoren wie Unterhaltsamkeit und tendenziell leichte Kost ausgewählt, sie wurden als Abendveranstaltungen gebündelt, und damit wurden beispielsweise die Zielgruppe und das Setting geändert. Es wurden Kernwerte verändert und damit das Modell »Wissen durch Speaker« expandiert. In der Konsequenz entschieden sich die Zuschauer, ob sie abends vielleicht ins Kino oder Theater gingen, um einen unterhaltsamen Abend zu haben, oder in die Rednernächte von Greator. Durch intelligentes Marketing haben die Macher dann dieses Konzept bekannt gemacht, etwa durch die massive Ausspielung des entstehenden Contents.

In der Umwegrendite, weil er so neue Interessenten begeisterte, wenn Reden etwa bei YouTube kostenfrei zur Verfügung standen, zog der Inhalt neue Kunden an. Er wurde im Unternehmen veredelt.

Greator hat Content genommen und ausgewählt. Dieser wurde dann an Kunden ausgeliefert, und dadurch entstand zunächst einmal ein gewisser Trust. Eine Veranstaltung konnte dem potenziellen Kunden – bekannt aus YouTube beispielsweise – als Garant für ein gutes Maß an relevantem Inhalt gelten. Zudem wurde durch die Ausspielung über das Internet der Brand aufgebaut, der für werthaltige, unterhaltsame und reichweitenstarke Inhalte steht.

Ein Ticket für Veranstaltungen des Brands kostet heute in den höheren Kategorien leicht einige Tausend Euro. Dieser Preis kann dort nur aufgerufen werden, weil die Veredelung von Wissen nach den Prinzipien entwickelt wurde, die in diesem Buch beschrieben werden. Vielmehr ist es ein Wert an sich, eine solche Veranstaltung des Brands zu besuchen, denn den Content gibt es in aller Regel später kostenfrei bei YouTube.

Damit hat Greator aber mehr getan, als nur zu eliminieren, zu reduzieren und zu expandieren. Sie haben als Konsequenz aus der Veränderung der Kernwerte – Fortbildung als Abendveranstaltung, Wissensvermittlung als Unterhaltungsbranche – mit den Rednernächten und weiteren Formaten ein Businessmodell kreiert.

Dr. Mareike Awe kreiert ihr eigene Methode

Dr. med. Mareike Awes Oberthema ist Ernährung, doch ganz richtig hat sie aus diesem Bereich viele Themen eliminiert. Ihr Subthema ist das sogenannte Wohlfühlgewicht-Programm, das ihre Kunden einerseits abnehmen lässt, aber sie durch spezielle Mentaltrainings aus den Zwängen gewöhnlicher Diäten sowie aus der Gefahr des Rückfalls herauslöst.

Mareike Awe ist studierte Medizinerin und zieht daraus – sowie neben einer Mentalcoach-Ausbildung – ihr Wissen sowie ihren Trust, dieses Thema kompetent präsentieren zu können. Sie beschäftigt sich nicht vordergründig mit Diätprogrammen, Sport als Weg zu einem niedrigeren Gewicht oder Ernährungsplänen und reduziert das Themenfeld damit weiter. Sie fokussiert sich darüber hinaus auf Frauen, die ihr Wohlfühlgewicht erreichen wollen, geht dabei jedoch einen innovativen Weg und wagt nichts weiter als eine kreative Zerstörung des Content-Bereichs Ernährung.

Gesunde Ernährung, das eigene Selbstbild und die Wahrnehmung als übergewichtiger Mensch, soziale Anerkennung und Selbstbewusstsein sind starke emotionale Trigger für ihre Kundinnen. Die Problematisierung, die Awe vornimmt, dass viele Übergewichtige oder mit ihrem Körper unzufriedene Menschen mit Diätprogrammen und anderen Körperveränderungsprogrammen immer wieder scheitern, zeigt, dass sie ihre Kunden sieht. Sie gibt ihnen das Gefühl, nun eine kompetente Hilfe gefunden zu haben. Die Kunden fühlen sich verstanden.

Das Thema wird dann expandiert, indem eine gute Geschichte erzählt wird: Nicht die Kundinnen sind schuld, dass sie bestimmten Versuchungen nicht standhalten können, dass sie sich nicht wertvoll fühlen und dass Diäten bei ihnen nicht funktionieren. Vielmehr führt Mareike Awe an, dass bei diesen Kundinnen gewisse Prozesse im Körper falsch »programmiert« sind, was aber durch das Angebot der Medizinerin geändert werden kann. Angesicht des vermutlich großen Problembewusstseins ihrer Kundinnen und der Kenntnis der Schwere, eine Lösung zu finden, bietet das Programm also eine Abkürzung an.

Dabei kann Mareike Awe authentisch berichten, denn sie selbst hat einen Gewichtsverlust und eine Transformation zu ihrem Wohlfühlgewicht nach eigener Aussage bereits absolviert. Die Innovation in ihrem Ansatz, und damit die höchste Stufe unserer Sanduhr, liegt dann in der Summierung all dieser Elemente in der Marke »intueat«.

»Intueat« beschreibt in einem sprechenden Titel das Konzept, dem Körper durch gezielte Übungen und Mentaltrainings wieder die Fähigkeit zu einem intuitiv richtigen und damit zielführenden Essverhalten zu verleihen. Nicht Kalorienzählen, sondern ein gesundes Gefühl, was gut ist und das Wohlfühlgewicht fördert, soll das zentrale Ergebnis des Programms von Dr. Mareike Awe sein.

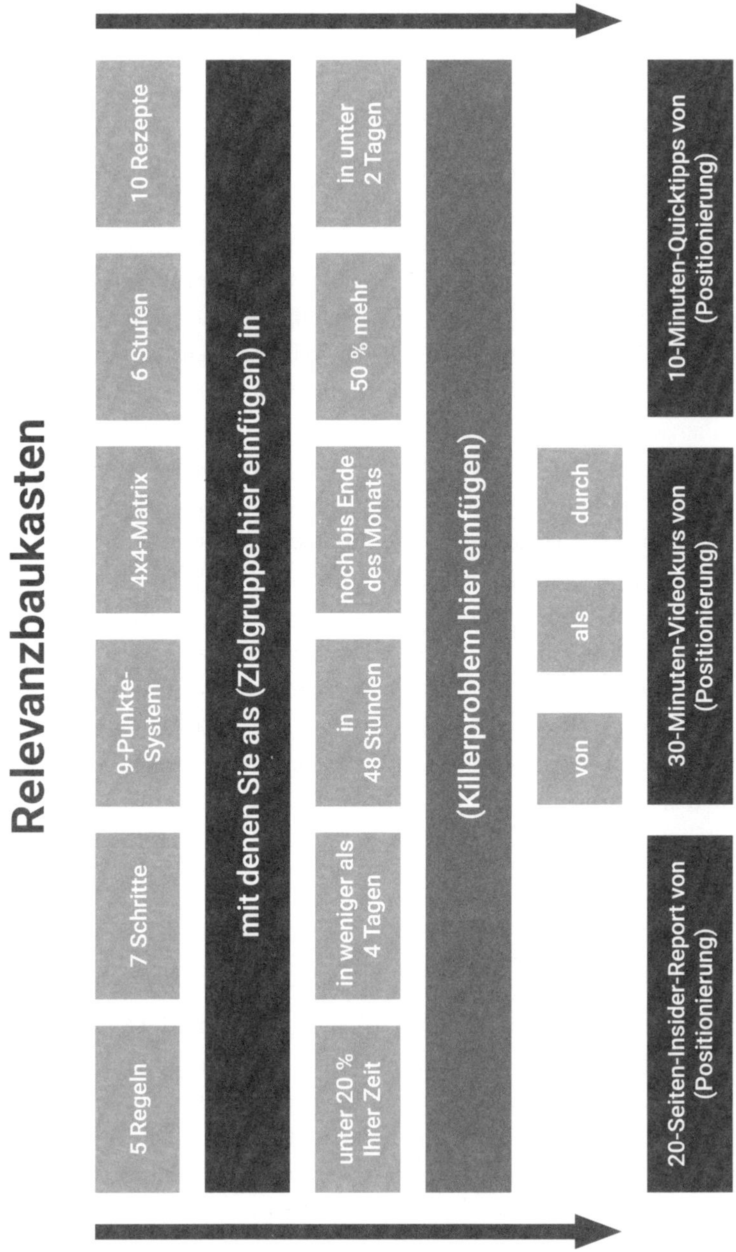

Abb. 17: Der Relevanzbaukasten für die Formulierung wirksamer und relevanter Nutzenversprechen

Der Relevanzbaukasten für Ihre eigene Methode

Für die konkrete Formulierung Ihrer eigenen Methode können Sie unseren »Relevanzbaukasten« verwenden.

Nehmen wir noch einmal unsere interessante Zielgruppe der Triathleten. Dann wäre eine mögliche selbst kreierte Methode etwa: »Die 7-Schritte-Methode, mit denen Sie als Triathlonsportler in unter 20 Prozent Ihrer Freizeit Ihre Triathlonzeit massiv verbessern – mit dem 30-Minuten-Videokurs von Triathlonprofi John Meier.«

Was hier geschieht, ist, dass Sie den Menschen klarmachen, dass Sie ihr Hauptproblem erkannt haben: Triathlon benötigt viel Zeit und ist daher schwer in den Alltag zu integrieren. Sie machen im Sinne unserer Relevanzdefinition klar, dass Sie den Traumzustand Ihres Kunden erkannt haben: endlich das Training, das so effektiv ist, dass es in den Alltag passt. Und Sie erklären, dass Sie die Abkürzung dafür anbieten können: den 30-seitigen Report mit Insiderwissen. Das erzeugt Relevanz. Damit haben wir im Funnel den nächsten Schritt erreicht.

Die Kunden erkennen, dass Sie Wissen anbieten, das für sie relevant ist. Und sie entschließen sich, diesem Wissen und Ihnen von nun an zu folgen, weil das mehr Wissen verspricht. Sie treten in Ihre Community ein, und mit zunehmendem Vertrauensaufbau können Sie es langsam wagen, die Kunden auch einmal auf Ihre bezahlten Wissensangebote hinzuweisen.

Wissen braucht Methode

Die Stufe des Kreierens hat tatsächlich mehrere Vorteile für Sie. Zwei davon hängen direkt an der eigenen Methode und begünstigen sich wechselseitig. Wenn wir mit Kunden deren Wissen strukturieren, analysieren und schließlich expandieren, dann kommt der Stufe des Kreieren bei uns besondere Bedeutung zu. Denn wenn man es schafft, dem eigenen Wissen ein festes Wissenskorsett überzustreifen, das klar transportiert, welche Schritte, Elemente und Wissensbestände enthalten sind, um das Problem des Kunden zu lösen und ihn sein Ziel erreichen zu lassen – dann hilft man damit dem Kunden und sich selbst.

Der Kunde erkennt im Idealfall viel schneller, dass sein Problem und sein Ziel in einem 5-Stufen-Modell auftauchen als in einem abstrakten Videokurs, der von Lektion 1 bis Lektion 52 reicht. Erstellen Sie ein solches System Ihres Wissens, das Sie dann für verschiedene Zwecke nutzen. Sie lassen es auf der eigenen Webseite erscheinen, um zu zeigen, dass Sie planvoll arbeiten. Sie nutzen es als Wiedererkennungsmerkmal, oder Sie erstellen den Zielerreichungsplan Ihres Kunden danach. Sie nutzen es aber auch als Hilfe für sich.

Martin von Hirschhausen etwa nennt gerne die von ihm erdachte »E. I. S.-Formel« als Struktur einer guten Vermögensbegleitung und Finanzplanung: »Einfach – Individuell – Strukturiert.« solle diese sein, was er als Grundanspruch seiner Arbeit definiert und dem Kunden damit eine Botschaft seiner Mission mit auf den Weg gibt. Gleichzeitig fungiert diese Formel als ein Wiedererkennungsmerkmal für ihn und geht als persönliche Leidenschaft zu Speiseeis auch in seinem Storytelling auf.

Wenn Sie Ihr Wissen strukturieren und entscheiden müssen, was an Content Sie hinzunehmen oder weglassen, dann hilft solch ein Plan ebenfalls. Wie ein Inhaltsverzeichnis Ihres Wissens.

Emotionale und nicht emotionale Themen

Zuerst einmal sollten wir uns den Antagonismus von emotionalen gegenüber nicht emotionalen Themen anschauen. Darüber sprachen wir schon ein wenig.

Wenn Sie können, dann sollten Sie sich auf emotional ansprechbare Themen fokussieren. Solche Themen sind beispielsweise Haustiere, Partnerschaft, Kinder, Oldtimer, Dekoeinrichtungen, das eigene Zuhause und Gesundheit. All diese Themen wollen Menschen doch in Ordnung haben und sie maximal fördern; daher sind sie hier investitionsbereit. Am anderen Ende des Spektrums stehen Dinge, die man emotional wenig ansprechend findet. Es wirkt immer etwas deplatziert, wenn etwa Werbetreibende versuchen, diese Produkte wie Waschmittel, Toilettenpapier oder Milch emotional aufzuladen.

Oft liegen die Welten thematisch sogar nahe beieinander, aber aus Emotionalisierungssicht weit auseinander: Pflegeöle für das eigene Gesicht werden teuer verkauft, solche für die Füße oder den eigenen Parkettboden schon weniger, und diese sind auch weniger emotional aufgeladen. Vorsicht vor schnellen Zuschreibungen, aber zu vielen Produktideen kann man doch eine Ahnung entwickeln, wie emotional sie sein werden.

Im Wissensbereich funktionieren auch vermeintlich sachliche Themen wie Finanzanlagen hervorragend, denn Geld ist am Ende doch wieder emotional besetzt, wenn man es hat, und auch, wenn man es nicht hat. Versicherungsprodukte hingegen sind weniger emotional besetzt, obwohl man sie wieder in enger Verwandtschaft zu Finanzprodukten betrachten kann.

Vermeiden oder Erreichen?

Das liegt in einer weiteren Spanne möglicher Nischenkriterien begründet, nämlich der Frage nach *Vermeiden oder Erreichen*. Versicherungsprodukte vermeiden einen Schaden, der noch gar nicht da ist. Wenn er kommt, ist es gut, sie zu haben. Aber der Nutzen materialisiert sich nicht wirklich direkt. Das ist immer schwierig. Ein Oldtimer oder ein neuer Partner sind hingegen Ziele, die man erreichen kann, und damit sofort attraktiver. Eine Versicherung soll im besten Fall nichts für mich tun, eine Partnervermittlung unbedingt. Das ist ein bisschen wie das Prinzip von Zuckerbrot und Peitsche. Das Pferd wird dem Zuckerbrot immer nachlaufen, denn es ist ein positives Ziel.

Der Peitsche folgt es nur, wenn sie aktiv geschwungen wird. Das ist dann auch der Unterschied zwischen einer sogenannten *intrinsischen Motivation*, die also aus dem Inneren der Person entsteht und deutlich lieber befolgt wird, gegenüber einer sogenannten *extrinsischen Motivation*, die immer von außen kommt. Beide können stark sein, aber die extrinsische Motivation benötigt immer den Impuls, um aufrechterhalten zu werden, und ist damit die zweite Wahl für Ihr Wissensangebot.

So verschaffen Sie Ihrem Wissen Sichtbarkeit und gewinnen Kunden

Dieses Kapitel beschäftigt sich mit den Grundlagen der Kundengewinnung eines Wissens-Business. Die Strategie zur Gewinnung von Neukunden beschreibt man im Online-Marketing als einen sogenannten Funnel: eine stufenweise arbeitende Kundengewinnungslogik. Warum stufenweise? Ihre Kunden kaufen wahrscheinlich Ihr Produkt nicht beim ersten Kennenlernen, ohne etwas über Sie und die Inhalte zu wissen. Sie müssen vielmehr mit Ihren Kunden mehrfach in Kontakt treten. Nach unseren bisherigen Betrachtungen ist das nur logisch. Wenn das Wissen noch auf der Ebene austauschbaren und wertlosen Contents allzu vergleichbar für Ihren Kunden erscheint, dann hat er keinen Grund, dafür Geld zu bezahlen, wenn Sie ihm gefühlt mal eben etwas Wissen unterjubeln wollen.

Vielmehr muss die Veredelung des Wissens aus Content zu Trust, Brand und Authority operationalisiert werden, wenn Sie verkaufen wollen. Ihre Kunden müssen das Gefühl haben, dass Sie für sie den Content aufbereitet und sortiert haben, ihnen nur die relevantesten Teile zur Verfügung stellen und damit die eigentliche Wertschöpfung betrieben haben! Sie haben das beste Wissen, Sie haben relevantes Wissen, Sie sind die Abkürzung.

Warum es kalt nicht geht

Bei einem ersten Kennenlernen, der sogenannten Kaltakquise, können Sie noch keinen Trust gegenüber Ihrem Kunden aufbauen. Diesen zu erreichen gelingt selten im ersten Schritt, weil Trust von Zeit und gegebenen Informationen abhängig ist, und die Kunden verzichten im Zweifel erst einmal auf das Geschäft, bevor sie befürchten, sich übertölpeln zu lassen. Ein allzu aufdringlicher Verkaufsversuch wird folglich sogar vom Kunden abgestraft. Ihr Kunde ist skeptisch. Wenn die Wissensveredelung Ihrem Kunden gegenüber stufenweise funktioniert, dann muss auch der Verkauf über Stufen eingeleitet werden, schließlich muss es gelten, Wissen möglichst veredelt und damit mit einer hohen Wissensrendite beim Kunden zu platzieren! Eine Abkürzung gibt es nicht, wohl aber eine Strategie.

Gerade wenn Sie den Kunden in einem unpersönlichen Medium ansprechen, beispielsweise digital, dann werden Sie um mehrere Kontakte nicht herumkommen. Wie sieht denn ein erster Kontakt in den digitalen Medien heute aus? Ein beiläufiger Blick auf die Anzeige bei Facebook, Ihre Webseite unter Tausenden von Suchergebnissen bei Google oder Ihr Video auf YouTube: Immer sehen Sie sich digital in der Konkurrenz der Masse an Angeboten. Insbesondere für Wissensprodukte funktioniert ein Verkauf dann nur Schritt für Schritt. Eine Waschmaschine kauft man vielleicht nach kurzer Recherche und unerbittlichem Preisvergleich für 1000 Euro online, zumal wenn es sich um einen Markenhersteller handelt.

Aber Wissen von einem noch Unbekannten für das gleiche Geld? Sie wollen Ihr Wissen teuer verkaufen. Wir gehen daher von der Notwendigkeit mehrerer Kundenkontakte hin zu einem Verkauf aus. Diese müssen dabei extrem gut aufeinander abgestimmt und dosiert sein, sonst haben Sie keine Chance.

Den Trust und vielleicht auch noch Brand und Authority wie in den bisherigen Kapiteln beschrieben aufzubauen ist ein recht aufwendiger Prozess und ein Ringen um Relevanz, Aufmerksamkeit und Argumente. Bisher haben wir das eher theoretisch betrachtet und uns die Vokabeln und Zusammenhänge dieser Prozesse angesehen. Jetzt können wir sehr wirksame Grundfunktionen und Strategien ableiten, die die

Kontakte zielgerichtet herstellen und den Aufbau von Vertrauen über mehrere Stufen stark begünstigen. So können wir dieses Wissen operationalisieren und sehen, wie Sie aus eigener Kraft Ihre eigene Kundengewinnungsmaschine erstellen und optimieren können.

Der Prozess aus Kapitel 2, die stufenweise Veredelung von Content zu Trust, Brand und Authority, läuft dabei ein Stück weit parallel zu Ihrem Verkaufs-Funnel. Ihr Kunde geht Schritt für Schritt hindurch, lernt Sie kennen und gewinnt Vertrauen, erinnert sich an Sie oder Ihr Wissen als Marke und akzeptiert später Ihre Deutungshoheit für das spezifische Wissen. Und stetig steigt der Preis für Ihr Wissen und die Chancen eines Verkaufs. Dass man dabei auf dem Weg eines Produktverkaufs nicht zwingend gleich zur Authority reift, ist klar. Aber die Zeit hilft auch dabei letztlich. Wir werden die praktischen Grundlagen kennen lernen, nach denen man Funnel baut und sehr konkrete Umsetzungsstrategien ausarbeiten.

Wo Vertrauen entsteht

Wenn im tiefen Wald ein Baum umstürzt und niemand ist da, der es hört … macht es dann ein Geräusch? Dieses alte philosophische Gedankenspiel funktioniert ein wenig wie die Wissensveredelung. Sie funktioniert nur für und mit Ihren Kunden, niemals für sich allein. Wenn Sie keinen Trust aufbauen können, bleibt Ihr Wissen immer wertlos – und dafür brauchen Sie den Kunden als Gegenüber, der durch den Prozess geht und Vertrauen gewinnt. Und dann kauft. Dafür müssen Sie Ihren Kunden dazu bewegen, dass er sich mit Ihrem Wissen auseinandersetzt, Zeit damit verbringt.

Ein Verkaufsprozess muss folgerichtig als Erstes ein Instrument darstellen, um Vertrauen aufzubauen. Schließlich ist das die erste Veredelungsstufe und entscheidet über den Erfolg all Ihrer Bemühungen. Vertraut Ihnen Ihr Kunde? Dann wird er einen Kauf in Betracht ziehen. Dass Vertrauen nicht sofort entsteht, ist intuitiv, und daher muss man daran arbeiten. Das tut man Schritt für Schritt, über die Aufmerksamkeit Ihres Kunden und über die Zeit:

Wertschöpfung aus Wissen entsteht dort, wo Aufmerksamkeit an einem konkreten Punkt gebündelt werden kann.

Bevor wir das folgende Beispiel ausführen, kurz zur Frage, warum wir so häufig digitale Prozesse mit Beispielen aus analogen Prozessen und haptischen Produkten erklären. Wir tun das, weil viele Menschen im Internet anders handeln, als sie das in der »realen Welt« tun. Das ist erst mal ein allgemeines Problem. Kaum jemand würde seinen Beziehungsstatus auf seinem T-Shirt zur Schau tragen – bei Facebook tut man das und stellt die Privatsphäre-Einstellungen auf »öffentlich«. Menschen kommentieren in Social Media oft sehr frei und fühlen sich dabei ungesehen. Das ist jedoch naiv. Auch wenn es ans Verkaufen geht, denkt mancher, dass im Internet andere Regeln gelten. Wenn Menschen online verkaufen wollen, handeln sie oft ebenfalls naiv. Sie fallen mit der Tür ins Haus, bieten einfach auf einer Webseite ein teures Infoprodukt an – und wundern sich dann, dass niemand es kauft. Oder sie sprechen Wildfremde mit einer direkt verkaufenden Werbeanzeige an und erhoffen sich, dass diese ihnen gleich vertrauen.

Gehen Sie davon aus, dass Prozesse, die offline nicht funktionieren, auch online keine guten Chancen haben.

Sichtbarkeit muss an den richtigen Stellen erzeugt werden

Nehmen wir an, Sie wollten hochpreisige Fahrzeuge verkaufen. Würden Sie sich dann in eine belebte Straße mit »gutem Verkehr« stellen und den Leuten sagen: »Wenn Sie mir jetzt 130 000 Euro geben, dann können Sie sofort diese Mercedes-S-Klasse mitnehmen. Ich habe schon eine Schleife für Sie drumgebunden!« Die Chancen wären äußerst gering, weil zahlreiche gute Gründe dagegen sprechen, Ihnen das Auto abzukaufen. Die Passanten haben so viel Geld nicht dabei, sie kennen Sie nicht und trauen Ihnen schon deshalb nicht. Sie kennen die weiteren Bedingungen des

Deals auch nicht. Kurz: Kaum jemand käme auf die Idee, so Autos zu verkaufen.

Es gibt interessante Experimente,[13] in denen versucht wurde, auf offener Straße etwas vermeintlich viel Einfacheres zu tun, nämlich Geld an Passanten zu verschenken. Es fiel den Testenden durchaus schwer, das Geld loszuwerden, so groß ist die Skepsis, wenn wir unversehens in einen noch so offensichtlich vorteilhaften Deal gestoßen werden sollen.

Abb. 18: Sichtbarkeit führt selten direkt zum Kauf.

Gerade hochpreisige Produkte sind keine sogenannten Impulskäufe. Kaugummis an der Tankstelle nimmt man mal eben so mit, selbst wenn sie dort bekanntermaßen teurer sind. Ein Auto lässt man sich nicht mal so einfach mitgeben.

Ihr Angebot muss zur richtigen Zeit und im richtigen Gefüge aus Informationen, Vertrauen und Sichtbarkeit erfolgen.

Funnel-Marketing als Kundenzubringer

Der Funnel beginnt mit der Sichtbarkeit, die Herausforderungen leider auch. Das menschliche Gehirn verarbeitet pro Sekunde etwa elf Millionen Sinneseindrücke.[14] Damit wir damit überhaupt zurechtkommen, sind wir sehr wählerisch, womit wir uns beschäftigen. Und gefühlt sind wir schon überfordert, wenn wir uns auf zwei Dinge gleichzeitig konzentrieren sollen. Wir müssen also auswählen, wofür wir unsere Aufmerksamkeit hergeben, und sind entsprechend selektiv.

Wenn Sie die Aufmerksamkeit Ihres Kunden haben möchten, dann ist das der Beginn eines Tauschgeschäfts, das zunächst ohne Geld funktioniert. Ihr Kunde bringt in diesen Tausch seine wertvolle Aufmerksamkeit ein, die für Sie von Interesse ist, weil sie im Erfolgsfall die Basis

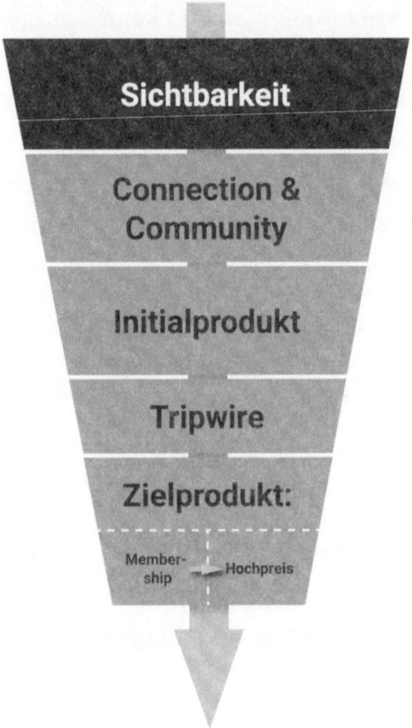

Abb. 19: Sichtbarkeit, die erste Stufe des (Neu-)Kunden-Funnels

des späteren Verkaufs ist – und die für den Kunden so wertvoll ist, weil sie knapp ist. Bewusst oder unbewusst weiß Ihr Kunde darum, dass er hier eine wertvolle Ressource einbringt – während kalter Traffic, also unmotivierter Kundenverkehr, ziemlich umsonst zu bekommen ist, verfügt Aufmerksamkeit schon über einen gewissen Tauschwert. Diese erste Aufmerksamkeit ist Sichtbarkeit in unserem Funnel. Es ist ein wichtiger Schritt für viele, die ihr Wissen verkaufen wollen, wenn sie verstehen, dass dieser erste Schritt, Sichtbarkeit zu erlangen, schon ein Tauschhandel ist, der ein auffällig gutes Angebot darstellen muss, weil der Kunde sonst einfach daran vorbeigeht.

Im Offline-Marketing kennen wir diese kleinen Klapptafeln, die oft in Einkaufsstraßen vor Geschäften, im Strom der Passanten aufgestellt werden. Sie nennt man übrigens Kundenstopper. Man läuft gewissermaßen direkt auf diese mit Informationen zum Angebot des Geschäfts versehenen Elemente zu – oder muss drum herumlaufen. Genauso denken Sie den ersten Tauschhandel von Aufmerksamkeit gegen einen Verweis auf Ihr Wissen.

Deshalb müssen Sie ziemlich schnell ein unwiderstehliches Angebot für diesen Tauschhandel machen, das Ihrem Kunden suggeriert: »Hier sollte ich Aufmerksamkeit einbringen, damit ich das bekomme, was man mir anbietet.«

Der Kunde will bei Ihrer ersten Sichtbarkeit idealerweise den Text zu Ende lesen, der mit einer interessanten Überschrift betitelt ist, er will das Video weiter schauen, das mit solch einem Paukenschlag beginnt oder eine für ihn interessante Frage aufwirft. Das ist eine Definition von Relevanz.

Dieses Angebot kann dabei gar nicht gut genug sein, und es sollte im Grunde so gut sein, dass es schon unverschämt ist. Deshalb funktioniert das mit der S-Klasse in der Bahnhofstraße ja auch nicht. Selbst wenn Sie das Fahrzeug dort mit 10 000 Euro Rabatt anbieten, ist das Angebot nicht gut genug. Zu hoch die Hürde des Preises und vor allem zu stark die Skepsis. Direkt ein hochpreisiges Produkt zu kaufen ist zu viel verlangt, daher kommt der Tauschhandel nicht zustande. Sie benötigen eine bessere Taktik. Ihrem Kunden ist gewissermaßen die Stufe zu hoch, über die Sie ihn hier führen möchten.

Verschenken Sie zu Beginn etwas

Schaffen Sie es, Ihrem Kunden am Beginn ein überragendes Angebot für den Tausch seiner Aufmerksamkeit zu machen, dann mischt sich das Element der Reziprozität plötzlich in die ganze Geschichte wieder hinein. Das Stückchen Käse an der Käsetheke bekommt man geschenkt, obwohl es einen Wert hat. Über den Verkauf spricht hier noch niemand offen.

Das kleine Stück Käse für 0,00 Euro ist solch ein »sehr gutes Angebot« für den Kunden. Aber das Business des Käsehändlers besteht ja nicht im Verschenken kleiner Käsestücke. Vielmehr entsteht hier so etwas wie eine psychologische Schuld beim Kunden. Ein einfaches »Danke sehr und Tschüss« genügt ihm plötzlich nicht mehr, um das

Geschenk des Käsestückchens entsprechend auszugleichen. Wir Menschen streben aber in Beziehungen – und seien es nur Geschäfte – nach dieser Fairness, auch wenn man das nicht immer merkt. Viele kennen das Weihnachtsdilemma: Ein Geschenk zu bekommen, wenn man doch gesagt hatte: »Wir schenken uns dieses Jahr nichts«, bringt uns in einen unangenehmen Gefühlszustand.

So ist es auch mit der Reziprozität. Um die kleine Schuld dann auszugleichen, ist der Kunde bereit, ein größeres Stückchen Käse zu kaufen oder mindestens dem Käseverkäufer bei seinem Angebot etwas mehr Aufmerksamkeit zu schenken. Schon wird der Tauschhandel auch für den Käsehändler gut. Studien beweisen, dass Reziprozität in Verkaufsprozessen den Gesamtwert des Deals und die Verkaufswahrscheinlichkeit positiv steuert. Es entsteht eine Form der Bindung, ein wenig Vertrauen in den nett schenkenden Käseverkäufer, eine Vorliebe für das Produkt, schon bahnt sich ein Geschäft an.

Sie merken, hier entwickelt sich ein etwas länger dauernder, vorsichtiger Prozess der Kundengewinnung. Genau das wollen wir erreichen.

Noch etwas spielt in diese Überlegungen hinein. Menschen kaufen Dinge zunächst nicht, weil sie diese Dinge haben wollen. Das klingt total gegenintuitiv, ist aber nachvollziehbar, wenn man weiß, was sie tatsächlich bewegt: die Angst, einen Fehler zu machen. Wir kaufen etwas, um diesen möglichen Fehler zu vermeiden.

Auch deshalb muss der Tausch möglichst gut für Ihren Kunden zu Beginn sein – Aufmerksamkeit gegen das, was er von Ihnen bekommt –, weil der Kunde vermuten muss, einen Fehler zu machen, wenn er den Tausch nicht eingeht. So sind wir Menschen oft: erst mal alles sichern, dann kommt der Rest von alleine.

Vor dem Verkauf: mehrere Kontaktpunkte zum Kunden

Käse klingt noch einfach. Wie verkauft man nun aber besser die S-Klasse? In der Bahnhofstraße hat das ja nicht geklappt. Gehen wir dazu mal in ein Autohaus. Hier generieren Automobilhersteller Sichtbarkeit. Der Kunde benötigt ein neues Auto oder ihm ist an diesem Samstag langweilig, und er geht deshalb ins Industriegebiet mit den vielen Autohändlern. Er betritt das Autohaus und läuft erst einmal um die Fahrzeuge herum, schaut ein wenig. Dann wird er von einem Verkäufer angesprochen: »Kann ich Ihnen helfen?« Es folgt einer der meistgesprochenen Sätze in Autohäusern: »Nein danke, ich schaue nur!« So sind die meisten Kunden. Ihre auch. Sie schauen erst einmal. Daher braucht man nun Geduld und eine Strategie. An diesem Punkt stimmt wahrscheinlich das Verhältnis von Aufmerksamkeit zum Angebot noch nicht.

Besser wäre es, den potenziellen Kunden erst einmal in ein Gespräch zu vertiefen, das überhaupt keinen Bezug zu einem möglichen Kauf hat, wohl aber zum Produkt, und den Kunden vielleicht emotional triggern kann. Der Autoverkäufer stellt sich ganz beiläufig neben den Kunden und sagt fast zu sich selbst: »Das ist das beste Auto, das Mercedes je gebaut hat! Der neue Sechszylinder ist um 18 Prozent sparsamer als die Konkurrenzmodelle.«

Das interessiert den Kunden, da es zum einen die kognitive Dissonanz bedient – das ist das beste Auto, aber ich besitze es nicht – und zum anderen ein vortreffliches Argument wäre, so viel Geld zu investieren. Aber das will der Kunde noch nicht (zugeben). Er schaut ja bloß und freut sich dennoch, so unverbindlich über das interessante Thema zu sprechen, vielleicht ein paar mehr Informationen zu bekommen. Also überrumpelt ein geschickter Verkäufer den möglichen Käufer nicht. Er baut stattdessen erst einmal eine gewisse Verbindung zum Kunden auf und merkt sich im entstehenden Austausch noch seinen Namen – gute Autoverkäufer haben Hunderte von Kundennamen parat.

Fest steht schon jetzt: Der Kunde wird heute auf keinen Fall kaufen, er wird wieder gehen. Wenn er also im Herausgehen noch nach dem Prospekt greift, dann sagt der gute Verkäufer vielleicht: »Warten Sie, ich hole Ihnen einen anderen Prospekt«, holt einen dickeren und glänzenderen, sehr hochwertigen Prospekt und legt seine Visitenkarte bei. Das ist ein Mehrwert für den Kunden, und er gewinnt schon bei diesem Tauschhandel. Ein kleines Stückchen Information nimmt der Kunde damit schon einmal an, sein Interesse wurde ohne offensichtliche Verkaufsabsicht bedient, und der Kunde fühlt sich gut behandelt und gesehen.

Und der Autoverkäufer hat gleich mehrere Kontaktmöglichkeiten zum Kunden geschaffen. Die Kette der Kundenkontakte gilt es nun in der Folge aufrechtzuerhalten. Kommt der Kunde nicht von selbst wieder, so ruft der gute Verkäufer ihn an und bietet ihm eine Probefahrt oder die Einladung zu einem exklusiven Kundenevent – er schenkt weiter und tauscht diese kleinen Aufmerksamkeiten gegen des Kunden Aufmerksamkeit. Die psychologische Schuld und das Interesse beim Kunden wachsen, und der Verkäufer kann sich als seriöser, aufmerksamer Tauschhändler profilieren, der den Kunden nie übervorteilt. Der Kunde wird beim nächsten Besuch im Autohaus nun schon gezielt nach diesem Verkäufer fragen, um seine eigene vorteilhafte Position weiter auszukosten.

Es entsteht eine Kundenbindung, die beiden haben eine gewisse Connection. Es folgen in weiteren Terminen weitere Elemente der Reziprozität, der Kunde bekommt Lederproben des hervorragenden Innenraumes präsentiert, eine Preisliste zum Stöbern, reichlich vertrauenerweckende Informationen zum Produkt, er baut einen Rapport zur Marke auf und genießt die ausführliche Probefahrt. Über diese Kette von Kontakten bekommt unser bester Autoverkäufer den Kunden langsam, aber sicher an den Schreibtisch. Dort lassen wir die beiden erst einmal sitzen, stellen aber fest: Nichts anderes tun Sie auch. Eines noch: Wir wollen so sein wie dieser Autoverkäufer!

Die 7-Kontakte-Regel

Was sich hier abgespielt hat, ist eine Version der sogenannten 7-Kontakte-Regel. Das ist eine theoretische Betrachtung des Umstandes, dass es im Schnitt sieben Kontakte benötigt, bis ein Kunde ein Produkt kauft. Dabei ist die tatsächliche Zahl der Kontakte variabel, in Abhängigkeit verschiedener Faktoren. Wir erinnern uns, Kaugummis an der Tankstelle werden nicht so aufwendig diskutiert, getestet und durchdacht, sondern impulsiv beim ersten Kontakt gekauft. Grundsätzlich spielt also auch wieder der Preis eine tragende Rolle für die tatsächliche Anzahl der notwendigen Kontakte, ebenso wie die Situation des Käufers. Der Flottenchef einer Firma kauft ein Dutzend Autos für seine Firma, ohne vorher ausgiebig Lederproben gestreichelt zu haben, und geht einfach nach den Rabatten der Hersteller. Also spielen auch die Rolle des Käufers und seine emotionale Bindung zum Kauf hinein.

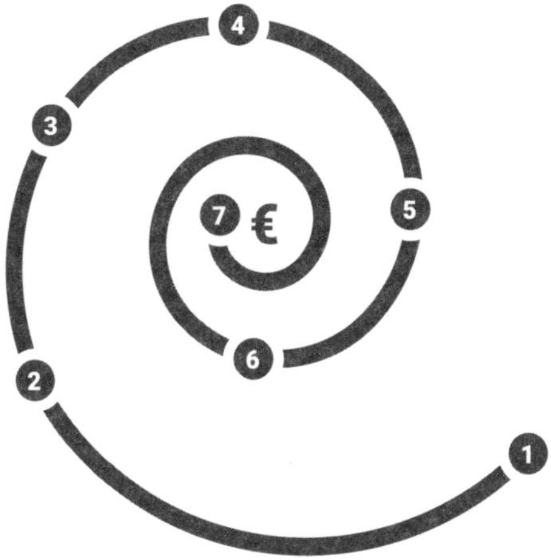

Abb. 20: Die 7-Kontakte-Regel verdeutlicht, wie Kunden über mehrere Kontakte langsam – fast magnetisch – an den Verkauf herangeführt werden.

Immer spielt aber die Umwandlung von Sichtbarkeit in ein erstes Interesse, in eine positive Bewertung des ersten Tauschhandels von Aufmerksamkeit gegen einen Mehrwert für Ihren Kunden eine zentrale Rolle. Wenn Sie gesehen werden, wenn der Kunde quasi in Ihr Autohaus spaziert, dann müssen Sie dem Kunden etwas anbieten und einen reellen Tauschwert für seine Aufmerksamkeit aus dem Ärmel schütteln. Einen sofortigen Kauf bieten Sie ihm aber höchstens bei Impulskäufen an.

Treffen Sie Ihren Kunden dabei online zum ersten Mal, so wird die Kette der Kontakte fast automatisch länger. Wir sind online gemachten Angeboten gegenüber in aller Regel noch einmal deutlich skeptischer, haben zu viel über unseriöse Angebote gehört und können dem Gegenüber nicht wirklich in die Augen schauen.

Zudem ist die Menge der Werbeangebote online heute sicher größer als die Zahl der Werbetafeln am New Yorker Times Square – und sie sind auch greller und lauter. Das ist ein absolutes Überangebot an freundlichen Offerten, die eigene Aufmerksamkeit als Kunde zu investieren. Und das wollen und können wir nicht unbegrenzt. Ist online also schlechter? Nein; es mag manchmal länger dauern, aber das wird durch die Möglichkeit der Skalierung der Kundenansprache und die mögliche vollständige Automatisierung des Verkaufsprozesses mehr als aufgewogen. Online-Business tauscht selten Zeit gegen Geld wie ein Offline-Business, das ist ein großer Vorteil.

Funnel-Fachbegriffe

Für das weitere Verständnis benötigen wir diese drei wesentlichen Begriffe: Traffic, Lead und Conversion.

Traffic ist eine amorphe Menge aus Menschen, die an Ihrem Produkt interessiert sein könnten oder eben auch nicht, daher ist er grundsätzlich relativ wertlos. Traffic kann man wie Wissen als Rohstoff verstehen. Es ist heute so einfach wie nie, Kunden-Traffic über das Internet, Social Media oder andere Kanäle zu bekommen – und so günstig wie nie. Traffic ist eine sehr einfache Form von Sichtbarkeit – Kunden bewegen sich im Internet auf der Suche nach irgendetwas wie Autos in einer Großstadt –, allerdings leider ungelenkt und keineswegs mit dem Versprechen verbunden, dass damit auch Aufmerksamkeit oder Verkäufe verbunden sind. Ein Plakat an einer befahrenen Straße sehen viele im Vorbeifahren, weniger Menschen erfassen die Informationen dabei wirklich, und nur ein Bruchteil dieser möglichen Kunden kauft dann das Produkt, das beworben wird. Wie immer in einem solchen Fall muss man den Rohstoff Traffic also veredeln oder konvertieren, filtern und lenken. Denn so wie potenzielle Kunden im Verkehr an einem Plakat vorbeiziehen können, tun sie das auch online, und die Kunden lassen zum Beispiel Ihre Webseite links liegen.

Also, Sichtbarkeit – oder Traffic – ist reichlich vorhanden und muss in unseren Funnel gelenkt werden. Gelingt es dabei, die Kunden durch eine bestimmte Handlung an das eigene Business zu binden, beispielsweise weil sie ihre Kontaktdaten hinterlassen, so spricht man von einem **Lead**, einer Kontaktmöglichkeit zum Kunden, die man aktiv nutzen kann. Diese ist natürlich höherwertig einzuschätzen, weil ich dem Kunden weitere Informationen und Angebote zustellen kann. Wenn er dann schließlich auf ein Angebot eingeht und kauft, so spricht man von einer **Conversion**.

Ein Funnel für ein Produkt operationalisiert auf mehreren kleinen Stufen genau das: eine Aufwertung des Kunden vom Traffic über den Lead hin zur Conversion.

Abb. 21: Es sind vereinfacht nur drei Schritte zum Verkauf, die in der Realität jedoch oft mehr Stufen verlangen.

Das ist zunächst die Ausgangslage eines jeden Anbieters von Wissen. Und weil die Prozesse, die diese drei Schritte abdecken, unterschiedlich komplex sind, je nach Produkt und Zielgruppe, benötigen sie mehrere Schritte, um erreicht zu werden – im Schnitt eben sieben, es können aber auch mehr oder weniger sein.

Es gibt viele Kunden, die sich im Netz oder in der Einkaufsstraße bewegen und bei denen Sie eine Kaufabsicht auslösen möchten. Aber diese Kunden sind, so sagt man, *kalter Traffic*. Sie sind quasi noch nicht warm geworden mit Ihrem Angebot, haben es nicht einmal wahrgenommen. Was ist das Allererste, was Sie erreichen müssen? Sichtbarkeit! Plakate sind oftmals so bunt, Google-Werbung blinkt und Fernsehwerbung hat eine hohe Produktionsqualität, weil man zunächst überhaupt auffallen muss.

Dann erzeugen Sie über mehrere Stufen aus diesem Traffic Leads, binden Ihre Kunden zunehmend an sich, informieren und überzeugen und schaffen letztlich dann Conversions, also Kaufabschlüsse. Grob wissen wir nun, was ein Funnel tut, gehen wir Schritt für Schritt durch.

Sichtbarkeit ist ein preiswerter Rohstoff

Das mit der Sichtbarkeit ist also richtig schwer? Es gibt sie reichlich und günstig, aber dann wird es gleich komplex? Nein. Es gilt lediglich, die Sichtbarkeit, eben weil sie so günstig ist, gut zu veredeln und zu filtern.

Und dafür muss man seinen eigenen Status kennen in der Matrix aus vorhandener Sichtbarkeit, meiner gewünschten Sichtbarkeit und der Frage, wie sehr Sie schon für das Wissen sichtbar sind, das Sie nun verkaufen möchten.

Wir sehen bis hierher: Sichtbarkeit ist unser erstes Stichwort und der Einstieg in unseren Kundengewinnungs-Funnel. Jeder steht vor dieser Herausforderung. Das Schöne ist: Sichtbarkeit – meistens kann man die Begriffe Reichweite und Traffic synonym verwenden – kann man heute sehr leicht einkaufen. Und Sichtbarkeit ist sehr demokratisch. Sie steht jedem zur Verfügung, heute mehr denn je, weil das Internet die Kommunikation in alle Richtungen geöffnet hat. Zudem ist sie sehr anpassungsfähig. Ob Sie bereits sichtbar sind, ob Sie es niemals sein möchten oder ob Sie gerade erst anfangen: Die Regeln gelten für alle gleich.

Der Trichter funktioniert stufenweise

Sehen wir uns den Verkaufsprozess noch mal an. Wir hatten bisher nur genauer betrachtet, dass Sichtbarkeit der Einstieg in den Funnel ist. Nun wollen wir verstehen, wie dieser funktioniert.

Ein Funnel ist wie ein Trichter aufgebaut, eigentlich fast wie ein Kaffeefilter. Oben wird etwas hineingegeben, und unten kommt dann dieser Rohstoff in veränderter Form heraus. Unser Rohstoff ist Sichtbarkeit, im Online-Bereich oft auch als Traffic bezeichnet. Flüssigkeiten werden in einem Trichter kanalisiert und in eine ganz bestimmte Richtung gelenkt. Das beschreibt metaphorisch das Prinzip, dass der Strom an möglichen Kunden zu uns und unserem Produkt hin kanalisiert wird. Zudem arbeitet die Metapher damit, dass sich die Zahl der Kunden nach unten hin verringert, einige eben nicht bis zum Ende dabeibleiben und kaufen.

Was die Metapher vom Funnel, obgleich sehr verbreitet, nicht so gut hergibt, ist die Tatsache, dass dabei eben auch eine Veränderung des Kundenstroms einhergeht, das tut ein Trichter ja eher nicht. Ein Verkaufs-Funnel leitet aber Kundenströme und filtert dabei gleichzeitig die Käufer heraus. Wir nannten das »Aufmerksamkeit bündeln«. Jeder,

der nur halbwegs seriös Marketing betreibt, kennt den Begriff des Funnels. Weil das nicht den ganzen Prozess richtig erklärt, ist unsere Lieblingsmetapher zur grundlegenden Aufgabe eines Funnels diese.

Es gab in der Geschichte immer wieder sogenannte Goldräusche. Wenn irgendwo Gold gefunden wurde, kamen zahlreiche Glücksritter aus allen Himmelsrichtungen und suchten dort nach den größten Nuggets. Gold wird traditionell aus Sand und Erde gewaschen, wobei in die Goldpfanne viel Sand eingebracht wird, dann durch Wasser und Bewegung vom schwereren Gold getrennt und weggeschüttet wird. Man wäscht viel Sand, um ein paar Nuggets zu finden. Genauso funktioniert Marketing. Man spricht viele Menschen an, einige kaufen hoffentlich. Und wo sucht man klassisch nach diesem Gold? In seinem Claim, den man zuvor abgesteckt hat, beansprucht hat. Genau, das ist die Nische.

Kaltakquise im Funnel

Wenn Sie versuchen, Kunden für ein Produkt anzusprechen, ohne dass diese Sie vorher kennen, nennt man das im Marketing auch Kaltakquise. Jeder ist am Anfang seinen Kunden unbekannt, und jeder betreibt Kaltakquise. Kaltakquise aber gilt zumeist als wenig erfolgreich, es müssen oft viele Kunden angesprochen werden, um überhaupt etwas zu verkaufen. Man spricht davon, dass im Schnitt über alle verkaufenden Branchen vielleicht ein Prozent der Kundenansprachen zu einem Verkauf führen. Die Goldrauschmetapher wird nun klar: Die Kaufkunden sind Ihre Nuggets, der Sand ist sogenannter kalter Traffic, mit dem die wertvollen Kunden daherkommen. Ein Funnel ist also auch notwendigerweise eine »Maschine«, die den Traffic filtert. Ihr Kunde im allgemeinen Traffic gelangt durch einen kurzen Moment der Aufmerksamkeit in den Funnel, wird dort zunehmend weitergeführt, gefiltert und in eine Richtung gelenkt – unten kommt heraus, was wir uns wünschen: Kaufkunden.

Manchmal gelingt es Anbietern, dass sie in einem sehr kleinen Funnel gute Erfolge erzielen. Sie drucken beispielsweise Flyer und verkaufen über diese hochpreisige Coachings oder Beratungen. Das ist ungewöhnlich, weil es den Gesetzen des Funnel-Marketings ein Stück weit widerspricht. Die einzelnen Stufen, die dem Kunden angeboten werden, sind eigentlich zu hoch. Solche Fälle erklären sich dann in der Regel über die hohe Relevanz des Angebotes, die solche hohen Stufen nivellieren kann. Eine sehr hohe Relevanz Ihrer Angebote in einzelnen Schritten des Funnels kann ein Turbo für Ihr Business sein und erspart einiges an Marketing.

Andrea Grießmann ist als Fernsehmoderatorin seit über 20 Jahren bekannt. Sie hat mit uns ein eigenes Produkt entwickelt, das den Umgang mit Kameras und der notwendigen Technik für Menschen schult, die das Medium Video zu Recht als wichtigen Bestandteil erfolgreichen Marketings erkannt haben und dieses nun professionell nutzen wollen. Es fällt ihr leicht, auch jenen Kunden, die sie nicht kennen, durch Verweis auf vielfältige TV-Präsenz schnell die eigene Legitimation, fundiert über dieses Thema zu sprechen, plausibel zu machen. Andrea Grießmann kann hier sicherlich bei einigen Stufen des Funnels abkürzen und beispielsweise bezüglich Sichtbarkeit und Trust Abkürzungen wählen.

Ohne Sichtbarkeit keine Kundengewinnung

Viele scheitern schon am Punkt der ersten Sichtbarkeit: Sie haben ein geniales Produkt, das vielleicht sogar schon ein paar Kunden glücklich macht und weiterbringt. Die wenigen Kunden, die Sie haben, sind begeistert. Ein denkbares Szenario wären 1-zu-1-Coachings, die Sie anbieten. Aber es erfährt kaum jemand sonst von Ihrem Business, man gewinnt kaum Kunden oder wünscht sich, höhere Preise erzielen zu können. Und Sie können das beste Wissen zu einem Thema haben, das eine Vielzahl an Menschen brennend interessiert – Sie müssen aber gesehen werden. Warum geschieht das oft nicht?

Ein erster Grund: Oft scheuen die Leute sich, allzu viel Marketing zu betreiben, weil sie sich ungern selbst beweihräuchern, weil sie Werbung oft als lästig empfinden oder weil sie nicht an den Erfolg der Werbung glauben. Aber ist es nicht wesentlich verwerflicher, ein gutes Produkt, das Menschen weiterbringt, nicht zu bewerben, als eine hochwertige Werbekampagne dazu zu erstellen? Tue Gutes und rede darüber?

Eine gute Werbekampagne sollte etwa zehn Prozent über dem Maß an Deutlichkeit, Aggressivität und Energie liegen, die man selbst als angemessen empfindet – zumindest wenn man ein einigermaßen gerüttelt Maß an Bescheidenheit an den Tag legt. Die Werbegestalt auf dem Poster vom Fitnessstudio ist immer etwas fitter, als der Durchschnittsbesucher des Studios es je werden wird. Aber würde diese Werbung funktionieren, wenn unser aller Fitnesszustand von morgen dort abgebildet wäre? Gute Werbung lügt nicht, viele könnten hypothetisch so fit werden. Aber die Werbung pointiert die Werbebotschaft und das Ziel mehr, als es vielleicht ausgewogen wäre. Das liegt an der kurzen Gelegenheit, die Relevanz für den Kunden auszudrücken, die dann durch diese leichte Übertreibung aufgewogen wird. Zudem sind wir an knackige Werbebotschaften gewöhnt und abstrahieren unterbewusst sehr genau, was daran Werbung und was realistisch ist. Dennoch wollen wir starke Statements, sonst wird die Werbung nicht ernst genommen.

So erhöhen Sie Ihre Sichtbarkeit

Ein weiterer Grund, warum Unternehmer an der Sichtbarkeit scheitern: Es mangelt oft an einem grundsätzlichen Verständnis der Grundbegriffe Positionierung, Framing und Wissensveredlung.

Positionierung steht dabei in engem Zusammenhang sowohl zum Framing wie auch zur Wissensveredelung allgemein. Letztlich beantworten Sie bei der eigenen Positionierung drei Fragen: Was biete ich an? Für wen biete ich es an? Und wie erfährt derjenige davon? Das ist dann der Schritt zur Sichtbarkeit, und logischerweise sollte man vorher möglichst genau überlegen, welches Bild des eigenen Angebotes oder der eigenen Person denn dann genau in die Sichtbarkeit tritt. Schließlich gilt auch hier, dass der Kunde sehen will, was für ihn drin ist, wofür er seine Aufmerksamkeit und im besten Fall danach noch mehr als diese bei Ihnen investiert. Ein Buch ist ein privilegierter Weg zur Sichtbarkeit, ebenso Artikel in (Fach-) Zeitschriften oder hochwertigen Blogs. Denn es ist noch immer so: Wir haben eine recht hohe Wertschätzung gegenüber Veröffentlichungen, die einer redaktionellen Prüfung unterliegen. Schon in der Schule war das, was in einem Schulbuch stand, gleichzusetzen mit der Wahrheit, konnte man es in der Klassenarbeit wiedergeben, so bekam man eine gute Note.

Auch der journalistische Standard in Deutschland erlaubt eine große Nähe zu »gutem Wissen«. Gedrucktes Wissen assoziieren wir mit einer hohen Qualität. In jeder Begleitung unserer Kunden zum eigenen Wissens-Business fragen wir, ob die Erstellung eines eigenen Buches eine Option wäre, ob das zum Thema und zur Person passt. Dabei sind auch hier die Möglichkeiten heute größer denn je, durch Eigenverlag, Print-on-Demand und ähnliche Formate, durch die unüberschaubare Masse an gedruckten Magazinen und Online-Artikeln.

Aber Vorsicht, auch hier gilt: Je seriöser das Framing, desto seriöser werden der Inhalt und der Autor gesehen. Wenn Sie in einem renommierten Verlag veröffentlichen können, ist das weitaus wertvoller für Ihre Positionierung, als wenn Sie ein eigenes Buch drucken. Leider steigen analog auch die Einstiegshürden in dieses spannende Feld von Öffentlichkeit. Die klassisch analogen Formen der Sichtbarkeit haben aber zweifellos in der Zeit des massiv wachsenden Online-Geschäfts auch und vor allem mit Informationen immer noch eine große Kraft.

Ein wenig ist es dabei jedoch wie mit der klassischen Risikoeinschätzung von Investitionen oder Geldanlagen. Ein Sparbuch ist ziemlich sicher, aber bringt kaum Zinsen. Aktien können Ihr Geld schnell vernichten, aber sie können auch eine tolle Rendite bringen. Risiko und Rendite stehen einander zumeist diametral gegenüber. Es ist ein hohes Risiko, ein Buch aufwendig zu schreiben und es dann nicht bei einem Verlag platzieren zu können. Ihr Zeitinvestment ist dann zunächst verloren. Wenn es aber klappt, dann bringt das eine hochwertige Sichtbarkeit.

Dennoch können und sollten Sie auch in jedem Fall darauf zielen, online Sichtbarkeit erlangen, und das kann auch durchaus schneller gehen als beim Buch. Einen Instagram-Account zu erstellen dauert hingegen ein paar Minuten, ist im Zweifel aber noch gar nicht sichtbar. Doch selbst wenn es gelingt, dort einige Tausend oder mehr Follower zu gewinnen, so sind diese in der Regel weniger kauffreudig als in anderen Medien oder auf anderen Kontaktwegen. Auch hier ganz konkret: Eine Mail von einem Anbieter, bei dem sich der Kunde in den Newsletter eingetragen hat, hat in der Regel deutlich höhere sogenannte Conversion-Rates, also Verkaufsquoten, und bietet mehr Umsatz pro Klick der Nutzer als eine Instagram-Kampagne.

Das Medium der Information und Kundenansprache macht durchaus einen weiten Unterschied. Die Formen der Kundenansprache mit der besseren Erfolgschance sind eher schwieriger zu erreichen. Eine Liste mit Tausenden Mail-Empfängern funktioniert besser als Instagram, ist aber schwerer zu bekommen. Ein Buch schafft mehr Autorität als ein Facebook-Post.

Hinzu tritt eine weitere Einschränkung der Renditemöglichkeit in den schnellen, sozialen Medien: Sie können hier leicht bei den falschen Menschen Sichtbarkeit erzeugen, die für Ihr Wissen nicht bezahlen werden. Wenn wir von Sichtbarkeit sprechen, befinden wir uns auf der ersten Stufe unseres Funnels, also der ganz allgemeinen Ansprache vieler Personen. Wenn wir aber ein Thema für Frauen verkaufen wollen, dann nützt es uns gar nichts, wenn wir 100 000 Männer als Follower bei Facebook gewinnen können. Deshalb lautet das konkrete Ziel an dieser Stelle: Auch die erste Sichtbarkeit lebt nur zum Teil vom absoluten Erfolg, viel Reichweite zu erlangen. Es muss auch eine Ansprache der richtigen Personen für Ihr Business mitgedacht werden. Schauen wir uns mit dieser Mahnung im Hinterkopf weitere gute Möglichkeiten an, online Sichtbarkeit zu erlangen.

Es ist heute auch sehr verbreitet, in Podcasts oder Videos von Playern der eigenen Wissensnische aufzutreten – durch Einladung oder eigene Initiative. Solche Auftritte dienen in der Regel beiden Akteuren, unterstützen die eigene Sichtbarkeit und schärfen die Wahrnehmung durch die möglichen Kunden. Dabei ist es oft erstaunlich, wie leicht man auch an die Großen der Branche herankommt, denn auch die sind froh über interessante Gesprächspartner oder neuen Content. Hier entsteht oft eine Win-win-Situation für beide. Mehr noch: Wir haben oft erlebt, dass Kunden, die wir ermutigen konnten, die eigene

Sichtbarkeit zu fördern und Kooperationen dieser Art zu suchen, sehr schnell Erfolge aufweisen und spannende Netzwerke spinnen konnten. Die Grenzen liegen häufig nur in unseren Köpfen.

Fangen Sie mit den einfach erreichbaren Sichtbarkeitsformen an

Es ist aber auch klar: Je nachdem, wie es um Ihre eigene Sichtbarkeit bisher bestellt ist, ist es leichter oder schwerer, in Formaten aufzutauchen, die eine gewisse Reichweite und Sichtbarkeit in Ihrer Wissensnische versprechen, wie Podcasts oder Fernsehsendungen. Das hängt ja davon ab, wo Sie stehen. Stehen Sie vor der sprichwörtlichen weißen Leinwand in Bezug auf Ihr Wissens-Business, dann müssen Sie vielleicht erst niedrigschwellige Formen der Sichtbarkeit suchen: Beispielsweise ist es ein guter Tipp, sich im Bereich Social Media eine gute Zahl von Followern zu suchen für Ihr Thema.

Und da ist, wie eigentlich immer, die erste Präsenz und Interaktion das Staubkorn, an dem die Schneeflocke der Sichtbarkeit kristallisiert: Positionieren Sie sich hier mit Ihrem Wissensthema, produzieren Sie relevantes Wissen, geben dieses an mögliche Follower, interagieren Sie mit ihnen und anderen, die in Ihrer Wissensnische operieren, und Sie gewinnen zunehmend an Sichtbarkeit. Alle Social-Media-Kanäle sind in ihrer Existenz darauf ausgerichtet, dass Sie dabei erfolgreich sind, und werden es bestmöglich unterstützen. Der Algorithmus der sozialen Medien, der Ihre Sichtbarkeit und die Interaktion Ihrer neuen Follower steuert, arbeitet immer ähnlich und ist in diesem Fall Ihr Freund.

Solche Social-Media-Präsenz ist heute ein nicht zu unterschätzender Faktor, der eine gute Eintrittskarte für noch interessantere Plattformen für Sie sein kann. Und es ist wiederum ein Spielfeld, auf dem Sie Ihre Relevanz erproben können und die Aufmerksamkeit von Menschen bündeln. Ein Must-have für jeden Anbieter von Wissen sind heute damit die einschlägigen Plattformen von Social Media, wie Facebook und Instagram, für berufliche Netzwerke Xing und LinkedIn. Letzteres funktioniert als Plattform erstaunlich ähnlich wie Social Media, allerdings mit deutlich eingeschränkten Möglichkeiten aktiver Werbung. Auf allen Kanälen können Sie Content platzieren und Follower einsammeln, die dann durch Ihre(n) Funnel gehen und Ihre Kunden werden können.

Fassen wir zusammen: Wenn Sie noch gar keine Sichtbarkeit erlangt haben, dann suchen Sie immer den am nächsten zu erreichenden Schritt der Sichtbarkeit. Bauen Sie diesen aus und bewerben Sie sich mit der gewonnenen Anziehungskraft auf Kunden schließlich für höhere Weihen. Gewinnen Sie etwa 10 000 Follower und sprechen Sie dann eine Größe Ihrer Wissensbranche an, ob man einen gemeinsamen Podcast machen wolle – zur beiderseitigen Steigerung der Reichweite. Betrachten Sie immer analoge wie digitale Medien, die analogen haben eine ganz eigene Kraft. Sie sind oft langsam, aber wenn sie in Fahrt kommen, entwickeln sie eine hohe Dynamik: »Begrüßen Sie auf unserer Bühne den erfolgreichen Buchautor …!« Formen der Sichtbarkeit, die leicht zu erreichen sind, werden aber auch von vielen angestrebt: Wir sind damit schon am Schnittpunkt zur nächsten Stufe des Funnels, weil Sichtbarkeit durch Relevanz veredelt wird.

Auch ein Offline-Business beginnt mit Sichtbarkeit

Erstellen wir zum Beginn mal einen kleinen Funnel in der Offline-Welt: Ein Infoabend, wie wir ihn eben beschrieben haben, ganz gleich welche Sichtbarkeit der Wissensanbieter bisher innehatte, kann eine vortreffliche Möglichkeit darstellen, eine erste Präsenz und Kundenkontakt für den eigenen veredelten Content herzustellen. Auch ein Angestellter, der sein Hobby in ein Wissensbusiness verwandeln will, kann das erreichen. Und solche Events sind auf vielen Ebenen Gold wert für Ihr Business, wenngleich sie in Bezug auf die Monetarisierung Ihres Wissens nicht unbedingt die Ultima Ratio darstellen.

Eine lokale Abendveranstaltung, ein Vortrag vor Unternehmen oder eine Teilnahme an einem brancheninternen Fortbildungsformat – viele Bühnen stehen dem zur Verfügung, der sein Wissen nach außen tragen will. An solchen Orten und in solchen Veranstaltungen testet man

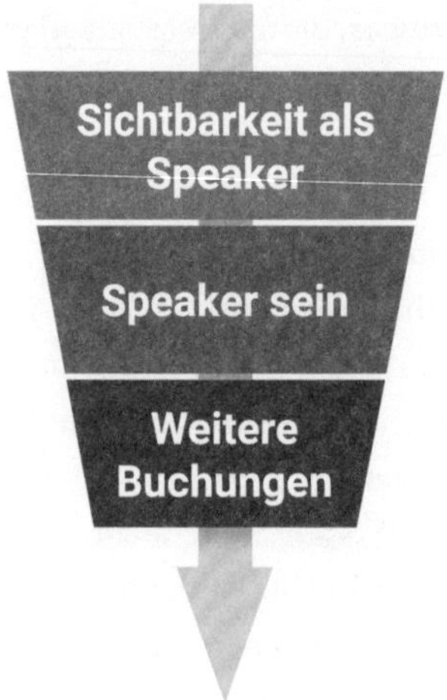

Abb. 22: Ein Funnel für Speaker illustriert, wie ein kurzer Funnel funktionieren kann. Das ist jedoch ein ungewöhnlicher Weg, der auch nicht aus dem Nichts entsteht.

die eigene Relevanz, die Qualität des eigenen Wissens und die Veredelungsstufe. Können Sie durch die Aufbereitung Ihres Wissens mitreißen, erzeugen Sie Gänsehaut oder müssen Sie auf das Durchhaltevermögen Ihrer Zuhörer bauen? Wie gut führen Sie durch Ihr Wissen und welche Orientierungsfunktion können Sie den Menschen geben? Akzeptieren Ihre Zuhörer Ihre Expertise und Authority? Diese Fragen muss sich jeder stellen, und ein eigener Vortrag kann der richtige Rahmen dafür sein.

Wollen Sie also selbst auf eine Bühne oder können eine solche Infoveranstaltung initiieren, so ist das ein schöner analoger Weg zu Sichtbarkeit – allerdings kein notwendiger. Niemand muss auf die Bühne. Einige haben aber ein geradezu brennendes Verlangen danach, und man kann dadurch mit wenigen Schritte sein Wissen zu Geld machen. Wollen Sie das erreichen, so ist es gar nicht so schwer, denn die Bühne muss gar nicht allzu groß sein am Anfang. Man kann sich also, je nach Präferenz, durchaus vor Publikum probieren.

Lokale Institutionen wie Wirtschaftsförderungsgesellschaften oder Unternehmerverbände sind häufig sehr interessiert an externen Impulsen und zahlen Ihnen sogar ein wenig Geld für Ihr Wissen. Schon sind die ersten Euros verdient, und Sie können Ihr Wissen sichtbar machen und damit testen.

Zwar sollte man mit seinem Wissen versuchen, eben nicht der Dozent ohne Namen zu sein, der einfach zu ersetzen ist. Man sollte sich positionieren und auf sein Framing achten. Aber: Das eine schließt das andere niemals aus. Alle großen Speaker – als große Gruppe innerhalb der Wissensanbieter – haben auf kleinen Bühnen begonnen, um ihr Repertoire zu erweitern, ihre Inhalte zu filtern und ihre Methoden zu schärfen. Wenn manche Speaker vielleicht 200 Mal im Jahr auf Bühnen stehen und Vorträge halten, dann haben diese eben genau diese Form von Sichtbarkeit erreicht. Aber alle haben mit dem einen ersten Auftritt begonnen, die eine erste Fortbildung für eine Firma angeboten oder irgendwann einmal ihr allererstes Einzel-Coaching gehalten. Wir halten fest: Wenn Sie als Redner oder als Veranstalter solcher Informationsveranstaltungen auftreten, dann ist das ein guter Weg, über die damit einhergehende Sichtbarkeit Ihr Wissen zu Geld zu machen – vorausgesetzt, die Leute zahlen Eintritt, oder der Veranstalter bucht Sie gegen ein Honorar.

Viele Wissensanbieter treten auf solchen Veranstaltungen auf, geben einen Teil ihres Wissens preis und werden hierfür zu Tagessätzen von 500 bis 5000 Euro und mehr gebucht. Übrigens ist das schon ein kleiner Funnel, der hier skizziert wird: auf Bühnen stehen, gesehen werden und wieder gebucht werden. Aber es ist auch harte Arbeit, dorthin zu kommen, eine solche Authority aufzubauen, dass Sie derart hochpreisig gebucht werden – und es ist am Ende wieder ein Tausch von Zeit gegen Geld. Zugegeben: Der Tauschwert ist bei solchen Beträgen gut. Aber auch diese Wissensanbieter überlegen, wie man von einem Tausch Zeit gegen Geld wegkommen und ein digitales Business aufbauen kann.

Interessanterweise geben sich viele Speaker damit zufrieden, für den Vortrag gebucht zu werden, und vergessen den sogenannten Up-Sell, ein Folgeprodukt. Was sie übersehen: Der Kunde, der ihnen zuhört, ist ein sehr guter Kunde. Der Kunde, der gerade etwas Wissen bei ihnen kauft, weist die höchste Wahrscheinlichkeit auf, danach noch etwas zu kaufen, denn er hat gerade ein Höchstmaß an Trust entwickelt. Im Marketing sagt man: Der Kunde hat die Kreditkarte doch gerade in der Hand …

Unserem Autoverkäufer würde das übrigens nicht passieren. Er fragt den Kunden am Schreibtisch, ob er bei dem gerade verkauften Fahrzeug nicht noch ein paar Winterreifen in den Kofferraum legen lassen soll – die sind schließlich gerade jetzt im Angebot.

Aber viele Speaker machen nichts daraus, haben kein Produkt, wenn die Zuschauer später zu ihnen kommen und fragen: »Kann ich mehr davon bekommen, haben Sie mehr Informationen?« Genau diese Kunden haben einen inneren Drang, etwas von diesem Abend mitzunehmen. Man nennt das ein Souvenir, etwas, was länger hält als die Erinnerung an den Abend. Vielleicht sind die Zuschauer sogar schuldbewusst und wissen, dass sie in wenigen Wochen alles vergessen haben. Unter anderem aus diesem Grund verkaufen sich kleine Erinnerungsstücke und Bücher an solchen Abenden besonders gut. Und könnte solch eine Broschüre, ein Buch oder was auch immer neben etwas zusätzlichem Wissen nicht einen Gutschein für Ihr Online-Wissensangebot im Abonnement enthalten?

Häufig verläuft das Szenario auf der Bühne aber auch nicht so rosig wie bei den Top-Speakern: Jemand begeistert sein Publikum von der Bühne oder in Seminaren, bekommt aber nur 300 Euro für diesen Vortrag. Das ist für sich genommen in Ordnung, aber keine Grundlage eines wirklich erfolgreichen Business. Und hier ist es genauso paradox: Viele dieser Speaker sehen nämlich auch nicht, dass sie eine hochwertige Sichtbarkeit zusätzlich zu ihrem Auftrittshonorar bekommen, haben daher kein weiterführendes Angebot für diese Fans und führen niemanden in irgendeinen Funnel.

Was ist Ihr Call-to-Action? Wie lautet Ihre konkrete Handlungsaufforderung an den Kunden, der mehr Angebote von Ihnen haben will?

Diese Frage muss immer gestellt werden, egal ob Sie von einer Bühne sprechen oder einen digitalen Funnel erstellen. Sie bringt uns nun weiter in unserem Funnel zu den nächsten Stufen.

Lassen Sie Aufmerksamkeit nie ungenutzt!

Egal ob Sie Speaker auf der Bühne sind oder online Ihr Wissen zu Geld machen wollen: Wie auch immer Sie Sichtbarkeit in Aufmerksamkeit Ihrer (potenziellen) Kunden wandeln konnten – weil sie mir auf der Bühne zuhören, weil sie meine Facebook-Anzeige interessant finden oder weil sie mein Youtube-Video sehen –, so muss diese Aufmerksamkeit weiter genutzt und der Kunde in einem Funnel bis zum Kauf Ihres Zielproduktes weiter geführt werden.

Ein Angebot, den nächsten Schritt zu gehen, nennt man einen Call-to-Action.

Gereon Jörn ist gut gebuchter Top-Speaker und seine Auftritte sind Erlebnisse, an die man sich erinnert. In der alljährlichen »Weissenhaus Mastermind« von Oliver Pott im gleichnamigen Ort an der Ostsee, die auf persönliche Einladung rund 15 Experten des Online Marketings und starke Umsetzer zusammenbringt, war Gereon als Gastredner zugegen, von wo er dann nachts etwa 800 Kilometer nach Süddeutschland fuhr, weil er dort einen sehr gut bezahlten Auftritt hatte, und am nächsten Tag wieder an der Ostsee bei uns erschien. Gereon Jörn ist extrem erfolgreich als Speaker. Und damit tauscht er Zeit gegen Geld. Er hat aber die richtigen Weichen gestellt und sich sein Programm »Potenzialwecker« digitalisieren und zu einem Abonnement aufbauen lassen, um auch abseits der großen Bühnen seinen Fans und Kunden Content liefern zu können. Damit hat er noch mehr die Wahl, ob er den Job als Redner mit gleichem Einsatz weiterlebt oder ob er die Möglichkeiten des orts- und zeitungebundenen Business zwischendurch nun mehr (oder zusätzlich) für sich arbeiten lässt. In jedem Fall kann er von der Bühne, die ihm viel Sichtbarkeit garantiert, einen Call-to-Action bezüglich seines Online-Angebotes ausrufen.

Die Handlungsaufforderung für Ihren bequemen Kunden

Ein Call-to-Action ist eines der wichtigsten Elemente des Funnel-Aufbaus, denn er stellt immer die Nahtstelle zwischen einer Stufe der Kundengewinnung und der nächsthöheren Stufe dar. Ein Plakat für einen Abendvortrag ist ein Call-to-Action: »Geh in diesen Vortrag, kaufe dir eine Karte!«

Ihr potenzieller Kunde ist damit an der Schnittstelle zwischen der ersten Sichtbarkeit und dem Eintritt in Ihren Funnel. Wenn er eine Karte kauft und mit einem grundlegenden Interesse in der dritten Reihe sitzt, können Sie beginnen, ihn zu informieren, zu interessieren und ihm etwas zu verkaufen: »Wenn Sie mehr über meine Methode erfahren wollen, dann tragen Sie sich in meine E-Mail-Liste ein, und ich sende Ihnen sofort eine hochwertige Checkliste zu.«

Ein Call-to-Action ist deshalb wichtig, weil er die Bequemlichkeit der Menschen ein Stück weit abholt. Menschen sind ungern selbst initiativ. Es benötigt viel Energie, ein Problem zu erkennen, nach Lösungen zu suchen und dann diese umzusetzen: mehr Sport zum Beispiel, eine Diät, ein eigenes Business. Das Ziel ist klar, aber die Umsetzung erscheint oft wie die Besteigung des Mount Everest.

Der beste Verkäufer ist der, der dem Kunden kleine Stufen in den Berg schlägt. Und ein riesiger Vorteil von Stufen ist, dass sie intuitiv als solche erkannt werden und man einfach immer die nächste nimmt, um oben anzukommen. Außerdem ist eine Stufe immer eine gut zu erledigende Aufgabe, die risikolos bewältigt werden kann.

So denken Sie Ihren Funnel: Egal, wie und wo die Ansprache des Kunden mit dem ersten Moment der Sichtbarkeit erfolgt, danach müssen alle weiteren Stufen von Ihnen vorgeschlagen werden, intuitiv richtig und für den Kunden machbar sein. Jeder Schritt auf die nächste Stufe ist ein Call-to-Action.

Bauen Sie Ihren Kunden kleine Treppen ein

Wenn Sie die Spitze des Mount Everest erklimmen wollen, dann kommen Sie zuerst in das Basislager, denn es ist keineswegs trivial, den höchsten Berg der Welt zu besteigen. So wie es nicht trivial für Ihren Kunden ist, sein Problem zu lösen oder seinen Traum zu erreichen – beides gute Verkaufsargumente für Sie übrigens –, oder wie es für Sie nicht trivial ist, Ihr Wissen hochpreisig zu verkaufen. Eine Treppe wäre natürlich eine schöne Erleichterung, diesen Weg zu gehen.

Und auch wenn das weniger abenteuerlich anmutet, will Ihr Kunde das beim Verkauf genauso haben. Die Treppe ist daher idealerweise aus leicht zu nehmenden Stufen errichtet, es werden keine drei Meter hohen Stufen verbaut, die Treppe verzweigt sich nicht plötzlich und hat ein schönes festes Geländer an beiden Seiten. Alles andere würde Ihren Kunden ins Grübeln bringen, ob er umkehren oder überlegen soll; das aber würde den Funnel abbrechen und Ihren Verkauf von Wissen gefährden. Der Kunde erreicht das Gipfelkreuz nur, wenn der Weg klar, sicher und intuitiv ist, ohne Anstrengungen zu gehen und er Ihnen aufgrund Ihrer Vertrauenswürdigkeit gerne folgt. Denken Sie einen Verkauf wie diese Treppe auf den Mount Everest.

Achtung: Was ohne Funnel passiert

Stellen Sie sich eine Webseite vor, die einen ganzen Reigen von Angeboten macht. Manche bieten ein Einzel-Coaching an, eine telefonische Beratung und eine Gruppensitzung zu einem Thema, Vorträge und ihr neues Buch. Es ist ratsam, solche Webseiten zu vermeiden.

Denn solche Seiten »konvertieren« oft schlechter, sie verwandeln weniger Interessenten in Käufer pro Interessent, der auf die Seite kommt, und weniger in Verkäufe als besser optimierte Webseiten. Das liegt daran, dass zwar etliche Handlungsaufforderungen auf der Seite zu finden sind, aber alle dem Kunden irgendwie gleichwertig erscheinen. Es gibt keine sofort schlüssige Logik, welches Produkt man genau kaufen sollte, um ein spezifisches Problem zu lösen, und zur Sicherheit kauft man lieber gar keines, ehe man einen Fehler macht. Jedes Kaufangebot ist natürlich ein Call-to-Action, aber diese Stufen sind unterschiedlich hoch, führen in verschiedene Richtungen und stehen nebeneinander. Das ist genauso schlecht für Treppen wie für eine gelungene

Kundenführung in einem Funnel. Sie ahnen es: Solche Webseiten haben gar keinen Funnel.

Was hier hineinspielt, ist, dass eben wieder Trust aufgebaut werden soll: Auch eine Webseite ist ein Modell der Veredelung von Content. Es werden Informationen gegeben, Interesse erzeugt und letztlich damit Trust aufgebaut, der klassische Treibstoff einer gelungenen Konversion. Ein Angebot eines hochpreisigen Einzel-Coachings für 5 000 Euro aber erlaubt diesen behutsamen Aufbau nicht und wird kaum verkauft werden, wenn nicht wesentliche Schritte des Trust-Aufbaus vorangingen.

Hier wurde die Höhe der nächsten Stufe für den Kunden schlicht falsch bemessen, es ist nicht mehr rein intuitiv, den nächsten Schritt zu gehen. Ihr Kunde beginnt zu zweifeln und beendet sicherheitshalber seinen weiteren Aufstieg. Auch solche Probleme lassen sich in der Regel erstaunlich einfach lösen, zumeist indem man das Produkt in einem Funnel neu mit weiteren Angeboten oder den bestehenden unterschiedlichen Produkten des Anbieters in sanfteren Stufen rekombiniert.

Wir nehmen aus dieser Betrachtung zunächst mit, dass solche Bauchläden wenig Erfolg versprechen, weil sie keinen vernünftigen Funnel darstellen mit einer klaren Folge logischer Schritte, die der Kunde gehen kann. Schlagen Sie Ihrem Kunden eine klar erkennbare und gut zu bewältigende Treppe in den Berg!

Zu breit gestreute Sichtbarkeit ist teuer

Mit der Sichtbarkeit ist es leider ein wenig so wie mit dem Content. Sie ist ein allzu billiger Rohstoff, auf den heute jeder Zugriff hat, daher ist sie an sich auch wertlos. Immerhin ist sie also günstig, aber das allein genügt leider nicht, denn wenn Ihnen niemand zuhört, ist kein Geschäft zu machen. Umso bedachter sollten Sie Ihre Sichtbarkeit einkaufen. In manchen Medien ist sie noch heute teuer, im Fernsehen, Radio oder in Zeitungsanzeigen.

Diese Formate bringen zwar eine gute Reichweite. Aber oft ist das aus mehreren Gründen die zweite Wahl. In Instagram oder Facebook ist es hingegen vergleichsweise günstig, sichtbar zu sein, und Sie können sagen, dann weiche ich eben dorthin aus. Ja, das ist wahrscheinlich die bessere Wahl, aber es liegt zumindest grundsätzlich auch dort ein Grundproblem vor, das das Fernsehen und die anderen alten Medien sowieso kennen. Werbung um Sichtbarkeit ist immer ein Kampf gegen die Gefahr des *Streumarketings*.

Das Fernsehen hat dieses Problem tatsächlich in Reinform: Stellen Sie sich vor, Sie wollen Wissen über Hundeerziehung verkaufen. In einem Fernsehspot können Sie nicht ermitteln, wen Sie dort erreichen, und Ihr Spot wird vor allem Menschen gezeigt, die eine Katze, einen Wellensittich oder gar kein Tier haben. Hundebesitzer machen eben nur einen Bruchteil der Zuschauer aus. Steigern können Sie die Quote der Hundebesitzer vielleicht, wenn Sie Werbung während einer Tiersendung schalten, der Fernsehsender wird Ihnen aber so oder so jeden Zuschauer entsprechend den Einschaltquoten der Sendung in Rechnung stellen. Den Preis dieser Sichtbarkeit kann man auch als *TKP* errechnen, als »*Tausender-Kontakt-Preis*«: Was kostet es, 1000 Leute zu erreichen? Der TKP ist die harte Währung der TV- und Rundfunk-Welt – und auch die der meisten Print-Medien.

Der TKP liegt beim Fernsehen etwa bei 17 Euro[15] pro 1000 Zuschauern, also 1,7 Cent pro Kopf, mit Hund oder ohne. Ob dann aber der Hundebesitzer noch bei Ihnen kauft, steht ebenso in den Sternen. Und da vielleicht eine Million Menschen diese Sendung schauen, sind Sie für einen Spot 17 000 Euro los, und der wird dann gerne öfter gesendet. Das wird schnell teuer.

Verwandt mit dem Problem des Streumarketings ist das Malheur des Push-Marketings. Dabei werden Produkte in einen Markt gebracht, ohne allzu große Rücksicht auf die Bedürfnisse des Kunden zu nehmen. Stellen Sie sich vor, dass ein Anbieter mögliche Kunden gewinnt, indem er massive Anreize für die Kunden oder für die Zwischenhändler erzeugt.[16]

Die Kunden sind aber nicht aus sich selbst heraus motiviert zu kaufen, sondern werden durch Marketingmaßnahmen wie Rabatte oder massive Werbemittel vom Handel zum Kauf gedrängt. Das will man als Anbieter irgendwie nicht tun müssen. Es soll vielmehr so sein, dass der Kunde von sich aus das Produkt haben will; das nennt man dann Pull-Marketing.

Sogenanntes Huckepack-Marketing ist eine mildere Form dieses Push-Marketings. Jemand kauft ein Zeitschriftenabonnement, weil er den Spielzeughelikopter haben will, den er so günstig nur mit der ersten Ausgabe der Zeitschrift bekommt. Die Zeitschrift will er im Zweifel gar nicht haben. Der Wert des Helikopters übersteigt aber in der Wahrnehmung des Kunden und wahrscheinlich tatsächlich den Preis der ersten Ausgabe der Zeitschrift, aber wenn der Kunde nur lange genug im Abo bleibt, dann verdient der Verlag auch Geld. Der Reiz des Produktes ist groß genug, dass der Kunden von sich aus den Kauf forciert und dabei sogar bereit ist, Nebenbedingungen zu akzeptieren wie das Abo. Was sich hier dann wieder zeigt, ist die kognitive Dissonanz – der Kunde will den Helikopter, hat ihn aber nicht, also überwindet er die Hürde, das Abo abzuschließen, um seine innere Balance wieder zu erhalten –, und das wird ermöglicht durch das Kriterium der Relevanz. Nur für den Helikopter entsteht also Pull-Marketing. Das Spielzeug ist dem Kunden wichtig genug, weil es sein Problem löst, vielleicht einen kurzweiligen Zeitvertreib haben zu wollen.

Das Produkt zieht den Kunden an. Damit wird auch klar, dass sich Streumarketing und Pull-Marketing in gewisser Weise im Wege stehen. Sie können schwer allen Kunden ein Angebot machen, das eine Anziehungskraft auf sie entwickelt, wenn Sie allzu breit werben. In Werbekanälen, die Streumarketing bewirken, ist es schwer, allen Kunden so zu begegnen, dass es sie zu Ihrem Produkt hinzieht. Sichtbarkeit aber ist wertlos ohne die dort entstehende Relevanz. Streumarketing gilt es zu vermeiden, Pull-Marketing gilt es herzustellen.

Natürlich wäre es besser, eine gewisse Gemeinschaft von Kunden um Sie herum zu haben, die Ihre Inhalte interessant finden, um ihnen dann ein Kaufangebot zu machen.

Connection zu Ihrer Zielgruppe

Früher haben Musiker ihre Stücke produziert und sie dann auf Tonträgern verkauft. Bekannt wurden sie im Radio oder TV, gekauft wurde im Schallplattenladen. Eine gute, kurze Kette der Kundengewinnung.

Heute laden sich viele Musikfans die Songs bei YouTube herunter, streamen sie, und die Musiker bekommen lächerliche Anteile pro Song. Die Künstler selbst verdienen am Verkauf ihrer Musik über Spotify und andere Anbieter wenig Geld und haben eine Verschiebung ihrer Wertschöpfung hinnehmen müssen. Sie bekommen viel mehr Reichweite als früher, diese Sichtbarkeit (oder Hörbarkeit) ist aber für sie wie für alle anderen wertlos, wenn kein lukratives Geschäftsmodell dahintersteht.

Wenn heute jemand einen Song von Adele online hört, dann wird Adele womöglich bekannter, verdient aber sehr wenig. CD-Verkäufe

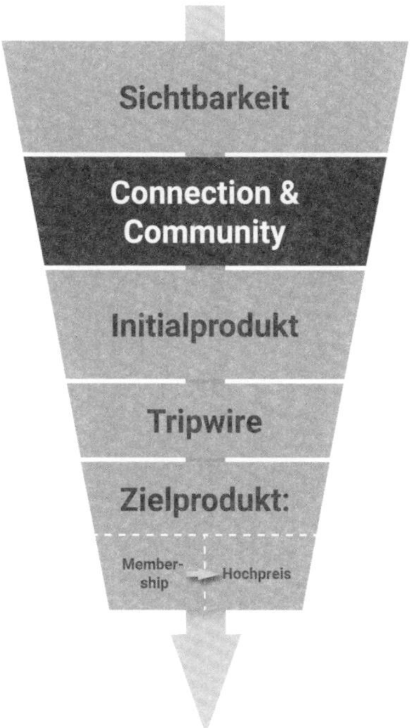

Abb. 23: Der Sichtbarkeit in unserem Wissens-Funnel folgt der intensive Kontakt zu Ihrer interessierten Zielgruppe: Connection und Community.

und andere Tonträger sind massiv eingebrochen, die »alte Art«, nach der Sichtbarkeit einen Call-to-Action und damit einen Verkauf zu initiieren, ist kaum mehr da. Es sei denn, der Fan geht danach ins Konzert.

Hier können Sie mit Ihrem Wissens-Business eingreifen: In einer Konzerthalle kontrolliert der Künstler den Zugang zum Produkt; daher ist ein Konzert auch teuer. Und das Gefühl eines Konzerts lässt sich beim besten Willen nicht streamen. Aus diesem Grund touren die Künstler heute mehr als früher, und die Shows sind oft viel bombastischer – weil hier noch Geld verdient wird. Die Musiker sind also gehalten, ihre Fans um sich herum zu vereinen und es damit zu einem Ziel ihrer Kunden zu machen, ihnen nahe zu sein. Die Künstler verdienen erst dann Geld, wenn ihre Fans ihnen nahe sein wollen.

Die Künstler schaffen eine Community und eine Connection zu ihren Fans. Und das muss Ihnen in Ihrem Wissens-Business ebenso gelingen.

Das ist interessant für uns: In unserem Funnel muss es Ihnen gelingen, aus der Sichtbarkeit heraus eine Connection zu Ihrer Zielgruppe aufzubauen, die danach in den Folgeschritten zu zahlenden Kunden werden.

Zwei Dinge stecken darin. Erstens müssen Sie die möglichen Kunden an sich binden. Und diesen Ort des Austausches müssen Sie dann möglichst selbst kontrollieren, nur so haben Sie die Kontrolle über den dort ablaufenden Prozess von Aufmerksamkeit, Interesse und Relevanz.

Der amerikanische Autor Seth Godin beschreibt den Wunsch der Menschen, jemandem nahe zu sein, als Tribe, also einem Stamm anzugehören.[17] Menschen suchen sich gerne Anführer, weil sie sich dort Orientierung und die für sie notwendigen Informationen erhoffen. Seine These ist, dass es jedem Anbieter genügt, einen kleinen Stamm treuer Fans und Wissensbezieher um sich zu scharen, um ein gutes Leben zu führen. Er muss sie nur dort versammeln, wo er ihnen ein passendes Informationsangebot machen kann, und ihnen dann etwas verkaufen, das sie nur dort bekommen, Gänsehaut beispielsweise.

Für Musiker war dieser Ort der Informationsweitergabe früher eher das Plattengeschäft, sie mussten also nicht einmal selber hin, das wurde aber leider durch Streaming weitgehend disruptiert. Heute sind es die Konzertbühnen der Welt.

Ein Alleinstellungsmerkmal für Ihr Business heißt: Event. Für Ihr Wissens-Business bedeutet das den zweiten interessanten Fakt, den Sie auch nutzen können: dass sich Ihre Kunden idealerweise zu einem kleinen Stamm informationssuchender Mitglieder versammeln. Godin gibt die Zahl der notwendigen Stammesmitglieder mit erstaunlich geringen, wenigen Hundert Fans an. Das passt gut zur These des Porter-Us, dass in Ihrer Nische eine gute Wertschöpfung stattfindet, und sollte Sie davon überzeugen, das auch schaffen zu können.

Adele macht ihren Jahresumsatz kaum mit den Millionen von Radiohörern oder Spotify-Free-Kunden weltweit, auch nicht im Plattenladen.

Es sind wesentlich die Tausende von Konzertbesuchern und wahrscheinlich ein paar Werbeverträge, weil sie als Authority eine exzellente Kundenansprache hat, die ihr Geld bringen. Solange Sie nicht Adeles Bühnenshow benötigen, genügen Ihnen dabei auch deutlich weniger Fans für ein gutes Auskommen. Das ist übrigens ein neues Argument für die Veredelung von Wissen hin zum Brand und zur Authority, weil Ihr Business immer solider und lukrativer werden wird, wenn Sie eine verschworene, kleine Follower-Schaft erreichen.

Sie benötigen relativ wenig Fans, für die Sie möglichst relevant sind und denen Sie dann zu guten Preisen Ihr Wissen verkaufen können. Das tun Sie an einem (virtuellen) Versammlungsplatz. Für diese Kunden müssen Sie möglichst attraktiv sein.

Der Internet-Marketing-Experte Ralf Schmitz hat die Begriffe Community und Connection begriffen und umgesetzt wie kein anderer. Dieses Verständnis hat ihn zum »Affiliate-König« werden lassen, weil in diesem Bereich die Fähigkeit, seine Affiliates – also Geschäftspartner auf allen Ebenen, die seine Produkte zum beiderseitigen Gewinn bewerben – an sich zu binden, zu motivieren und zu stärken, ein einzigartiger Vorteil ist.

Wenn Ralf Schmitz auf einem größeren Event anwesend ist, dann erfährt man das meist, bevor man ihn sieht. Dutzende seiner Fans und Affiliates tragen seine Shirts oder sammeln sich zu Menschentrauben, um ein Selfie mit dem Affiliate-König zu machen. Ralf Schmitz hat diese Nische für sich entdeckt und perfekt professionell besetzt und sich im Affiliate-Marketing, das sich eigentlich durch sehr niedrige Markteintrittsbarrieren auszeichnet und jedem offensteht, zu einem ganz großen Player entwickelt.

Eintritt in die Sichtbarkeit: Köder für Ihren Kunden

Die Kette der Veredelung von Sichtbarkeit bis hierher: Sie bekommen vielleicht einen kurzen Moment der Aufmerksamkeit von Ihrem potenziellen Kunden. Das ist die Sekunde, die er auf Ihre Veranstaltungsankündigung schaut, Ihre Facebook-Anzeige sieht oder in der Ihre Google-Anzeige auf seinem Bildschirm auftaucht. Diese kurzen drei Sekunden müssen Sie nutzen.

Und Ihre einzige Chance an solch einem Punkt ist, einen präzisen Hook anzubieten. Die Metapher des Angelhakens (Hook) erklärt es ziemlich gut. Sie haben einen guten Köder an Ihrem Haken, sind als Gast-Speaker auf einer Bühne, haben ein auffälliges Bild für Ihre Facebook-Anzeige gewählt oder sind in einem Podcast zu hören. Ihr Kunde schenkt Ihnen kurz Aufmerksamkeit, der Fisch beißt kurz an. Dann müssen Sie zusehen, dass der Haken ihn bei Ihnen behält. Und der Schlüssel ist wie immer Relevanz, erzeugt zum Beispiel mit Formulierungen nach unserem Relevanzbaukasten. Im Marketing gibt es eine Reihe von Beschreibungen dieser so essenziellen Hook-Botschaft.

Der Haken muss sitzen. Die Botschaft muss Ihrem Kunden klarmachen, dass er hier relevante Informationen bekommt und Aufmerksamkeit investieren sollte. Der Absender dieser kurzen Botschaft – Sie – hat das Problem des Kunden gesehen und vielleicht eine gute Lösung. All das stärkt die anfangs so oberflächliche Aufmerksamkeit des Kunden.

Das kann wiederum ganz unterschiedlich geschehen. Sie dürfen einen Vortrag bei der Wirtschaftsförderungsgesellschaft Ihrer Stadt halten? Dann wählen Sie den Titel so, dass Ihre Zielgruppe es sich nicht nehmen lassen wird, ihn zu besuchen und in Ihren Funnel einzutauchen. Sie schalten Werbung in sozialen Medien? Dann sagen Sie umgehend, was man bei Ihnen für Wissen bekommt und welcher Vorteil damit verbunden ist, sonst ist Ihre Werbung mit einem Wisch dahin.

Sie müssen zunächst in einer kurzen Aufmerksamkeitsspanne zeigen, dass dieser Tausch Aufmerksamkeit gegen Information gut für Ihren Kunden ist. Ihr Kunde muss durch Reziprozität einen Eindruck Ihres Wissens erlangen, er muss sehen, dass hier sehr wertvolle Informationen geliefert werden, und die Tatsache, dass diese zunächst völlig frei verfügbar für ihn sind, wird sein initiales Vertrauen stützen.

Die Anzeige oder der Vortragstitel, das Buchcover oder der Fachartikel, die Podcast-Folge oder der Instagram-Kommentar von Ihnen lauten beispielsweise:

> Zeitproblem Triathlon – effektiveres Training für jeden Alltag. Hier mehr erfahren.

Dieser Hook verweist auf Wissen, das dahintersteht und an das Ihr Kunde heranwill. Und hinter dieser Tür zu Ihrem Wissen steht dann Ihr Tribe, dessen Anführer Sie sind. Diesen Tribe nennen wir auch eine Wissens-Community.

Die Beziehung zur Ihrer Community

Sie müssen Ihre Kunden über Sichtbarkeit erreichen; aber Sie sollten das nicht überall tun, weil dort das Streumarketing droht. Veranstaltungen sind ein guter erster Filter dafür, ebenso Foren zu Ihrem Thema oder auch eine Facebook-Gruppe.

Hilfreich ist, dass der Hook, der sich sehr günstig als Werbung, als organischer Content in Kommentaren oder Foren, als Buch in der nächsten Buchhandlung oder als Ihr Redebeitrag in einem Podcast platzieren lässt, reichlich Filterfunktion für Sie übernimmt. Wer auf Sie so aufmerksam wird und dann entscheidet: Der Sache will ich mehr

Aufmerksamkeit schenken, der wird Sie und Ihr Wissen weiterverfolgen. Und er tritt damit Ihrer Community bei, wenn diese anständig vorbereitet ist.

Wenn Sie auf einer der beiden Plattformen Facebook und Instagram Follower gewinnen wollen, so ist es beispielsweise eine erprobte Technik, sich zunächst Wettbewerber in Ihrer Branche zu suchen, ihre Accounts zu beobachten und dann bei neuen Postings der Wettbewerber diese schnell mit hochwertigen Kommentaren zu versehen. Diese Interaktion wird von anderen gesehen, Sie erzeugen Sichtbarkeit, und das hochwertige Wissen, das Sie dort platzieren, wird als Probe Ihrer eigenen Expertise anerkannt. Schon dieser Impuls kann Follower in die eigene Community bringen. »Dem Account folge ich mal, das klingt interessant.«

Menschen hören Ihnen zu, wenn Sie für sie relevant sind. Wenn Sie schon einmal auf der richtigen Party mit den falschen Leuten gesessen haben, die sich brennend für ein Thema interessierten, für Pferde, Autos oder Gartengestaltung, während Sie diesem Thema nichts abgewinnen konntest, wollten Sie diese kleine Gruppe vielleicht am liebsten verlassen. Umgekehrt haben Sie vielleicht schon einmal erlebt, dass plötzlich Sie von Ihrem besten Wissen berichtet haben und sich eine kleine Schar von Interessierten um Sie bildete, die an Ihren Lippen hing?

Eine solche Wissens-Community ist durchlässig nach innen wie nach außen, jeder kann hinzustoßen oder austreten. Das gilt erst recht, wenn es um mehr als einen Partyplausch geht. In der Gruppe aber wird um das zentrale Moment des geteilten Wissens eine hohe Bindung erzeugt und manchmal auch Business gemacht. Man empfiehlt sich Produkte, verkauft direkt etwas oder erteilt erst mal einen Rat.

Diese Community ist eine Wissensnische, und damit potenziell ein Markt. Eine Community wie diese sollten Sie idealerweise für Ihr Wissen selbst erschaffen. Dann bestimmen Sie als Gastgeber, welche Musik spielt und wer durch das Gartentor kommt.

Beispiel für eine Community mit Connection: Ferrari

Die Firma Ferrari ist im Automobilbau mit einer der höchsten Umsatzrenditen pro Fahrzeug überhaupt gesegnet. Kaum ein Hersteller verdient mehr pro verkauftes Auto. Ferrari ist aber auch ein Meister im Herstellen einer Community, im Storytelling, in der Connection zu den Kunden und der Verknappung. Das schauen wir uns mal im Detail an, weil es all diese Begriffe noch einmal perfekt illustriert.

Zunächst einmal hat die Marke eine lange Geschichte, die mit vielen Erfolgen und emotionalen Trägern gespickt ist. Die Autos sind Sportwagen und stehen für Jet-Set und Lifestyle, für viel Geld und ein gutes Leben. Sie wecken Begehrlichkeiten und können als Statussymbol fungieren. Dazu kommen die vielen Sportwagenerfolge der langen Geschichte, die Formel-1-Weltmeisterschaften und manches mehr. Das alles geht im Storytelling der Marke auf, das jeder kennt. Kinder und Erwachsene hängen sich Bilder der Wagen auf und träumen davon, einmal solch ein Fahrzeug zu fahren oder gar zu besitzen. Das bildet eine gewisse Fanbase, lädt die Marke massiv auf und macht sie zu einem erstrebenswerten Traumwagenhersteller. So weit, so vortrefflich.

Weniger bekannt ist, dass Ferrari für seine anspruchsvollen und potenten Kunden eine weitere Form des Community-Aufbaus pflegt. Besonders teure und leistungsfähige Fahrzeuge etwa werden noch stärker als die anderen verknappt, dabei nicht nur durch den hohen Preis, sondern auch durch künstlich begrenzte Mengen an Fahrzeugen, die überhaupt gebaut werden. Diese besonders exklusiven Fahrzeuge werden nur an sogenannte VIP-Customer verkauft. Das ist für die Kunden in der Sache lukrativ, denn die Fahrzeuge steigen quasi ab Kauf im Wert, anders als fast alle Autos, die man sonst kaufen kann. Solch eine Kaufoption überhaupt zu bekommen ist aber gar nicht so einfach, und die eigentliche Anstrengung wird auch noch dem Kunden überlassen.

So muss man zum Beispiel einige reguläre Fahrzeuge der Marke gekauft haben, auch der Kauf besonderer Veredelungen ab Werk oder Ausstattungsoptionen wird in Foren empfohlen, will man in den erlauchten Kreis der VIP-Customer gelangen. Und damit bindet Ferrari die Kunden quasi an sich, mit der Aussicht, dann auch von dieser Community als Kunden zu profitieren.

Die Teilnahme an exklusiven Marketing-Events wird ebenfalls gerne gesehen und eröffnet dann eine weitere Option: Eine persönliche Verbindung zu einem der Firmenrepräsentanten wird nämlich ebenfalls dringend empfohlen, man muss sich hier als Kunde bekannt machen. Was für Ferrari dabei herausspringt, ist ein überaus wirksames Pull-Marketing und: eine großartige Community mit sehr spannenden, loyalen und zahlungskräftigen Kunden sowie eine von diesen getriebene Connection. Besser geht es kaum.

Sie sehen, welche Kraft Community und Connection aufbauen können. Sie müssen nicht Ferrari sein, um das auch zu erreichen: Ferrari sieht letztlich einfach sehr genau, was die Kunden bei dieser Firma suchen: Luxus, Status und einen Zugang zu einer gewissen elitären Gesellschaft, Außenwirkung und eine gute Investition reichlich vorhandener Geldmittel. Das strukturiert Ferrari zu seinem Geschäftsmodell und bindet diese Kunden an sich.

Schon lässt sich pro Fahrzeug sehr viel mehr verlangen, als der Bau, Vertrieb und alles weiter kostet. Das können Sie für Ihr Wissen auch tun.

Sichtbarkeit mit Facebook, Instagram, Google und YouTube

Mit Google, Youtube, Facebook und Instagram können Sie sehr gut Sichtbarkeit generieren: Traffic, Besucher also. Und es zeigt einen schönen parallelen Weg der 7-Kontakte-Regel auf. Das Beste: Es ist viel günstiger als im TV, Radio oder der Zeitung. Der TKP für Facebook[18] etwa liegt je nach Qualität der eigenen Anzeige bei vielleicht 3 bis 4 Euro, also 0,4 Cent pro Kopf gegenüber 17 Cent beim Fernsehen. Auch Google-Anzeigen sind im Vergleich zu den Goldrauschjahren des Internetmarketings heute ziemlich teuer geworden. Waren vor einigen Jahren die meisten Keywords, also spezifische Suchanfragen von Google-Nutzern, auf die man dann seine Werbeanzeige hin anzeigen lassen will, noch für Centbeträge zu besetzen, so kostet es heute gerne mal 50 Euro, für sehr begehrte, weil viel gesuchte und mit lukrativen Geschäftsmodellen einhergehende Begriffe wie »Versicherung« oder Kredit das erste Suchergebnis über die Google-Suche zu stellen.

Und anders als beim Fernsehen können Sie bei Facebook und Instagram Ihre Zielgruppe zielgenau ansprechen und zum Beispiel nur Hundebesitzer als Zielgruppe auswählen. Und es kostet nicht etwa extra, die berühmte werberelevante Zielgruppe der 14- bis 49-Jährigen anzusprechen.

Facebook und Instagram haben also den Vorteil, dass Sie hohe Kosten und Streumarketing vermeiden können. Das ist besonders faszinierend, wenn man das Geschäftsmodell und den Hintergrund von Facebook genau versteht. Übrigens gehört zu Facebook auch Instagram – beide sind im gleichen Konzern vereinigt.

Die »alten Medien« wie Print, Fernsehen, Radio und Kino betreiben Streumarketing. Sie erreichen dort zwar alle Menschen, die gerade zusehen oder zuhören. Ob Ihre Zielgruppe aber darunter ist, können Sie nur vermuten.

Eine wahre Revolution dagegen hat als Erster Google mit seinen Werbemöglichkeiten eingeführt.

Denn Google-Werbeanzeigen werden dem gezeigt, der in die Suchmaske bestimmte Keywords eingibt. Nicht etwa jeder Google-Nutzer bekommt so Ihre Anzeige gezeigt, sondern nur die, die etwas thematisch eingegrenzt suchen. Unser Lieblingssatz dazu: Das Ehrlichste, was der Mensch am Tag tut, ist seine Google-Sucheingabe.

Wie Facebook und Instagram funktionieren

Während man bei Google noch aktiv etwas suchen muss durch Eingabe einer Suchanfrage, analysiert Facebook das Verhalten seiner Nutzer.

Brechen wir das Ganze noch einmal herunter: Wo im TV mein Spot für Triathlontraining stumpf jedem Zuschauer gezeigt wird, wird er bei Google nur solchen gezeigt, die »Triathlon optimieren« oder »Triathlon und Beruf« als Suchbegriffe eingeben.

Facebook aber beobachtet beispielsweise, ob ein Nutzer sich für Sport, eine Triathlongruppe und Zeitmanagement interessiert, durch das Lesen von Beiträgen oder den Like von Persönlichkeiten aus diesem Bereich. Und es entsteht ein überaus detaillierter digitaler Fingerabdruck dieses Nutzers, den man dann mit passenden Werbebotschaften ansprechen kann.

Das nennt man targetieren. Damit muss der Nutzer sich nicht zu seinem Interesse bekennen, er muss es selbst gar nicht einmal genau kennen, weil es statistisch einfach wahrscheinlich ist, selbst wenn er Ihr Thema gar nicht kennt. Und er muss es auch nicht aktiv suchen, sondern Sie können Ihre für ihn mit hoher Wahrscheinlichkeit relevante Botschaft auf dem Sofa zustellen lassen, wenn er in den Urlaubsbildern seiner Freunde stöbert.

Facebook und Instagram können Reichweite, also Sichtbarkeit, für Centbeträge herstellen. Sie können weiter ihre eigenen Nutzer für Sie targetierbar machen, nach demografischen Angaben, Verhaltensweisen und Interessen.

Und sie können noch etwas: Sie können retargetieren. So wie Facebook jegliches digitale Verhalten seiner Nutzer beobachtet und im eigenen Universum sowie teilweise darüber hinaus analysiert, tut es das auch mit dem Verhalten der Nutzer Ihrem Content gegenüber.

Wenn Sie also eine Werbeanzeige schalten, die im Sinne unseres Funnels erst einmal eine ganz zaghafte Kontaktaufnahme nach der 7-Kontakte-Regel war, dann kann Facebook jedem Nutzer zuordnen, wie interessiert er daran war. Hat er die Anzeige lange angesehen oder sofort weggescrollt? Hat er auf den weiterführenden Link geklickt? Nutzer, die interessiert sind, werden dann als Interactor beschrieben und können von Ihnen wieder angesprochen werden, ganz gezielt. Schon sind Sie in der Lage, mehrere Kontaktpunkte einzurichten und den Kontakt Ihres neuen Kunden langsam in eine Community-Bildung zu überführen.

Wenn es Ihnen gelingt, eine bestimmte Nutzergruppe zur Interaktion mit Ihren Inhalten oder gar zum Kauf Ihrer Produkte zu verleiten, dann können Sie auch diese Gruppe durch Facebook feststellen lassen und dann eine sogenannte Lookalike-Kampagne aufsetzen. Dabei wählt Facebook aus der Gesamtzahl seiner Nutzer, die Sie auf bestimmte regionale, demografische oder Verhaltensmerkmale eingrenzen können, jene aus, die Ihren wertvollsten Interessenten oder Kunden am ähnlichsten sind.

Dabei wird der digitale Fingerabdruck Ihrer besten Nutzer oder auch Follower zugrunde gelegt und geschaut, welche Nutzer, die Facebook kennt, ähnliche Merkmale aufweisen. Die genaue Ausformung dieses digitalen Fingerabdrucks müssen Sie gar nicht kennen, sie ist auch extrem komplex durch die Menge an erhobenen Daten.

Ein Beispiel zur Verdeutlichung: Vielleicht erkennt Facebook, dass die Kunden eines Luxusuhrenherstellers, der zielgenaue Werbung schalten will, auffällig oft die Sportart Golf und die Automarke Porsche liken, im Münchner Speckgürtel leben und ein Einkommen über 10 000 Euro im Monat haben. Das würde dem Marketingteam des Uhrenherstellers vielleicht auch noch einfallen. Diese Zielgruppen würden sie sicherlich auch targetieren können. Der digitale Fingerabdruck der meisten Kunden aber weist noch eine Besonderheit auf, die nicht so intuitiv ist: Viele setzen in ihren Beiträgen beispielsweise den Hashtag »#luxurywatchlife«. Diesen kann man nun gezielt im eigenen Marketing nutzen und beispielsweise eigene Beiträge stets mit diesem Hashtag versehen. Bei Instagram, ebenfalls Teil des Facebook-Universums und in vielen technischen Grundlagen sehr stark an die ältere »Konzernschwester« angebunden, folgen Nutzer beispielsweise sogar konkret diesen Hashtags, wie sie dies bei Facebook mit Unternehmensseiten tun, und so markierte Beiträge erscheinen ihnen bevorzugt.

Wenn man dann bedenkt, dass solch ein spezielles Merkmal neben weiteren Tausenden von weiteren Daten erhoben wird, sieht man den riesigen Vorteil von Facebook in der gezielten Kundenansprache. Und diese Kenntnis können Sie nutzen, um Kunden gezielt anzusprechen, sogar ohne irgendwelche Details zu kennen.

Wenn also Ihre Nische und Ihre Relevanz an diesem Punkt entsprechend ausgeformt sind, dann fällt es Ihnen leicht, Sichtbarkeit gegenüber Ihren Kunden zu erzeugen. Das ist der Grund, warum wir sagen, dass die Möglichkeiten für das eigene Business im Internet heute besser sind denn je.

Heute ist es so leicht wie nie, Reichweite und Traffic zu generieren. Am besten kann man das am Beispiel von Facebook erklären.

Facebook hat hier sogar gegenüber Google einen deutlichen Vorteil, weil Facebook Kunden ansprechen kann, die ein Thema gar nicht aktiv suchen, während Google wesentlich auf die Suchanfrage des Kunden reagiert. Zumindest ist das oft so, einige Formen von Google-Werbung funktionieren da mittlerweile auch anders.

Diese Ansprache erfolgt auch bei Facebook zunächst auf Ihre Initiative hin. Das bedeutet, Sie geben eine Einschätzung der vermuteten Eigenschaften Ihres Kunden ein. Auf Basis dieser sogenannten manuellen Targetierung werden dann Ihre Inhalte – Ihre Facebook-Seite, Ihre Webseite oder eine anders gestaltete Werbung – gegen Geld einer Auswahl der so bestimmten Kunden präsentiert. Diese manuelle Tar-

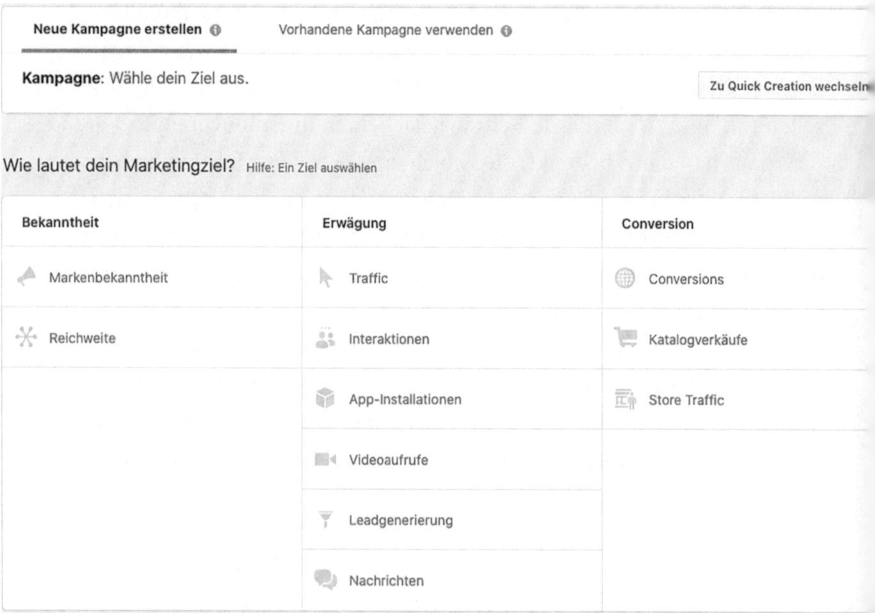

Abb. 24: Sie können bei Facebook und Instagram Sichtbarkeit für sehr wenig Geld einkaufen. Dazu wählen Sie einfach »Bekanntheit: Reichweite« (linke Spalte).

getierung ist hilfreich, Kunden anzusprechen, die den Werbetreibenden nicht direkt suchen, sondern lediglich gegenüber Facebook durch ihr Online-Verhalten ihre Interessen offengelegt haben.

Der zweite, für viele wirklich augenöffnende Schritt ist die automatische Targetierung. Bei dieser werden Personen angesprochen, die potenzielle Kunden sind und von ihren Eigenschaften und Verhalten aus ein hohes Kundenpotenzial für Ihr Produkt haben, ohne dass Sie diese präzise kennen müssten. Hier entscheidet rein der Facebook-Algorithmus, wer Ihre besten Kunden sind. Weil er das auf der Basis von Big Data tut, kann er das viel besser als Sie, als wir und als jeder Marktanalyst.

Die erste Unterscheidung ist also die zwischen manuellem und automatischem Targeting. Wir gehen sie der Reihe nach durch, so wie Sie sie auch später umsetzen können.

Um das tun zu können, benötigen Sie einen Facebook-Account. Das darf jedoch kein privater Account sein, denn dieser kann keine Werbung schalten. Erstellen Sie einen Business-Account. Diesen verknüpfen Sie mit einem Werbekonto und hinterlegen eine Zahlungsart.

Sichtbarkeit Ihrem Wunschkunden gegenüber

Wählen Sie also beispielsweise »Reichweite« als ersten Schritt, um Ihrer Marke oder Ihrem Produkt Sichtbarkeit zu verschaffen. Das ist schließlich der Traffic, den Sie hier als Rohstoff günstig einkaufen wollen. Kosten von wenigen Cent pro »Viewer« sind durchaus üblich. Das von Facebook bei »Reichweite« verfolgte Ziel lautet, möglichst vielen Personen aus der im gleich folgenden Schritt der manuell targetierten Zielgruppe die Werbeanzeige zu präsentieren.

Nach Bestätigung des Kampagnenziels legen Sie im nächsten Schritt fest, wer Ihre Werbeanzeige später gezeigt bekommen soll. Da Sie noch manuell targetieren, müssen Sie das tun, später wird sogar das Facebook für Sie übernehmen. Sie machen das am Beginn nur deshalb selbst, weil es keine für Facebook verwertbare Datenlage zu Ihrer Zielgruppe gibt. Es gab ja noch keinen Traffic auf Ihrer Webseite oder dieser wurde Facebook nicht als Datengrundlage definiert. Es mag durchaus sein, dass Facebook im Rahmen seiner umfangreichen Datensammlung auch Ihren bisherigen Webseitenbesuchern gewisse Verhaltensweisen und Bewegungen zuordnen kann, beispielsweise weil Facebook generell versucht zu erfassen, wo seine Nutzer sonst noch surfen. Aber es muss für Ihr konkretes Marketing festgelegt werden, welche dieser Besucher mit welchem Verhalten für Sie als Zielgruppe von nun an interessant sind: Käufer auf Ihrer Webseite mehr als reine Besucher, Warenkorbabbrecher womöglich mehr als jene, die Ihr Impressum aufmerksam lesen. Um das aber genauer definieren zu können, braucht es eine Schnittstelle zwischen Ihrer Webseite und Facebook, die Sie aktiv einrichten (den Facebook-Pixel), und erste Besucher. Daher fangen wir ja mit erster Sichtbarkeit und Traffic an, um Traffic auf der Webseite und damit letztlich Nutzerbewegung als Datengrundlage für Facebook zu erzeugen.

Sie erstellen eine neue Zielgruppe, eine sogenannte Audience. Bei dieser unterscheidet man analog zu unserer Art zu targetieren zwei Formen: »Custom Audiences« und »Lookalike Audiences«. Eine Custom-Audience ist eine Zielgruppe aus manuell targetierten Personen, also das, was wir bis hierher erreichen können. Das bedeutet vereinfacht gesagt, dass Sie irgendetwas konkret über diese Personen wissen oder zu wissen glauben. Sie wissen, dass diese auf Ihrer Webseite waren (das geschieht über Analyse-Tools von Facebook, den eben genannten Facebook-Pixel), Sie wissen, dass diese Personen ein Video angesehen haben auf Ihrer Facebook-Seite, eine Veranstaltung geliked haben, eine App geöffnet haben oder sogar Ihren Laden betreten oder etwas per Telefon bestellt haben.

Oder Sie vermuten, dass sich diese Personen für ein bestimmtes Thema interessieren, bestimmte demografische Details aufweisen oder ein bestimmtes Verhalten gezeigt haben. All diese Daten erhebt schließlich Facebook. Diese Personen können Sie nun mit Werbung ansprechen.

Eine Lookalike-Audience beinhaltet demgegenüber nur Personen, über die Sie nur eine Sache wissen: Sie ähneln statistisch den Personen, die Sie als Datengrundlage in einer Custom-Audience zur Verfügung festlegen. Idealerweise haben diese Mitglieder einer Lookalike-Audience ansonsten keinerlei Schnittmenge mit Ihren bisherigen Kunden oder Interessenten, und das ist gerade das Spannende: Facebook findet diese Menschen für Sie, die Sie gar nicht kennen und zu denen Sie keinerlei Verbindung haben, ohne idealerweise Streumarketing zu betreiben. Welche Gruppe ist für Marketing spannender? In der Regel die Lookalike-Audience. Denn das sind Kunden, mit denen Sie nie Kontakt hatten, über die aber Facebook stellvertretend dennoch viel weiß. Und es sind Kunden, die etwa Ihren besten Kunden ähneln, wenn Sie einfach die Käufer Ihres Produkts als Custom-Audience Facebook zur Verfügung stellen und Facebook dann deren statistische Zwillinge auf Ihre Verkaufsseite bringt.

Warum wählen Sie dann nicht gleich die Lookalike-Audience? Weil Sie am Beginn keine Datenbasis für eine gute Custom-Audience haben, die aber immer die Basis der Berechnung der Lookalike-Audience ist. Es wurde ja noch nichts verkauft. Jetzt wird klar, warum Sie erst manuell targetieren und dann den Job an Facebook abgeben. Manuelles Targetieren füllt und schärft die Custom-Audience, um dann auf deren Basis die Lookalike-Audience mit der geballten Kraft von Big Data arbeiten zu lassen. Den zweiten Schritt der Zielgruppenfestlegung gehen Sie natürlich immer, Facebook will wissen, wen Sie erreichen wollen.

Die manuelle Targetierung verläuft zunächst über sehr handfeste Kriterien wie Ort, Alter und Geschlecht. Ob Sie hier klare Entscheidungen treffen können, hängt stark von Ihrem Produkt ab. »Businesskicks für Frauen« mag als Produkt eine Entscheidung vorgeben, da wird es überdeutlich. Auch andere Themen sind hier spezifisch, weil etwa bei dem Produkt »Verkehrsrechtsberatung« Männer vielleicht eher einen Anwalt suchen und statistisch womöglich öfter einen benötigen. Aber hier ist es nicht mehr ganz so klar. Und bei einigen Themen gibt es auch Fallen.

Wenn Ihr Wissensbereich etwa die Auswahl eines geeigneten Pflegeheims für Ältere ist, dann sind die eigentlichen Kunden sicher häufig in der Altersgruppe 65 plus zu finden. Aber die suchen vielleicht nicht bei Facebook danach. Nicht weil Ältere nicht ins Internet schauen, das ist zunehmend ein Trugschluss. Sondern weil in einer solchen Situation eher Angehörige die Auswahl solcher Informationsangebote steuern.

Sie targetieren tendenziell bei diesen Kriterien eher vorsichtig und lassen sich dann von Facebook nach kurzer Zeit sagen, wer sich für Ihre Inhalte und Werbung interessiert hat. Das funktioniert sogar unabhängig von einer Lookalike-Audience über die Statistik- und Analysefunktionen von Facebook.

Das detaillierte Targeting zeigt dann die gesamte Kraft von Facebook bezüglich der Analyse seiner Nutzer. Zunächst können Sie eine demografische Angabe, die über Alter, Geschlecht und Wohnort hinausgeht, wählen. Das sind Themen wie Ausbildung, Finanzen und Lebensereignisse, Beziehungsdetails oder Ähnliches.

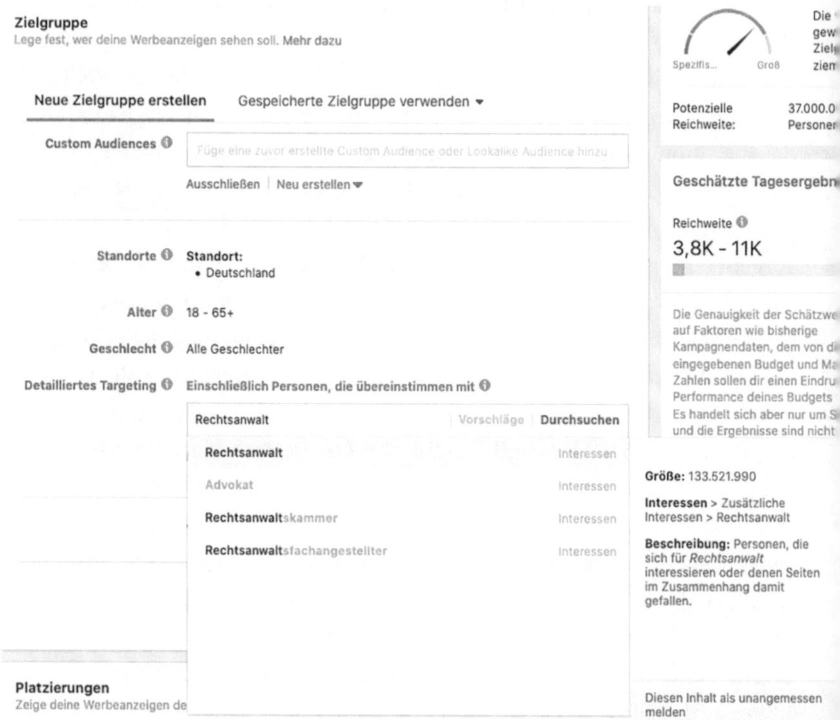

Abb. 25: Diese Facebook-Anzeige spricht Deutsche aller Geschlechter zwischen 18 und 65 Jahren an – und nur diejenigen, die sich für »Rechtsanwälte« interessieren. Damit erreichen Sie zwischen 3800 und 11000 Menschen pro Tag (rechts zu erkennen: »Geschätzte Tagesergebnisse«).

Wäre es nicht interessant, frisch Vermählte anzusprechen, wenn Ihr Wissensthema beispielsweise die optimale Vorbereitung eines Kinderwunsches ist? Mit erhöhter Wahrscheinlichkeit gegenüber Streumarketing ist das für diese Personen ein Thema.

Ein wenig nur um die Ecke gedacht, und viele Themen und Zielgruppen erschließen sich schnell. Andere Themen, die Facebook allein in diesem Feld targetiert, sind eine neue Arbeitsstelle, Berufsbezeichnungen oder das Haushaltseinkommen. Da können sicherlich etliche Wissensgebiete optimal andocken, Facebook liefert mehrere Tausende dieser targetierbaren Details, wenn man noch die beiden weiteren Oberthemen »Interessen« und »Verhaltensweisen« hinzunimmt.

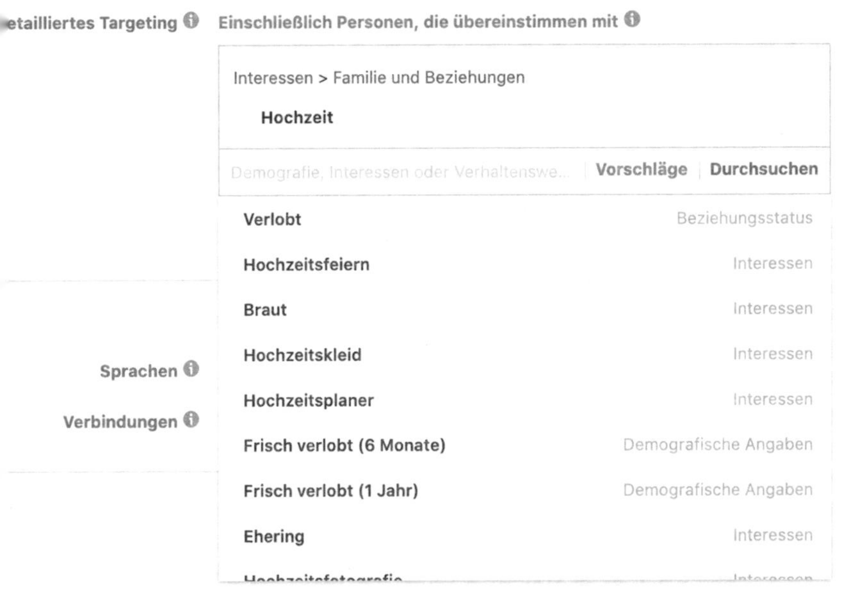

Abb. 26: Zum Thema Hochzeit schlägt Facebook auch »Ehering« und »Hochzeitsfotografie« vor sowie etliche weitere Themen, an die Sie vielleicht gar nicht gedacht hätten.

Dabei haben Sie angesichts dieser Fülle an targetierbaren Eigenschaften zwei Möglichkeiten, diese zu wählen: entweder über die Funktion »Durchsuchen« als Themenbaum oder über »Vorschläge«. Das wiederum ist ziemlich mächtig, weil Sie nur grob Ihr Thema eingeben und dann sehen, welche Themen Facebook damit verwandt sieht. Und in aller Deutlichkeit: Auch hier nutzt Facebook Big Data und ermittelt, welche Themen die Personen, die ein (Ober-)Thema besetzen, zudem häufig interessant finden oder das ihnen zugeordnet werden kann.

Personen, die mit dem Thema Hochzeit in Verbindung stehen, interessieren sich auch für die Themen Ehering und Hochzeitsfotografie. Das scheint naheliegend, das Thema Kindererziehung ist da schon etwas ferner, aber offenbar bei den Kunden von Facebook oft gleichsam wichtig. Ihr Wissensprodukt heißt »Ja zur Ehe, ja zum Kind – wie Sie Ihre junge Familie glücklich erleben«? Dann haben Sie jetzt eine optimale Zielgruppe bei Facebook.

Facebook unterstützt Sie weitreichend bei diesen Maßnahmen. So wird auch stets angegeben, wie groß die potenzielle Zielgruppe bei den von Ihnen gerade gewählten Kriterien der Targetierung ausfallen würde, versehen mit einem ungefähren Hinweis, ob diese sinnvoll groß gewählt wurde.

Auch das kann man gut nutzen, und es ist nur die sehr technische Wiederaufführung unserer Überlegungen zur Nische. Ganz allgemein kann man davon ausgehen, dass Facebook sehr fortgeschrittene Algorithmen und Strategien anlegt, schließlich werden ja regelmäßig über eine Milliarde Menschen weltweit dabei analysiert, wie sie Facebook und die darin enthaltenen Informations- und Wissensangebote nutzen.

Wertvolle Kunden, wertvolle Aktionen

Wichtig ist noch die Tatsache, dass Sie über die manuell targetierten Personen, die dann eine Aktion auf Ihrer Webseite, Ihrem Facebook-Profil oder sonst irgendwo eine Aktion vollführen – und sei es nur, dass Sie dorthin surfen –, den Algorithmus von Facebook mit wertvollen Informationen versorgen. Dabei sollten Sie stets betrachten, dass unterschiedliche Aktionen eine unterschiedliche Wertigkeit für Ihr weiteres Facebook-Marketing haben: Ein Vorbeisurfen und Abspringen ist besser, als wenn jemand gar nicht reagiert. Ein Klick auf einen Button, und die Weiterleitung auf Ihre Verkaufsseite ist noch einmal deutlich wertvoller. Ein Kunde, der Ihr Produkt beispielsweise in den Warenkorb der Verkaufsseite packt, ist noch interessanter, selbst wenn er abbricht. Und ein Käufer ist Ihr wertvollster Kunde, natürlich bezogen auf den Umsatz, aber auch als Grundlage für eine nun langsam erreichbare Lookalike-Audience.

Einige dieser Daten erhebt Facebook dabei ganz automatisch. Vereinfacht kann man sagen: Alles, was im Facebook-Universum geschieht, kann Facebook auch messen und wird es messen. Das sind beispielsweise Interaktionen mit Ihrem Inhalt oder Ihren Werbeanzeigen, Klicks und sogar die Tatsache, dass jemand Ihre Videos etwas länger schaut, als wenn er nur kurz entscheidet, dass sie uninteressant für ihn scheinen.

Andere Interaktionen müssen Sie Facebook zur Verfügung stellen. Der Klassiker ist dabei der Webseitenbesuch. Um diesen für Facebook greifbar zu machen, müssen Sie ein Stückchen Programmiercode, den Facebook zur Verfügung stellt, in Ihrer Seite einbauen. Wird dann Ihre Webseite durch einen Kunden geladen, so lädt er auch diesen sogenannten Facebook-Pixel. Das wiederum löst eine kleine Informationsübermittlung an Facebook aus, durch die der Nutzer auf verschiedenen Wegen wiedererkannt wird, sofern er Facebook-Kunde ist. Diese Kunden können dann als Datenbasis für Facebook festgelegt werden, um beispielsweise eine Custom-Audience aus Ihnen zu erstellen. Wenn Sie wissen, dass eine bestimmte Gruppe durch Laden des Pixels für Facebook erkennbar und zuzuordnen ist, dann können Sie diese zur Basis Ihrer weiteren Marketingbemühungen machen.

Weil der Pixel dabei über sogenannte Pixel-Events auch quasi aufgesplittet werden und verschiedenen Unterseiten zugeordnet werden kann, können Sie nun sehr genau steuern, welche Personen Sie betrachten wollen. Ein Beispiel, damit das nicht zu abstrakt bleibt: Sie platzieren ein sogenanntes Event – ein Stück Programm-Code, ein spezifizierter Facebook-Pixel – auf der Verkaufsseite Ihres Produktes. Nun wissen Sie aus Ihren sonstigen Erhebungen, dass die Kunden dort zwar hinsurfen, aber wenig kaufen. Die Kunden brechen Ihren Funnel ab.

Noch konkreter: Das kann man ganz leicht erheben. Sie messen dank des Facebook-Pixels beispielsweise 500 Besuche für Ihre Seite. Es kauft aber niemand: Also haben Sie hier einen Flaschenhals. Einmal davon abgesehen, dass das der Moment wäre, seine Botschaften auf der Webseite entsprechend der Flaschenhalsmethode zu prüfen, einen anderen Preis zu testen oder andere Kunden zu targetieren: Dank des Facebook-Pixels sind diese Kunden nicht verloren. Sie können sie beispielsweise zwei bis drei Tage später direkt mit einem anderen Preis oder einer anderen Botschaft wieder ansprechen, weil Sie »retargetieren« können.

Facebook und Instagram finden Ihren Traumkunden ganz automatisch

Sie können Facebook und Instagram beauftragen, aus allen über 30 Millionen aktiven Facebook- und Instagram-Nutzern in Deutschland jene zu ermitteln, die die statistischen Zwillinge Ihrer wertvollsten Zielgruppen darstellen. Am liebsten also die Zwillinge Ihrer Käufer, wenn das nicht geht, die Ihrer Leads oder Interessenten.

Sie haben die Möglichkeit, dabei wieder genau festzulegen, wie groß Ihre Zielgruppe sein soll: Zum Beispiel das eine Prozent der 30 Millionen Nutzer, das Ihrem besten Kunden am ehesten entspricht. Das

Abb. 27: Hier legen Sie in Facebook das eine Prozent aller Facebook- und Instagram-Nutzer fest, dessen Interesse an Ihrem Wissen am größten ist.

ist aus Marketingsicht die beste aller Möglichkeiten, diese Zielgruppe nunmehr mit Werbung anzusprechen, und das genaue Gegenteil von Streumarketing.

Low-hanging-Fruits

Ohnehin erlaubt sich der Facebook-Algorithmus, auch dann ein wenig in Ihre Marketingbemühungen, konkreter die Ansprache der besten Zielgruppe, einzugreifen, ganz gleich ob Sie manuell targetieren oder eine Lookalike-Audience targetieren wollen. Denn es werden stets die sogenannten Low-hanging-Fruits zuerst angesprochen.

Das kann man sich wie eine Lookalike-Audience auf Mikroebene vorstellen: Facebook spricht bei Ihrer manuell geplanten Kampagne ein paar Kunden an; einige reagieren besser entsprechend dem Marketingziel, andere schlechter. Nun sucht Facebook vermehrt solche aus, die den besser ansprechenden Kunden ähneln, wie in der Lookalike-Audience. Das folgt natürlich dem Ziel, Sie als Kunden zufriedenzustellen, schließlich sollen Sie ja Facebook am besten regelmäßig nutzen – wenn es nach Facebook geht, wobei das durchaus eine Empfehlung wert ist, wie Sie merken.

Darin liegen einige Gefahren: Wenn nämlich die Low-hanging-Fruits erst einmal abgegrast sind, dann wird es sofort schwieriger, Kunden oder Leads oder Reichweite zu generieren, und entsprechend teurer. Daher beobachtet man seine Kampagnen am besten fortlaufend, mindestens täglich. In der Regel werden die Ergebnisse erst einmal eine Weile besser, weil der Algorithmus lernt, und dann irgendwann schlechter, weil er die besten Zielgruppen bereits mit Ihrer Werbung versorgt und maximal genutzt hat. Die Früchte hängen ab dann etwas höher.

Anfänger verlassen sich auf eine gut laufende Kampagne und werden dann schnell von den Kosten eingeholt. Messen Sie stets, was Sie messen können. Facebook stellt Ihnen sehr viele Daten zur Verfügung, Teile haben wir schon gesehen.

Digitale Werbung beginnt bei der Sichtbarkeit

Facebook- und Instagram-Werbung ist also genau zielgruppengeeignete Sichtbarkeit.

Es gibt reichlich gute Gründe, die ersten beiden Stufen unseres Funnels für ein Business »Wissen zu Geld« bei Facebook und Instagram zu platzieren.

Ein erster Kontakt zu einem Kunden auf Facebook oder Instagram ist für Wissensexperten eine kleine, unverfängliche Arbeitsprobe Ihres Wissens, Sie zeigen, dass Sie sich mit diesem Thema beschäftigt haben und womöglich einen guten Überblick zu Strukturen und Inhalten des Themas geben können. Ferner handelt es sich hier um sogenannten Likable Content, also Wissen, das man ganz gerne medial teilt, und so generiert es für den Urheber Reichweite und Sichtbarkeit.

Solche »Informationshäppchen« bieten mehr kostenlosen Inhalt, mehr Reziprozität und einen besseren Tauschwert für Aufmerksamkeit. Das Ziel aber bleibt gleich: die Kunden grundsätzlich aufmerksam zu machen und dann zu erreichen, dass sie zu Followern werden, in die eigene Wissens-Community eintreten auf der Suche nach weiterem Inhalt, damit die Relevanz des Angebotes bekunden und Ihnen die weitere Lieferung von Wissen gestatten.

In der Community entstehen dann eine Connection, Trust, Brand und Authority. Langsam, aber sicher können Sie das Interesse Ihrer Follower bestärken, sie auf bestimmte Sachverhalte hinweisen und ein Verlangen nach Ihrem Wissen entwickeln, das Sie schließlich in einen Kauf konvertieren können.

Erst geben, dann nehmen

Bei Facebook und Instagram als Kanäle der Wahl vollziehen sich wertvolle Kontakte zu Ihren Kunden im Sinne von Connection und Community. Sie führen Ihre potenziellen Kunden aus der Sichtbarkeit in Ihren Funnel, indem Sie Relevanz erzeugen und so die reine Sichtbarkeit veredeln zum entscheidenden Schritt Ihrer möglichen Kunden in die Community.

Damit sind also die einzelnen Kontakte zu Ihrem Kunden nicht gleichwertig, bezogen auf die Verkaufsabsicht und die Intensität des Kontakts, egal ob es drei, sieben oder zwölf sind. Die ersten Kontakte erfolgen sehr vorsichtig, so wie man erst nach dem gemeinsamen Kaffee fragt und nicht sofort der oder dem Unbekannten den Heiratsantrag unterbreitet. Diese Kontakte sind tendenziell auf den Aufbau der eigenen Nische bei eigener Wissensführung ausgerichtet. Der amerikanische Multiunternehmer und Speaker Gary Vaynerchuk beschreibt das gut in seinem Buch *Jab, Jab, Jab, Right Hook* (dt. Ausgabe: *Storytelling in den sozialen Medien*), einem der Bücher, bei dem es schon viel hilft, den Titel zu begreifen[19].

Ein Jab ist im Boxen die sogenannte Führhand, zumeist die schwächer schlagende Hand des Boxers. Mit ihr hält er den Gegner auf Distanz, aber eben auch in Schlagdistanz, im richtigen Abstand eben. Er beschäftigt den Gegner, sagt man im Boxen, und ermüdet sein Gegenüber ein wenig, treibt ihn im Ring vor sich her. Irgendwann, sehr dosiert, wird dann der Right Hook ausgeführt, der berühmte rechte Haken. Ein guter Boxer hat eine starke Hand, die dann den K.o. des Gegners bewirken kann. Also, viele kleine, wohldosierte Schläge lassen dann einen starken, zielführenden Schlag folgen. Das ist der eigentliche Verkauf, der dann kommt, wenn der Gegner im richtigen Abstand steht, vom Boxer bearbeitet wurde und nun mit einer überraschenden Aktion der Rechten da landet, wo er landen soll: beim Kauf Ihres Produkts.

Führen Sie Ihren Kunden in klarer Struktur durch den Funnel

Prüfen Sie an jedem Punkt, ob Ihrem Kunden der nächste Schritt in Ihrem Funnel logisch, folgerichtig und vernünftig erscheint, ob er ihn bestenfalls unbedingt gehen möchte. Lenken Sie ihn dabei auch nicht ab. Auf Webseiten wird Kunden häufig an verschiedenen Stellen und untereinander wenig verknüpft ein Tages-Coaching, ein Abo-Modell, ein kostenloses PDF und ein Hörbuch angeboten. Das gibt Ihrem Kunden zu viele Optionen und verwirrt ihn, aus Unsicherheit kauft der Kunden am liebsten gar nichts oder das günstigste Produkt. Das ist falsch. Ein guter Verkaufsprozess führt den Kunden, zu seinem und Ihrem Besten. Gestalten Sie diese Entscheidungen für Ihren Kunden so einfach wie möglich.

Kostenlose Bücher gegen Kontaktdaten

Ein Freebie schenken Sie Ihrem Kunden. Er ist eine solche Kostprobe Ihres Wissens: ein kostenloses Whitepaper, einen kostenlosen Einstiegs-Coaching-Kurs, ein hochwertiges Info-Video beispielsweise.

Werfen wir mal einen Blick auf ein ganz klassisches Beispiel eines Freebies: Jemand schenkt Ihnen ein Buch, Sie müssen nur das Porto übernehmen.

Das nennt sich Free-plus-Shipping, und es ist klassisches Freebie-Marketing. Sie bekommen ein ganzes Buch geschenkt, und damit man es Ihnen zustellen kann, müssen Sie lediglich Ihre Kontaktdaten hergeben. Zwei Dinge stecken darin: Erstens klingt das nicht besonders auffällig, dass man ein gedrucktes Buch nur im Tausch gegen seine Adressdaten bekommen kann, wie soll es sonst verschickt werden. Zweitens ist ein Buch sehr hochwertig in der Wahrnehmung: Das ist ein guter Tausch aus Sicht der meisten Kunden. Übrigens für beide Seiten, wenngleich es erst einmal wie ein perfekter Deal für den Leser klingt.

Der Initiator eines solchen Geschäft ist an dieser Stelle an den sehr wertvollen Kontaktdaten des Lesers interessiert, schließlich erlauben diese ein Push-Marketing, also die direkte Adressierung des Kunden mit Informationen und Kaufangeboten. Zudem führt ein solcher Kontakt die Leser aus der Sichtbarkeit in den Funnel des Anbieters.

Sie werden nach Abgabe der Kontaktdaten mit ziemlicher Sicherheit über die abgegebene Adresse oder die Mail-Adresse weitere interessante Informationen, Angebote und Möglichkeiten angeboten bekommen, zur Community des Wissensanbieters beizutreten und die Verbindung zu diesem Wissen aufrechtzuerhalten.

Das Tauschverhältnis ist an solchen Punkten oft sehr gut für den Kunden, denn der Anbieter muss auch die Reziprozität hier im Auge behalten: Er gibt eine Kostprobe seines besten Wissens mit diesem Buch, schließlich soll der Kunde durch das Freebie wiederum näher an die Wissens-Community gebunden werden und das Gefühl haben, für dieses Wissen künftig weiter guten Gewissens zahlen zu können.

Wenn ein Buch viele hochwertige Inhalte liefert, dann bietet es damit eine gute Chance, Ihrem Kunden Ihr bestes Wissen zu präsentieren und einen guten Rapport zu ihm aufzubauen.

Checklisten sind eine gute Alternative

Ein Buch zu erstellen und dann zu verschenken ist aufwendig. Da mag es Ihnen in die Karten spielen, dass ein Buch eben auch eine Herausforderung für die Aufmerksamkeit Ihrer Kunden darstellt – manche wollen Informationen kurz und knapp verfasst und aufbereitet bekommen.

Sie können statt eines Buchs auch Checklisten drucken und versenden. Das holt auch Ihre Kunden gut ab, weil Checklisten eine eigene Psychologie erzeugen: Kunden können gut Dinge abhaken und haben dann das Gefühl und die Sicherheit, Dinge in aller Vollständigkeit erledigt zu haben. Wirkliche gedruckte und versendete Listen anstatt eines Downloads entwickeln hier übrigens eine eigene Qualität und Wertigkeit.

Die Checklisten geben Ihren Kunden damit insgesamt Orientierung und sind eine Abkürzung für ihr Projekt von einem Zustand, den sie nicht mehr wollen, hin zu ihrer eigenen Vision. Checklisten holen auch das Relevanzkriterium ins Spiel, wie wir es immer propagieren.

Weitere Freebie-Formen

Das können auch andere Formen von kostenfreiem Wissen leisten. Ein PDF, das Sie Ihren Kunden anbieten, selbst wenn es nur zum Download ist, kann ein sehr effektives Freebie sein.

Warum übrigens »nur zum Download«? Hier verschieben sich die Präferenzen gerade wieder einmal, wenn man auf die Wissensbranche schaut. Vor zehn Jahren verschickte man stets Wissensprodukte, beispielsweise CDs in hochwertigen Boxen, dann wurden der digitale Download en vogue und die Boxen geschreddert. Und heute gibt es eine Tendenz zur Rückbesinnung auf Produkte, die der Kunde in die Hand nehmen kann und sich dafür nicht selbst ausdrucken muss. Downloads sind heute scheinbar weniger ein Beleg der ambitionierten Technik des Anbieters, als dass sie billig wirken – günstig sind sie ja wirklich.

Hier können Sie zeigen, dass Sie auf vielleicht 20 oder 50 Seiten ein Problem Ihrer Kunden lösen, und damit Ihr Wissen unter Beweis stellen.

Gleiches kann ein Webinar leisten, wenn Sie am Anfang deutlich machen, dass es keinen verkaufenden Charakter hat, sondern dass Sie in diesem Webinar die Antwort auf eine sehr konkrete Fragestellung Ihrer Kunden geben werden – kostenfrei und unverbindlich. Die Funktion, die dieses frei zur Verfügung gestellte Wissen dann übernimmt, kennen Sie nun. Es gilt lediglich, diese Funktion gut einzubinden, indem Sie beispielsweise im Webinar genauestens herausstellen, was Ihre Kunden erreichen, wenn sie ihr Ziel erreicht haben. Und in Ihrem Produkt, das ihnen dadurch maximal relevant erscheint, werden Sie dann sagen, wie sie dahin kommen, und genau die Instrumente, Methoden und jeden Schritt dahin erklären.

Freebies reaktivieren Ihre Kundenkontakte

Leads »kühlen« sich wieder ab, wie der Kaffee auf Ihrem Schreibtisch, wenn man sie nicht weiterverarbeitet.

Eine Verkaufs-Mail von einem Anbieter, dem Sie vor zwei Jahren Ihre E-Mail-Adresse für ein Freebie gegeben und seitdem nie mehr etwas gehört haben, wird weniger gut konvertieren, als wenn Sie dieser zwischenzeitlich an seine Wissens-Community gebunden oder mit anderen wertvollen Angeboten versorgt hätte.

Es ist eine grundsätzliche Wahrheit über Funnel und Kundenkontakt, dass Sie auf einem angenehmen Level dranbleiben sollten; aber es bedeutet eben auch, dass Sie den Kunden immer zufrieden, nahe bei sich und damit als warmen Lead erhalten sollten.

Und das können Freebies immer besonders gut initiieren, reanimieren oder beschleunigen. Wenn Ihr Kunde gerade ein Geschenk von Ihnen bekommen und angenommen hat, dann ist er besonders offen für weitere Angebote, weil Freebies so eine starke Nahtstelle in einem Funnel darstellen können. Sie nivellieren nicht nur scheinbar hohe Stufen Ihrer Treppe zum Verkauf, sondern intensivieren an dieser Stelle auch den Kontakt zu Ihrem Kunden und erhöhen die Chance auf weitere höhenwertige Kontakte.

Jemand, der ein Freebie annimmt, ist damit schon Ihr Kunde, auch wenn Geld noch keine Rolle spielt. Denn diese Person tauscht Aufmerksamkeit oder Kontaktdaten gegen Ihr Freebie. Und das ist ein Handel zwischen Ihnen beiden, wenn auch keiner mit Geld. Der Satz »The best buyer is the buyer« gilt damit trotzdem, denn auch der Kunde, der mit seinen Kontaktdaten »bezahlt«, kann danach als Käufer Ihres Wissens den nächsten Handel mit Ihnen eingehen – die Wahrscheinlichkeit ist deutlich höher.

Ein guter Funnel benötigt Zeit und Erfahrung

Viele lassen allzu gerne den Faktor Zeit aus dem Spiel, wenn sie Wissen zu Geld mithilfe eines Wissens-Funnels verdienen wollen. Aber das ist nicht der richtige Weg und wahrscheinlich der Hauptgrund, warum eben auch viele dabei scheitern, ihr Wissen erfolgreich an den Markt zu bringen. Das wird im Punkt der Sichtbarkeit zum ersten Mal augenfällig, wenn Sie überlegen, wie Sie denn von Ihren Kunden gefunden werden. Aber dieser Punkt ist wichtig, eben weil er alle Prozesse des Funnels betrifft.

Follower bei Facebook und Instagram aufzubauen benötigt Zeit. Ein Buch zu schreiben und an einen Verlag zu bringen ebenfalls. Sich für Podcasts zu bewerben ist schwieriger, wenn man nicht einen der beiden anderen Schritte gemeistert hat, man muss mit Absagen umgehen und die Inhalte vorbereiten. Zeit und Beharrlichkeit sind wesentliche Eigenschaften von Gewinnern in diesem Spiel um die Aufmerksamkeit der Kunden.

Content zu veredeln benötigt ebenfalls Zeit: Man muss Videos erstellen, Texte schreiben oder Vorträge skripten. Aber auch der Prozess der Veredelung zu Trust, Brand und Authority war ja immer wieder vom Faktor Zeit beeinflusst. Das nehmen viele nicht so klar wahr und erhoffen sich Abkürzungen. Die gibt es, aber sie sind selten: Instant Authority etwa, wenn Sie eine Koryphäe der Branche in den höchsten Tönen lobt, wäre solch ein Weg.

Tipp: Seien Sie neugierig, akzeptieren Sie Niederlagen als Lerneffekte und lassen Sie sich inspirieren von jemandem, der den Weg gegangen ist. Aber rechnen Sie bei allem damit: Der Weg zum Erfolg braucht Zeit.

Nie wieder Zeit gegen Geld tauschen: Wissen digitalisieren und skalieren

Wissensarbeiter kennen die klassische Stundenlohnfalle: Sie tauschen Zeit gegen Geld. So geht es Ärzten, Architekten, Anwälten, Freiberuflern, Kreativen, Coaches – um nur einige Beispiele zu nennen.

Wer Erfolg auf der Basis seines Wissens will, muss mehr arbeiten als viele andere und dafür in Kauf nehmen, dass seine Zeit eben an die Arbeit gebunden ist.

Die Stundenlohnfalle

Diese Stundenlohnfalle tauscht Zeit in Geld und nicht Wissen in Geld. Das kann ganz merkwürdige Konsequenzen haben: So ist in der Stundenlohnfalle oft das eigene Wissen nicht direkt an den Verdienst gebunden. Fortbildungen werden nicht unmittelbar monetarisiert, sondern erhalten vielleicht nur den Job. Wer mehr weiß, bekommt immerhin weiter das gleiche Geld.

Einige Wissensarbeitnehmer in Angestelltenverhältnissen werden zuerst nach Anwesenheit bezahlt. Das eingebrachte Wissen steht nur sehr bedingt zur Debatte.

Und selbst wenn Sie als Selbstständiger Ihre Honorare selbst bestimmen, tauschen Sie Ihre Lebenszeit gegen Geld ein – und wenn Sie durch Krankheit, Urlaub oder eigene Fortbildung nicht arbeiten können, verdienen Sie auch kein Geld.

Ihr Ziel sollte es sein, Ihr Wissen zu digitalisieren und von der eigenen Zeit zu entkoppeln. Denn da liegt die eigentliche Pointe des Buches: Wissen kann so weit veredelt werden, dass es eine nahezu unvergleichliche Wertsteigerung erfährt, indem es digitalisiert wird.

Einmal digitalisiert, lässt sich Ihr Wissen problemlos dann skalieren – vervielfachen also.

Um die Digitalisierung und Skalierung soll es in diesem Kapitel gehen: Wir werden den Funnel des vorherigen Kapitels weiter abmessen und dabei feststellen, dass nach der Connection und Community, der bisher letzten Stufe unseres Funnels, der Verkauf beginnt. Für das Verständnis dieses Kapitels ist daher das vorhergehende Kapitel erforderlich.

Sie werden sehen, wie ein Produktspektrum für Ihr digitalisiertes Wissensprodukt aussehen kann, das Sie dann in Ihren Funnel integrieren können. Nach der Connection und Community können Sie dann – je nachdem wie stark Sie die Verbindung zu Ihrer Community gestalten und inwieweit es gelingt, die Autorität über das beste Wissen gegenüber Ihren möglichen Kunden zu erhalten – Verkaufsprodukte anbieten.

Ein solches digitales Wissensprodukt kann ein Einmalkauf eines Videokurses sein, ein Aboprodukt oder ein anderes skalierbares Produkt.

Ihr Wissen muss nur ein einziges Mal digitalisiert werden – und arbeitet danach dauerhaft für Sie

Der teuerste Spielfilm aller Zeiten war *Der Fluch der Karibik 3 – Am Ende der Welt* mit einem Budget von über 340 Millionen Dollar. Was würde die Kinokarte kosten, wenn der Film nur einem einzigen Zuschauer präsentiert würde, aber keinen Verlust schreiben sollte? Sie müsste über 340 000 000 Dollar kosten.

Das aber würde wohl niemand zahlen. Stattdessen werden Kinokarten an viele Zuschauer verkauft, dadurch hat der Film deutlich mehr Geld an den Kinokassen eingespielt, als er gekostet hat, und eine Kinokarte wurde für alle erschwinglich. Das Phänomen dahinter nennt man den Skaleneffekt.

Den Film zu produzieren kostet einmalig sehr viel Geld, dabei ist er letztlich ja auch eine Sonderform des Wissensprodukts, denn er ist immateriell und fußt auf dem Wissen des Drehbuchautors, des Regisseurs, der Schauspieler und so weiter.

Die entstehenden ersten Kosten nennt man »First-Copy-Costs«, definiert als die reinen Herstellungskosten des ersten Produkts, unabhängig von der späteren Vervielfältigung. Die sind bei Filmen naturgemäß sehr hoch, weil der Hauptdarsteller ebenso wie alle Nebendarsteller, Statisten, Bauten und Requisiten, Technik und Special sowie Visual Effects hier hineinfallen.

Gelingt es nun, zwei Kinokarten zu verkaufen, so kann jede Kinokarte schon für die Hälfte angeboten werden, bei vier Karten für ein Viertel und so weiter. Das wird ziemlich schnell lukrativ, weil der Preis für eine Kinokarte ja irgendwo festgelegt wird – sagen wir mal bei zehn Euro –, während die Kosten pro Kinokarte durch die sogenannte Kostendegression immer mehr gegen null laufen.

Kinoproduktionen werden in der Regel so kalkuliert, dass sie am ersten Wochenende nach Veröffentlichung ihre Kosten eingespielt haben sollen (»Box Office«).

Eine Honorarberatung, die Sie verkaufen, um Ihr Wissen an einen Kunden zu verkaufen, hat ein ähnliches Problem. Gewissermaßen muss der Hauptdarsteller, also Sie vielleicht, seinen Lohn pro Zuschauer berechnen, und das ist im Zweifel dann halt nur einer. Natürlich ist die Weitergabe des Wissens auch entsprechend individuell und kann daher sehr gut und recht teuer sein, das ist keine Frage. Aber es ist eben auch schwer, sein Wissen zu solchen Konditionen zu verkaufen. Viele Fragen schließen sich an:

- Was kosten beispielsweise acht Stunden Ihrer Zeit? Für welchen Betrag möchten Sie Ihre Lebenszeit investieren?
- Wie viele Kunden akzeptieren diesen Betrag im Tausch gegen Ihr bestes Wissen?

- Wie herausfordernd ist eine solcher Art intensiver Betreuung und ein individuelles Arbeiten mit Ihrem Kunden, und wie oft können Sie diese Höchstleistung bringen?
- Wie lang muss der Funnel hin zu diesem Produkt sein, und welche Stufen müssen Sie auf dem Weg dahin mitdenken?

Sie produzieren Ihr Wissen aber beispielsweise in den acht Stunden eines 1:1-Beratungsgesprächs als Unternehmensberater für einen einzelnen Kunden. Das sind Ihre »First-Copy-Costs«. Dann kommen noch die Vor- und Nachbereitung, die ursprüngliche Sammlung und Aufbereitung des Wissens und die Erstellung der Präsentation hinzu, die wollen auch bezahlt werden und sind zu addieren; irgendwann beherrschen Sie andererseits Ihr Wissen aus dem Effeff und können sich einige der gerade beschriebenen Schritte sparen, das kann wieder abgezogen werden. Dennoch: Wie auch immer Sie rechnen, es bleibt ein teures Unterfangen, Content für Ihren Kunden zu veredeln. Es kostet Sie Zeit, Geld und Aufmerksamkeit.

Übersichtlich ist dafür die Liste der möglichen Reaktionen auf diese wirtschaftliche Herausforderung. Sie können den Preis für Ihr Wissen hochhalten – entsprechend teuer ist gewissermaßen die Eintrittskarte zu Ihrem Wissen, und auch wenn das im Moment wie die schlechtere Variante klingt, muss sie das nicht sein. Oder Sie verkaufen es eben an viele Menschen und können den Preis der Eintrittskarte senken.

Das geht nur, wenn Sie Ihr Wissen kopierbar machen. So wie Hollywood zahlreiche Filmrollen kopiert – natürlich versenden sie heute digitale Träger –, so können Sie Ihr Wissen ebenfalls an verschiedenen Orten gleichzeitig vielen Menschen zugänglich machen und damit den Skaleneffekt nutzen.

Denn die Kosten der Kopie sind immer dramatisch niedriger als jene der ersten Sammlung und Präsentation des Contents, der sogenannten Ur-Kopie. Beraten Sie eine Person, so wollen Sie sicher einen recht hohen Preis dafür verlangen; wird eine Videoaufnahme dieses Gesprächs verkauft – an sagen wir 1000 Menschen –, so wären Sie vielleicht bereit, den Preis pro Kopf zu senken, wenn das dafür diesen häufigeren Verkauf ermöglicht.

Wissen kartieren und digitalisieren

Bevor Sie Ihr Wissen digitalisieren können, muss es katalogisiert und kartiert werden, denn Ihr bestehendes, über die Jahre aufgebautes Wissen ist nicht auf Knopfdruck abrufbar.

Wenn Sie im persönlichen Kontakt mit Ihren Kunden sprechen, dann können Sie zum Beispiel aufkommende Fragen gut und breit beantworten. Das gelingt Wissensarbeitern leicht und intuitiv, das eigene Wissen ist in solchen Situationen dabei gut verfügbar und präsent.

Stellen Sie sich das plastisch vor: Sie sind Fachanwalt für Verkehrsrecht, und auf einer Geburtstagsfeier erzählt jemand, dass er geblitzt wurde. Sie können sofort Ihr Wissen abrufen – sofern Sie das in dieser Situation preisgeben wollen. Sie stellen eine spezifische Nachfrage, die Ihr Gegenüber sofort hellhörig werden lässt und Ihre Expertise binnen Sekunden transportiert: »Welches Blitzmessgerät wurde denn verwendet? Stationär oder mobil? Dort gibt es durchaus gute Einspruchsmöglichkeiten.«

Womöglich haben Sie schnell die Aufmerksamkeit des Gesprächspartners gewonnen und Ihr Wissen als relevant gekennzeichnet. Für Ihr Offline-Geschäft und spezifische Fragestellungen beherrschen Sie das.

Deutlich schwieriger ist es, sich das gesamte eigene, wertvolle Wissen zu vergegenwärtigen und ohne einen externen »Stichwortgeber« wie den eigenen Kunden Strukturen Ihres Wissens zu erkennen. Was weiß ich eigentlich? Und wie hängt das zusammen?

Wenn Sie aber Ihr Wissen zu Geld machen wollen, dann ist es einleuchtend, dass Sie diesen Überblick gewinnen sollten; schließlich wollen Sie ja Ihr bestes Wissen verkaufen, um auch die beste Wissensrendite zu sichern. Darüber hinaus entsteht also die Frage, welche Anteile Ihres Wissens für mögliche und möglichst viele Kunden relevant sind und eine Grundlage eines Geschäftsmodelles sein können.

Oft können Menschen in beratenden Berufen nur mit Mühe die Frage beantworten, weshalb genau ihre Kunden sie aufsuchen. So einfach die Frage, so schwer oft die Antwort.

Daher sollten Sie Ihr Wissen zunächst möglichst vollständig kartieren, bevor Sie es digitalisieren können. Das hat verschiedene Gründe, die sich aus den Anforderungen eines guten digitalisierten Geschäftsmodelles ableiten lassen, die wir bis hierher erarbeitet haben.

In digitalen Prozessen ist Wissen nur dann wertvoll, wenn es veredelt wurde, nur für den Kunden interessant, wenn es Relevanz erzeugt, und immer vor die Herausforderung gestellt, einen guten Tausch gegen die Aufmerksamkeit und das Geld des Kunden zu gewährleisten. Es kann auch nicht der Weg sein, all Ihr Wissen zu digitalisieren oder schlicht zu verkaufen – dafür haben Sie einfach zu viel Wissen.

Einiges wird auch schlicht unverkäuflich oder schwer zu verkaufen sein. Einiges ist zu speziell, einiges weiß eigentlich fast jeder und es ist vergleichbar.

Wenn Sie Ihr Wissen zu Geld machen wollen, dann benötigen Sie diese Klarheit über Ihr Wissen.

Ihr Wissen ist für ein Wissens-Business schlecht abrufbar, wenn es nicht sortiert ist. Deshalb ist das Ihre allererste Aufgabe, bevor Sie in die Digitalisierung übergehen. Sie gewinnen dabei nicht nur eine Orientierung über das eigene Wissen, sondern vereinfachen auch die folgenden Prozesse. Diese Vereinfachung, die auch fast immer eine Beschleunigung mitbringt, ist unserer Beobachtung nach oft sogar ein wahrer Gamechanger aller Wissensanbieter.

Dass das so ist, ist beinahe etwas überraschend, aber häufig auch ein Aha-Effekt, wenn man es selbst umsetzt. Denn es ist tatsächlich nicht sehr schwer, das eigene Wissen zu kartieren, wenn man die Tools dafür kennt. Es ist eher schwer zu verstehen, warum das solch einen großen Unterschied machen kann. Es kommt oft vor, dass Menschen nicht begonnen haben, ihr Wissen zu verkaufen oder zu digitalisieren, weil sie noch nicht genau benennen können, was genau ihr Wissen eigentlich ist. Eher ist es so, dass ihnen zu viel einfällt, das relevant sein könnte, oder dass sie das eigene Wissen für nicht wertvoll genug erachten, um es zu verkaufen.

Diese Fragen beantwortet in aller Regel eine Kartierung des eigenen Wissens.

Ihr Wissen sollten Sie vollständig erfassen und niederschreiben. Welche Tools Sie letztlich wählen, ist eine Frage des eigenen Ansatzes: Mancher ist eher der kreative Typ und zeichnet gerne große Karten des eigenen Wissens auf, andere sind sehr strukturiert und erstellen lange Listen mit Fachgebieten und Themenschwerpunkten, die dann nach verschiedenen Kriterien gewichtet werden.

Vier Kartierungsmethoden haben wir zusammengestellt, die wir Ihnen in den folgenden Abschnitten vorstellen.

Wissens-Mindmap: Schauen Sie sich die folgende Grafik einmal an, hier wurde die Mindmap des Fachanwaltes für Verkehrsrecht konkretisiert.

Im Zentrum steht die breite Expertise dieses potenziellen Wissensanbieters. Er ist Jurist, Anwalt und spezialisiert auf Verkehrsrecht. In der ersten Auskopplung aus diesem sehr breiten Thema sind ein paar – sicher nicht alle, denn dann würde die obige Grafik zu unübersichtlich – der möglichen Unterthemen aufgeführt: »Geblitzt mit zu hoher Geschwindigkeit«, »Trunkenheitsfahrt«, »MPU (die Medizinisch-Psychologische Untersuchung)« sowie der »Klasse-CE-Führerschein« und die »Sieben strafrechtsrelevanten Sachverhalte«.

Einige Themen sind ziemlich intuitiv und entsprechen der täglichen Praxis des Anwalts. Die Trunkenheitsfahrt und die überhöhte Geschwindigkeit würden sogar einem Fachfremden als Themen für einen Fachanwalt für Verkehrsrecht einfallen. Sind das damit schlechte Themen? Nein, sicher nicht, weil sie sehr wahrscheinlich einen Markt vorfinden werden. Aber es wird auch viel Konkurrenz um diese Themen geben. Wenn Sie diese als Anwalt besetzen wollen, dann sollten Sie noch stärker fokussieren und dann das Thema sogar expandieren und etwas Neues kreieren.

Jedes der einzelnen größeren Gebiete verfügt in der Abbildung über solche Subthemen und damit Detaillierungen. Sehen wir uns auf der Ebene der ersten Auskopplungen die Grafik an, so fallen auch weniger intuitive Themenbereiche auf. Der Klasse-CE-Führerschein wäre Ihnen, sofern Sie kein Anwalt sind, vermutlich nicht eingefallen.

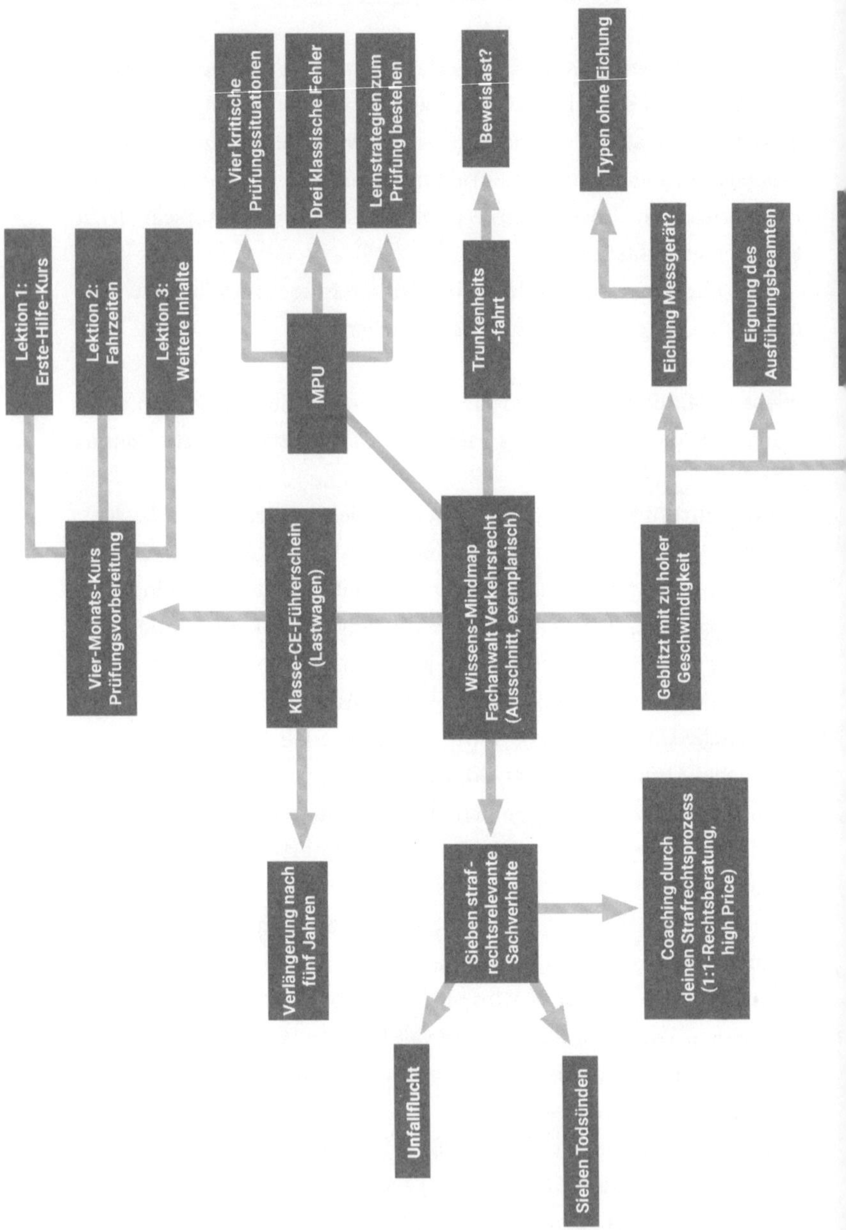

Abb. 28: Beispielhafte Wissens-Mindmap eines Fachanwalts für Verkehrsrecht

Und unserem Anwalt fiel er auch nicht sofort ein. Als wir ihn im Sparring jedoch fragten, welche Themen er denn häufig bearbeitet, kam er recht schnell auf die Personengruppe der Kraftfahrer für Lkw. In der eigenen Reflexion des Wissens war das Thema nicht präsent, hier arbeiten die Methoden des Sparrings und der Mindmap hervorragend zusammen.

Lastwagenfahrer müssen unter bestimmten Voraussetzungen ihren Führerschein regelmäßig verlängern. Dieses Thema war für ihn zunächst intuitiv greifbar; gleichzeitig ist das Thema aber gut gewählt, nicht nur weil es mehr Nischenpotenzial hat. Es ist auch ein Thema, das direkt die Existenz der Kunden betrifft, weil ohne Verlängerung der Beruf oft nicht mehr ausgeübt werden kann.

Hier sind wir daher einer guten Relevanz auf der Spur bei einer sehr gut targetierbaren Zielgruppe. Zwei Produkte lassen sich dann direkt ableiten, wenn man in die nächste Stufe der Differenzierung übergeht: ein Vier-Monats-Kurs zur Prüfungsvorbereitung sowie ein Produkt zur Verlängerung nach fünf Jahren.

Die Art des Produkts ergibt sich dann wieder folgerichtig. Die Verlängerung kann ein High-Price-Coaching sein, das jenen Kunden angeboten wird, die eine entsprechend hohe Relevanz in diesem Thema für sich entdecken. Neben der grundsätzlichen Pflicht zur neuerlichen Prüfung können das Fahrer mit gesundheitlichen Einschränkungen sein, ebenso wie solche, die bereits einmal gescheitert sind. Diese Kunden können aus der Community des Anwalts aufgrund der hochwertigen Informationen rekrutiert werden oder auch aus einer Membership, die eine ideale Plattform für den Verkauf von High-Price-Produkten darstellt – schließlich kann hier lange Trust aufgebaut werden. Ein Vier-Monats-Kurs zur Prüfungsvorbereitung könnte ein solches Membership-Modell sein. Wenn die Kunden dann nach einer gewissen Zeit dennoch unsicher sind, könnten sie für ein individuelleres und vielleicht erfolgversprechenderes Einzel-Coaching motiviert werden.

So entstehen aus der Mindmap heraus Ideen für Produkte, das ist die große Stärke dieser Form der Wissenskartierung. Mit dieser Feststellung folgen wir dem Thema MPU in seine Unterthemen und stoßen dort auf »Vier kritische Prüfungssituationen«. Auch das ist ein Thema, das wir mit dem Fachanwalt herausarbeiten konnten.

Eine dieser vier immer recht ähnlichen Situationen betrifft seine Mandanten nach einer MPU recht häufig, und sie wollen mit seiner Hilfe einen Einspruch prüfen. Wäre es da nicht sinnvoller, dass der Anwalt sein Wissen um diese häufigen Stolperfallen vorher preisgibt?

Ein Initialprodukt, das sich in dieser Form wunderbar klar und schnell zu einem günstigen Preis bewerben lässt, ergibt eine hohe Relevanz bei gutem Tauschangebot für den Kunden. Folgerichtig initialisiert es den weiteren Funnel sehr vorteilhaft.

Als letzte Ableitung aus der Mindmap können wir noch die sieben strafrechtsrelevanten Sachverhalte ableiten, denn sie entwickeln sich weiter in das Thema »Sieben Todsünden«. Dieses Beispiel zeigt einfach nur, wie der Begriff in eine durchaus interessante neue Geschichte transferiert wird. Das ist durchaus legitim, da es Aufmerksamkeit bindet und dann – auch das zeigt die Grafik – einen guten Aufschlag für ein High-Price-Angebot bedeuten kann. In diesem Fall ist das ein Coaching durch einen Strafrechtsprozess oder vielleicht die Verhinderung eines solchen.

Excel: Eine Tabelle ist ein sehr guter Weg, um beispielsweise die eigenen Fachgebiete einmal aufzulisten. Erstellen Sie eine solche Tabelle mit Themen aus Ihrem Wissensbereich, die Sie abdecken können.

Zusätzlich könnten Sie eine Hierarchisierung einführen, die Oberthemen und Unterthemen unterscheidet, ähnlich wie die Grafik des Wissensbaumes, was bei der eigenen Nischenfindung hilfreich ist. Diesen einzelnen Unterthemen können Sie dann verschiedene Kriterien zuordnen und diese danach gewichten. Sinnvolle Kriterien wären etwa:

- Geschätzte Marktgröße
- Ist es ein blauer Ozean?
- Durchschnittliche Preise für digitale Produkte in dieser Nische
- Qualität des eigenen Trusts in diesem Bereich
- Markteintrittsbarrieren
- Eigene Sichtbarkeit für das Thema

Und sicher viele mehr. Erstellen Sie solche Kriterien und bewerten Sie dann die einzelnen Themen nach Punktesystem, schon können Sie gute von weniger guten Themen schnell unterscheiden. Wenn Sie noch andere Personen diese Matrix bewerten lassen, haben Sie außerdem die eigene Betriebsblindheit einigermaßen ausgeschaltet.

Das ist eine Stärke dieses Systems, die die folgenden weniger aufweisen – weil Sie Ihr Wissen so aufzeichnen, können Sie es durch andere objektivieren lassen.

Inhaltsverzeichnis: Die nächste Methode, das eigene Wissen zu kartieren, hat ihre Stärke in der Einfachheit. Erstellen Sie ein Inhaltsverzeichnis Ihres Wissens, als wollten Sie ein Buch darüber schreiben. Viele Autoren schreiben ihre Bücher so, dass sie zunächst das Inhaltsverzeichnis erstellen, vor allem im Sachbuchbereich. Dabei bewährt sich für unsere Zwecke eine Einrichtung von zwei bis drei Ebenen der Gliederung mit Hauptüberschriften sowie Überschriften zweiter und vielleicht dritter Ordnung, wie sie übrigens auch die Struktur dieses Buches trägt.

Überschriften erster Ordnung sind die großen Oberthemen Ihres Wissens und damit wirklich starke Themen aus Ihrem besten Wissen: Welche großen Themen können Sie hier identifizieren? Geben Sie beispielsweise einem Kapitel den Arbeitstitel »Das Killerproblem meines Kunden« und füllen sie es dann mit allen Unterthemen, die hierhergehören. Ein weiteres großes Kapitel ist »Der Traumzustand meines Kunden« und wird analog befüllt. Ein weiteres Kapitel heißt womöglich »Was mein Kunde benötigt, um vom Problem zum Ziel zu gelangen«. Im Zuge dessen entscheiden Sie für jedes dieser Oberthemen, welche kleineren Themen notwendig sind, damit Ihre Kunden dieses Kapitel für sich abgeschlossen erfassen können. Das übernimmt dann automatisch eine wichtige Filterfunktion auch für Ihr Wissen und ergibt fast folgerichtig die Kapitel zweiter Ordnung. Kann ein kleinerer Bereich in diesem Kapitel weggelassen werden, ohne dass Ihr Kunde den roten Faden zur Erfassung des Gesamtkomplexes verliert, dann ist dieser Teil Ihres wertvollen Wissens hier obsolet. Umgekehrt erkennen Sie so schneller, ob der Anfang des Kapitels stringent und ohne größere Umwege zur abschließenden Schlussfolgerung führt. Es ist oft keine ganz einfache Aufgabe, in dieser Form große und kleine Themen in das Korsett der Kapitel zu zwängen, aber es hilft, die Struktur herauszubilden. Abgeschlossene Erzählungen sind dabei besser als eine sogenannte »Zopfstruktur« des Wissens, bei der sie einzelne Stränge immer wieder aufgreifen und fallen lassen.

Kann ein Wissensbereich in der ersten Betrachtung in zwei Kapitel eingeordnet werden, so kann es dann hilfreich sein, sich hier zu entscheiden. Themen, die jedoch gut zu zwei oder drei Kapiteln egal welcher Ordnung passen, haben vielleicht mehr Kraft für Ihre Kunden, weil sie verschiedene Fragen gleichzeitig beantworten, und sind ein eigenes Kapitel wert, das nur passend eingebunden werden muss– oder sie sind zu allgemein, weil sie alles und nichts erklären.

Genau solchen Fragestellungen kommen Sie mit der Inhaltsverzeichnismethode auf die Schliche. Wenn Sie in den Prozess gehen, werden Sie diese Querverweise erkennen.

Der weitere Vorteil dieser Methode neben der Einfachheit liegt darin, dass Sie Ihre Kapitel erster, zweiter und dritter Ordnung damit in eine logische Abfolge einsortieren: Welchen Teil des Wissens muss Ihr Kunde kennen, um das folgende Wissen adäquat zu erfassen? Was ist umgekehrt die nächste richtige Portion Wissen, die Ihr Kunde nunmehr bekommen muss?

Damit wird auch klar, wann sich diese Methode besonders gut anwenden lässt: Sie ist dann geeignet, wenn man sein Wissen mit Methode eins schon so weit spezifiziert und vielleicht einzelne Wissensbereiche ausgewählt hat, die besser »punkten« bezüglich der Aufarbeitung für den Kunden und eines erfolgreichen Markteintritts. Und sie kann zweitens besonders gut sequenzielle Produkte begleiten, die beispielsweise als Abonnement funktionieren, sowie komplexe Produkte. Ein Buch ist viel Wissen auf einmal, und es entsprechend so zu planen ist sicher nicht nur erprobt, sondern einfach auch logisch.

Auch Abonnementprodukte werden oft so geplant. Dabei ist es hilfreich, eine andere Perspektive einzunehmen. Dazu wird das Inhaltsverzeichnis um 90 Grad gedreht. Dadurch wird es zum Zeitstrahl, und es werden alle Wisseneinheiten, die wir aufnehmen wollen, in eine Grafik eingetragen.

Links der erste Monat beziehungsweise das Starterpaket, das eine starke Kostprobe unseres Wissens gibt. Dort werden die Begrifflichkeiten geklärt, der Rahmen des Wissens vorgestellt, das nunmehr präsentiert werden soll, und vor allem gesagt, welche Probleme für den Kunden zweifelsfrei zu lösen sein werden. Diese Grundüberzeugung ordnet auch die Kapitellogik: Wissensprodukte müssen, um den Kunden zu gewinnen, sofort auf den Punkt kommen. Ein Roman darf am Beginn ein wenig auf den ersten Anstieg der Spannung hinarbeiten; einem Wissensprodukt werden die Nutzer diese Zeit selten einräumen. Schauen Sie selbst, wie Sie ein Buch im Internet auswählen: Viele tun das auf Basis der Leseprobe der ersten Seiten. Wenn die Sie nicht abholen, wird es schwierig.

Sparring: Sparring nennen wir das, was andere oft als Coaching bezeichnen. Ein Coach fungiert keinesfalls als »Besserwisser«, sondern führt Sie zu Ihrer eigenen, sehr individuellen Lösung, indem er Ihr Sparringspartner ist. Das sind oft eher langwierige Prozesse, die weniger mit Führung arbeiten. Sie sind aber sehr individuell und nachhaltig. Einige Definitionen gehen dabei sogar so weit zu sagen, der Coach müsse keine Lösungen kennen, sondern lediglich Wege dorthin. Deshalb wählen wir in Abgrenzung gerne den Begriff des Sparrings und empfehlen einen solchen Prozess.

Sparring ist eigentlich die Trainingsrunde im Boxkampf, bei der jeder austeilt, ohne den anderen zum K.o. zu zwingen. Auf eine Beratungssituation übertragen, lässt sich solch ein Sparringspartner genau erklären, was Ihr Wissen ist, und hilft Ihnen dabei, den Kunden als Stichwortgeber gewissermaßen zu imitieren. Er fragt an den neuralgischen Punkten Ihres Wissens nach und hat dabei idealerweise fundiertes Wissen zu diesen Prozessen, also wie Wissen am besten vermarktet werden kann. Allerdings: Diese Funktion können auch ausdrücklich Leute einnehmen, die nicht vom Fach sind und nicht einmal besonders das Marketing im Blick haben – denn Ihre Kunden haben das auch nicht.

Fragen Sie Ihre Kunden: Wenn Sie dennoch Schwierigkeiten mit diesen Methoden haben, dann gibt es noch einen weiteren Ansatz: Fragen Sie Ihre Kunden.

Und da genügt es im Grunde schon, einmal zwei Wochen lang im Offline-Business und in den eigenen Mails zu schauen, welche Themen die Kunden so aufbringen, und diese wenn möglich noch zu kumulieren. Bei Themen, die offline funktionieren, ist die Wahrscheinlichkeit recht groß, dass es Ihre Kunden auch online abholt.

Tools zur Digitalisierung

Früher mussten ganze Übertragungswagen und mehrköpfige Filmteams mehrere Hundert Kilogramm an Equipment zu einem Dreh bringen, wenn man professionelle Ergebnisse erzielen wollte, nur um Trust beim späteren Kunden zu erzeugen. Heute genügt dafür Ihr Handy.

4K-Filmaufnahmen in professioneller Studioqualität sind damit beispielsweise heute oft sehr gut möglich. Die Tontechnik wird durch einfache Systeme sehr gut abgebildet, und auch der Schnitt ist viel einfacher geworden, teilweise durch Funktionen, die einer künstlichen Intelligenz sehr nahekommen.

Die App InShot für Smartphones etwa schneidet importiertes Videomaterial, das mit dem Handy gefilmt wurde, fast automatisch, indem sie Vorschläge etwa für Übergänge, Blenden und Transitions macht und sogar den Schnitt anhand von Kriterien des Videos erleichtert. Mit Tools wie diesem erstellen Sie blitzschnell und vor allem nahe an der Qualität professioneller Dienstleister eigene Filme – selbst Fernsehsender filmen heute nicht selten einzelne Shots mit Handys, einzelne Kinofilme wurden bereits komplett mit iPhones gedreht.

Camtasia ist eine weiterverbreitete PC-Software, um den eigenen Bildschirm abzubilden und dann das Material parallel oder nachträglich mit weiteren Features aufzuwerten. Auch solche Effekte, die früher aufwendig herzustellen waren, sind heute leicht und oft sogar kostenfrei verfügbar. Die Möglichkeiten, sie zu nutzen, fallen je nach persönlichem Wissensgebiet dabei schnell auf: Welche Prozesse können Sie am Computer gut zeigen und erklären – das Video dazu ist schnell erzeugt.

Eine Übersicht der von uns empfohlenen Tools und Systeme zur Digitalisierung Ihres Wissens haben wir auf der folgenden Internetseite für Sie zusammengestellt:
www.founder.de/wissen-zu-geld-tipps

OneClickBusiness: Komplettlösung für Wissensanbieter

OneClickBusiness ist eine Komplettlösung für alle Wissensanbieter. Das System bietet Funnel-Seiten mit allen rechtlich vorgeschriebenen peripheren Funktionen wie »Dankeseiten« (in technischen Systemen auch oft »Thank-you-Page«) Up-Sell-Seiten und Cross-Selling-Funktionen, ferner eine genaue Analyse des eigenen Verkaufserfolgs. Über hundert hochwertig entwickelte Kursvorlagen ermöglichen eine schnelle Digitalisierung des eigenen Wissens.

Die Analysefunktion ist dabei ein weiteres Erfolgsmerkmal, denn nur wer die Performance der eigenen Funnel-Elemente kennt, kann diese optimieren.

Mit Digistore24, dem bisher sicher wesentlich bekannteren und im deutschsprachigen Raum marktbeherrschenden Schwestersystem aus gleichem Hause, ist außerdem ein leistungsfähiger und erprobter Zahlungsanbieter eingebunden. Wie das System aufgebaut ist, finden Sie im Detail dargestellt auf unserer Ressourcen-Seite zum Buch unter www.founder.de/wissen-zu-geld-tipps

Abb. 29: OneClickBusiness ist eine Komplettlösung für Wissensanbieter.

Das Initialprodukt: Ihr erstes Digitalprodukt im Funnel

Gehen wir zunächst zurück in unseren Funnel. Im vorherigen Kapitel haben wir Ihnen die Schritte der Sichtbarkeit und der Connection und Community vorgestellt.

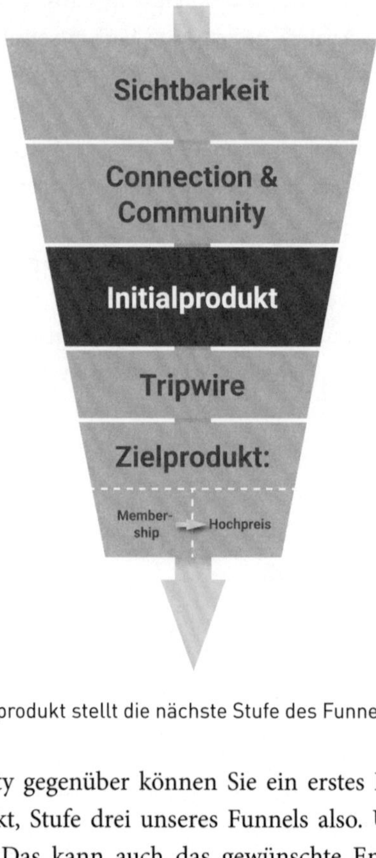

Abb. 30: Das Initialprodukt stellt die nächste Stufe des Funnels dar.

Ihrer Community gegenüber können Sie ein erstes Produkt anbieten: das Initialprodukt, Stufe drei unseres Funnels also. Und um es gleich vorwegzusagen: Das kann auch das gewünschte Ende Ihres Funnels sein. Sie haben genügend Connection zu Ihren möglichen Kunden in der Community aufgebaut und bieten ihnen nun beispielsweise einen hochwertigen Report an, den diese einmalig bei Ihnen kaufen können.

Solch ein Produkt für zehn oder mehr Euro wird oft erfolgreich verkauft, und es kann die Basis eines sehr lukrativen Geschäfts sein. Damit wäre das Initialprodukt gleichzeitig das Zielprodukt; ein solcher Funnel ist relativ kurz und damit gut zu beherrschen.

Wir kennen Wissensunternehmer, die damit ihr Wissens-Business gut bestreiten:

Jörg Schieb ist ein deutscher Journalist und Autor vieler Fachbücher im Bereich Programmierung, Anwendungssoftware und allgemeiner Digitalisierungsthemen. Er arbeitet seit vielen Jahren mit Oliver Pott, und beide haben sich immer wieder zu neuen Entwicklungen im Online-Marketing inspiriert. Jörg Schieb hat in seinem Business sehr viel richtig gemacht.

Er hat eine Fernsehpräsenz als Experte erreicht und sich damit exzellent positioniert, als Autor eine hohe Autorität und Glaubwürdigkeit erzeugt und ist einer der Vorreiter der digitalen Infoprodukte mit seinem erfolgreichen digitalen Wissensprodukt, dem Schieb-Report.

Hier liefert er seinen Kunden zusätzlich zu einem kostenfreien Newsletter auf seiner Webseite ein Premiumprodukt. Für seine Kunden ist klar erkenntlich, für welche Themen Jörg Schieb mit seinem Angebot relevant ist, und aufgrund seiner anerkannten Expertise und die durch die TV-Präsenz und die Bücher untermauerte Vertrauenswürdigkeit bestellen Kunden gerne seine hochwertigen Inhalte.

Der erste Kauf darf nicht zu teuer sein ...

Wie immer gilt es zu bedenken, dass diese Stufe wie jede andere nicht zu hoch sein darf und möglichst intuitiv sein muss. Ist die Relevanz des Initialproduktes groß, erträgt es eine höhere (Preis-)Stufe an dieser Stelle. Ist sie eher geringer oder schwerer zu erklären, so darf die (Preis-)Stufe nicht so hoch sein.

… und nicht zu erklärungsbedürftig

Es gibt Produkte, die versteht der Kunde sofort. Er kennt beispielsweise Produkte dieser Art. Dann müssen Sie nicht lange erklären, was Sie da verkaufen.

Aber es gibt auch Produkte, die muss man aufwendig erläutern und hoffen, dass der Kunde den Zweck und insbesondere seinen preiswürdigen Nutzen durchschaut. Erklärungsbedürftige Produkte finden sich eher im B2B-Bereich als in der Ansprache von Endverbrauchern, weil sie oft in den Bereichen Industrie und Technologie angesiedelt sind.

Eine Projektmanagementsoftware zu erklären mit Betonung der Vorteile gegenüber den Produkten der Wettbewerber ist sicherlich komplexer als viele andere Produkte. Deshalb ist es hier schwerer, den Vorteil herauszustellen, und Sie müssen mitunter länger mit den möglichen Kunden kommunizieren und sie dafür länger in Ihrer Community haben.

Insgesamt aber kann ein solches Initialprodukt mehrere Funktionen übernehmen. Es kann beispielsweise auch dem Zweck dienen, eine weitere Stufe zum Zielprodukt zwischenzuschieben. Wollen Sie ein Hochpreis-Beratungsangebot verkaufen, so ist das im ersten Schritt meist zu viel verlangt von Ihrem Kunden.

Der erste Euro ist der schwerste

Einen zusätzlichen – wichtigen! – Nutzen hat diese Stufe noch. Sie macht aus Interessenten endlich Kunden, und man verdient Geld.

Bisher sprachen wir zwar oft von potenziellen Kunden oder Sichtbarkeit. Die betriebswirtschaftliche Gleichung aus Kosten und Nutzen war bislang jedoch negativ für Sie, da Sie in Ihre Reichweite investiert haben.

»Der erste Euro ist der schwerste« ist ein häufig gesagter Satz im Marketing. Denn ist dieser Euro verdient, bedeutet das, dass die Technik steht und einigermaßen funktioniert. Sie mag noch zu optimieren sein, denn ein Flaschenhals kann ja unterschiedlich durchlässig sein und mehr oder weniger Kunden durchlassen, aber sie ist erstellt.

Das ist ein wichtiger Schritt für Sie. Und gleichzeitig bedeutet es einen großen Motivationsschub für die meisten Menschen: Der erste Zahlungseingang eines eigenen Produktes ist etwas Besonderes und gibt meist Energie weiterzumachen.

Identifizieren Sie Schwachstellen im Funnel

Wenn Sie sich einen Funnel anschauen und beginnen, Kunden durch diesen zu führen, dann sollten Sie stets die Flaschenhalsmethode zur Anwendung bringen. Sie ermöglicht es Ihnen, Schwachstellen im Funnel zu erkennen.

Sie prüft, ob die Kunden dem Funnel folgen, wie wir das wünschen, oder nicht. Erstellen Sie beispielsweise einen YouTube-Channel, um Sichtbarkeit zu erlangen, wird dieser aber wenig geschaut, so liegt hier der Flaschenhals Ihrer Kundengewinnungsmaschine.

Sie prüfen diese dann auf die technischen Einstellungen, die Präsentation, die Nische und die Relevanz und finden so heraus, wie Sie mehr Zuschauer in diesen Kanal bekommen. Traffic, das wissen wir nun, sollte eigentlich nicht das Problem sein. Womöglich können Sie auch bezahlte Werbung schalten, um mehr Sichtbarkeit beziehungsweise Reichweite zu erlangen.

Die nächste Stufe ist dann die Relevanz als Hüter der Schwelle zur Community. Bleiben die Zuschauer interessiert, schauen sie die Videos bis zum Ende an; schauen sie weitere an und abonnieren sie den Kanal, so haben Sie auch diesen Schritt im Griff. Ist das nicht der Fall, so haben Sie ein Problem mit Ihrer Relevanz, die nicht genügend Anziehungskraft auf diese möglichen Kunden ausübt.

Analog zu diesen Prozessen wird der gesamte Funnel weiter betrachtet. Interessanter wird es beim ersten Verkauf, denn der stellt naturgemäß eine besondere Prüfung Ihres Wissens und Ihrer Relevanz dar. Schließlich kommen Sie hier nicht umhin, etwas von Ihrem Kunden zu verlangen, was klar begrenzt und wertvoll gesehen wird: Geld. Das wird der Kunde nicht so schnell herausgeben, und die Relevanz muss entsprechend in einem guten Tausch für den Kunden leicht erkennbar sein.

Im bezahlten wie unbezahlten Bereich – für den Tausch gegen Leads oder Conversions – gilt es schlicht die bisher gültigen Regeln weiter zu verfolgen: Halten Sie den Tauschwert für den Kunden hoch, seien Sie relevant und lassen Sie die nächste Stufe in Ihrem Funnel intuitiv für den Kunden sein. Dann entsteht auch kein Flaschenhals.

Vor diesem Hintergrund wird auch klar, welche Funktion das Initialprodukt eben noch übernimmt: Es stellt eine niedrigere Stufe zum eigentlichen Zielprodukt dar. Die Mechanismen bleiben immer gleich. Wollen Sie ein hochpreisiges Zielprodukt verkaufen, so benötigen Sie vorher viel Trust Ihres Kunden; die Notwendigkeit, diesen aufzubauen, steigt durchaus mit dem Preis des Zielproduktes.

Der Tripwire ergänzt das Initialprodukt

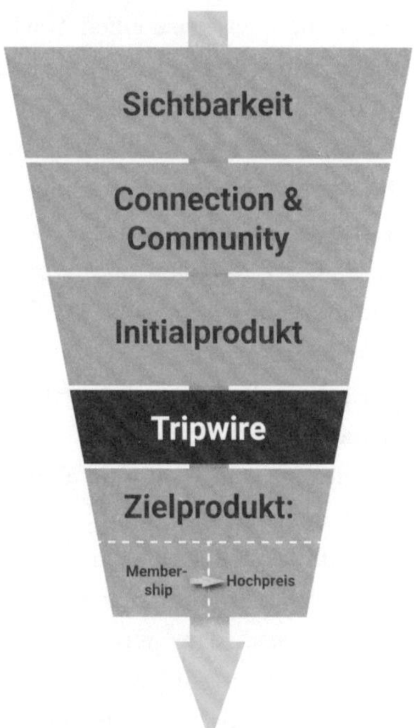

Abb. 31: Der sogenannte Tripwire ist das nächste Produkt nach dem Initialprodukt. Er kann den weiteren Verkaufsprozess einleiten.

In unserem Funnel folgt nun nach dem Initialprodukt das Tripwire-Produkt: Tripwire bedeutet »Stolperdraht«. Stolperdrähte zeichnen sich unter anderem dadurch aus, dass man sie nicht sieht und dann darüber stolpert und fällt. Der Kunde soll also das Tripwire-Produkt gar nicht wirklich sehen, sondern es fast nebenbei erwerben, ohne groß nachzudenken, so die Metapher.

Ins Stolpern geraten, fällt er dann vielleicht noch bis zum Zielprodukt. Wir mögen den Begriff des Tripwire nicht so recht, weil ein Stolperdraht ja etwas negativ Behaftetes ist; aber er ist ein fester Terminus in der Marketingsprache.

Es gibt einen weiteren Begriff für das Tripwire: »Refi«. Das ist ein wenig anders gedacht und funktioniert so: Auf dem Weg zu einem neuen Kundenkontakt entstehen meistens auch Kosten, zumindest, wenn man später professionell Marketing betreibt und sich Traffic einkauft.

Dann schaut man sich an, was es kostet, diese Reichweite zu erreichen in Relation zu den Verkäufen, die man dahinter erzielt, und berechnet die Kosten pro Kontakt. Das Refi (für »Refinanzierung«), das wie das Tripwire an dieser Stelle im Prozess recht früh angeboten wird, bezahlt Ausgaben für die Sichtbarkeit im oberen Teil des Funnels.

Folgeprodukte nach dem Initialprodukt

Mit dem ersten bezahlten Initialprodukt geht ein großer Vertrauenszuwachs einher, schließlich hat Ihr Kunde nun erstmals Geld an Sie bezahlt.

Dieses Phänomen bleibt im weiteren Funnel erhalten und verstärkt sich noch, und dann ist es ein wenig wie beim Fliegen. Die Energie, die zum Starten des ganzen Vorgangs benötigt wird, ist um ein Vielfaches höher als jene, das Flugzeug später auf einer Höhe in der Luft zu halten.

Die Initialisierung der Kaufbereitschaft des Kunden ist schwerer herzustellen, als ihn dann in weitere Verkaufsprozesse weiterzuführen. Die Schritte dürfen daher nun größer werden: »The best buyer is the buyer.«

Den Verkaufsprozess können Sie nun weiter fortführen – je nachdem, was Ihr Zielprodukt am Ende Ihres Funnels ist. Ist das eine hochpreisige Beratung, so muss nach dem Tripwire sicherlich noch die eine oder andere Stufe eingefügt werden, aber die einzelnen Schritte sind nun vielleicht im Bereich von 50, 250 oder auch 500 Euro möglich.

Erfolgsfaktoren für Ihre digitalen Wissensprodukte

Viele Anbieter verkaufen ihre Produkte zu besonderen Bedingungen, die den Verkauf begünstigen sollen. Das hat mit der inhaltlichen Relevanz des Produktes meist wenig zu tun, sondern mit verkaufsfördernden Maßnahmen. Sie stellen beispielsweise Einführungspreise auf, die nur für einen bestimmten Zeitraum gelten.

Das kann mehrere Vorteile kombinieren: Neben den erhofften höheren Verkaufszahlen kann es beispielsweise dann helfen, mehr Kunden zu finden, wenn man Community-basierte Angebote macht, etwa eine bezahlte Gruppe oder ein Seminar, das man nicht so gerne hält, wenn nur drei Leute anwesend sind. Zudem kann man auch den ersten Kunden anbieten, Beta-Tester des Produkts zu werden und für seine Rückmeldung zum relativ jungen und vielleicht noch mit Kinderkrankheiten belasteten Produkt ihre Rückmeldung zu geben – dafür aber einen günstigen Preis zu erhalten und früh dabei sein zu dürfen, um später umso mehr zu profitieren.

Andere bieten den Kunden, die zum Beispiel das Tripwire gekauft haben, besondere Konditionen oder verkaufen Early-Bird-Angebote, also spezielle Preise, wenn man besonders früh beispielsweise Seminartickets kauft. Das beobachtet man beispielsweise bei Seminar- oder Event-Anbietern regelmäßig.

Weitere dieser Mittel sind die künstliche Verknappung, also die Begrenzung des Angebotes in der Menge oder für einen bestimmten Zeitraum, oder auch oft Geschenke, die dem Angebot beigefügt werden. Das sind dann klassisch Bundle, bei denen ein Produkt nur oder nur zu diesem Vorteilspreis angeboten wird, wenn man ein anderes Produkt ebenfalls kauft. Seminaranbieter verschenken gerne Tickets zu einem ihrer Seminare an Käufer eines ihrer Bücher oder ein zweites Seminarticket, wenn man nur eines bezahlt, um mehr Menschen an ihre Seminare heranzuführen.

Wann endet der Funnel?

So kann der Funnel immer weiter funktionieren und dem Kunden wieder interessante Offerten machen, bis zu Ihrem Zielprodukt. Die Frage in diesem Prozess lautet: Wenn es mir gelingt, ein Produkt zu verkaufen, wie kann ich danach möglichst optimal den nächsten Verkauf einleiten? Um das zu verstehen, schauen wir auf die technischen Grundlagen dieses Prozesses im Online-Marketing. Dabei ist es so, dass ein Funnel auf mehreren technischen Plattformen wie Facebook, einem E-Mail-Marketingsystem, der eigenen Webseite und manchen weiteren Systemen basieren kann und auch durchaus häufiger wechselt.

Während Reichweite meistens über Facebook und Google inklusive YouTube erreicht wird, so findet ein Verkauf des Initialproduktes meistens auf Ihrer eigenen Webseite oder Landingpage statt.

Zoomen wir genauer in den Bereich des Initialproduktes hinein. Dort bieten Sie ein Produkt für beispielsweise einen Euro an, beispielsweise Checklisten zu einem bestimmten Bereich Ihres Wissensthemas. Der Kunde kauft. Das geschieht dann unserer Empfehlung nach auf einer der klassischen Zahlungsplattformen wie Digistore24, die diesen Prozess gegen eine Gebühr vollautomatisch für alle gängigen Zahlungsarten übernehmen und sogar ein Mahnwesen, eine Steuerberechnung für das Ausland und so weiter übernehmen – alles Themen, die Sie wahrscheinlich erledigt wissen wollen.

Eine Herausgabe dieses Initialprodukts könnte natürlich auch umsonst erfolgen. Jedoch verfolgt die Ansetzung eines geringen Preises hier mehrere Ziele: Erstens wird eine kleine Hürde aufgebaut, die jedoch eine Entscheidung des Kunden notwendig macht – nämlich etwas Geld auszugeben. Kunden, die bereits hier abgeschreckt werden, wären auch im weiteren Funnel schwer zu überzeugen und fast eine Belastung für den Prozess. Ein generell kaufunwilliger Kunde, der nicht »herausgefiltert« und dann durch die Analyse-Tools in der nächsten Stufe erfasst wird, stört beispielsweise das Bestreben, per Facebook-Pixel die Lookalike-Audience interessanter Facebook-Nutzer zu targetieren.

Zudem gibt der Kunde auch für die Bestellung dieses Initialproduktes logischerweise bereits seine wertvollen Kundendaten ein, auf die Sie ab sofort zugreifen können oder die in einem direkten Up-Sell nicht noch einmal eingegeben werden müssen und dem Kunden so schneller den Kauf Ihres nächsten, höherpreisigen Produktes ermöglichen, was seinerseits die Abbruchquote des Funnels verringert.

Hat der Kunde hier die Zahlung für das Produkt vorgenommen, so ist es Ihre Pflicht als Anbieter, ihn automatisiert auf eine sogenannte Dankeseite zu schicken, auf der unter anderem die Zahlung noch einmal bestätigt wird. Wenn er diese Seite in seinem Browser schließt, ist der Verkauf erledigt. So machen es Anfänger und jene Anbieter, die lediglich ein Produkt in ihrem Funnel verkaufen wollen.

Beides funktioniert. Profis, die danach weitere Produkte verkaufen wollen, oder all jene, die ein teureres Zielprodukt durch vorgeschaltete Stufen verkaufen wollen, gestalten diese Dankeseite als eine Up-Sell-Seite und verkaufen genau in diesem Moment, an dem die höchste Stufe des Trusts beim Kunden erzeugt werden konnte, das nächste Produkt des Funnels, weil sie verhindern, dass der Kunde den Prozess hier abbricht.

Besonders erfolgreich ist dieser Up-Sell im Funnel dann, wenn der Up-Sell durch ein besonderes Folgeangebot verstärkt wird.

So gehen Sie mit Funnel-Abbrechern um

Auf dem Weg durch den Funnel verlieren Sie viele Ihrer Besucher. Natürlich sollten im Bestfall alle Menschen Ihre Produkte kaufen, aber das geschieht nicht.

Dann ist es besser, jene, die nur kostenlose Informationen möchten, jedoch beispielsweise keinen Leidensdruck haben und entsprechend nicht kaufen, loszuwerden.

Natürlich klingt es etwas hart, Menschen, die nicht kaufen werden, herauszufiltern. Aber es gibt gute Gründe dafür, Ihnen mindestens diese Angebote nicht weiter zu unterbreiten und sie auch aus der eigenen Community herauszuhalten. Interessenten kosten Geld, Kunden bringen Geld. Beispiel: Wenn Sie viele Follower bei Instagram haben, diese aber schlecht bei Ihnen kaufen und kaum auf Verkaufsangebote reagieren, dann kostet es viel mehr Geld, die wenigen späteren Käufer dennoch zu erreichen. Wenn Sie keine bezahlte Werbung schalten, dann kostet das Desinteresse der falschen Follower Sie Reichweite. Das liegt in beiden Fällen am Algorithmus, der Angebote, die messbar relevant sind, viel leichter zu allen Followern durchlässt. Eine große Menge nur wenig responsiver Follower ist nicht förderlich, besser sind weniger, dafür aber gute Follower, die auf Ihre Angebote reagieren.

Also sollen die, die später ohnehin kein Interesse am Produkt haben werden, herausgefiltert werden. Dieser Mechanismus kann aber Schwachstellen entwickeln. Dann holt man beispielsweise Kunden, die perfekt zu diesem Produkt passen, nicht gut ab und filtert sie mit aus; das ist ein erheblicher Fehler eines Funnels.

Diesen Fehler erkennen Sie beispielsweise daran, dass an einer bestimmten Stufe die Kunden überproportional häufig abbrechen und den nächsten Schritt nicht gehen. Wir haben schon ein paar Wege gesehen, damit umzugehen, und sollten stets schauen, ob die innere und äußere Relevanz passt, ob das Problem des Kunden gelöst wird und ob das Angebot ihm attraktiv erscheint.

Ein Abbruch des direkten Verkaufsfunnels ist noch lange kein Abbruch der Kontaktkette zu diesem Kunden.

Funktioniert das Verfahren des nächsten Verkaufs aus einem gerade aktiven Verkaufsprozess heraus beispielsweise nicht weiter, weil der Kunde abbricht, so ist es eine Möglichkeit, diesen einfach aus der bestehenden Community heraus wieder neu zu aktivieren, vielleicht mit einem veränderten und optimierten Funnel und einer neuen Verkaufsmethodik oder gar einem neuen Funnel.

Konkret können Sie in die Facebook-Gruppe, aus der heraus Sie dem Kunden einen Link zu Ihrer Landingpage angeboten haben, dem dieser dann folgte und auch dem Funnel ein Stück weit bis zum Abbruch gefolgt war, einen neuen Verkaufslink mit einer neuen, möglichst relevanten Botschaft platzieren.

Durchläuft ein Kunde den Funnel nicht bis zu Ihrem Zielprodukt, so können Sie ihm auch einen Down-Sell anbieten. Das ist der Versuch, eine noch niedrigere Stufe im Funnel anzubieten, die im Zweifel gar niedriger ist als die gerade noch genommene, um ihm wenigstens ein (weiteres) Produkt anzubieten.

Das kann einerseits noch einen gewissen weiteren Umsatz bringen und andererseits auch ein neuer Impuls für einen weiteren Funnel, ein neuerlicher Anlauf auf das Zielprodukt oder ein völlig neues Produktuniversum sein.

Bricht ein Kunde den Funnel ab und kauft beispielsweise nicht den Zugang zu Ihrem Online-Kurs, so kann es als Down-Sell beispielsweise noch sinnvoll sein, diesem Kunden auf der nächsten Webseite, die er

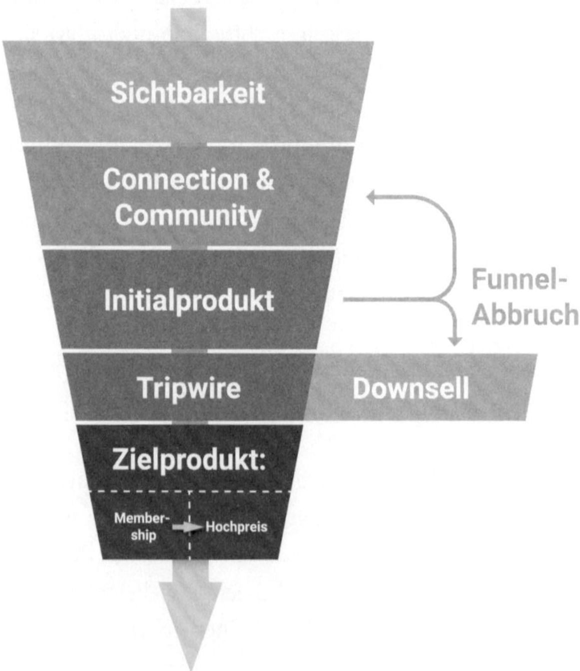

Abb. 32: Ein Abbruch des Funnels durch den Kunden bedeutet nicht das Ende des Kontakts.

bei einem Warenkorbabbruch erreicht, in einem Pop-up-Fenster, das erscheint, wenn er mit der Maus auf »Abbrechen« klicken will, oder in einer Mail, die Sie ihm aufgrund der gespeicherten Mail-Adresse und der durch Analyse hinterlegten Information, dass dieser Kunden nicht gekauft hat, einen Tag später senden, ein günstigeres Produkt aus Ihrem Portfolio anbieten.

Ein Cross-Sell beschreibt in Abgrenzung wesentlich das Angebot eines anderen, eher unterschiedlichen Produktes. Das ist ein Seminarticket, wenn jemand gerade ein Buch gekauft hat, sofern dieses nicht das höhenwertige Zielprodukt darstellt, oder im Offline-Bereich vielleicht ein paar Schuhe, wenn jemand eben einen Anzug erworben hat. Ein Autoverkäufer zum Beispiel legt an diesem Punkt noch ein paar Winterreifen zum besonders guten Preis in den Kofferraum. Das ist kein Down-Sell, weil der Kunde das Auto ja auch gekauft hat, und kein Up-Sell, weil die Reifen viel billiger sind als das Auto.

Ziehen Sie einen Zaun um Ihre Kunden

Wenn Ihr Kunde den Verkaufsprozess abbricht, aber noch nicht das Ziel Ihres Funnels erreicht hat, dann sollten Sie »Fallnetze« eingerichtet haben, um den Kontakt zu Ihrem Kunden aufrechtzuhalten.

Eines davon kann die Community sein, die Sie eingerichtet haben und in der Sie neben viel gutem Wissen und Content-Marketing eben auch die Verkaufsofferte platziert haben, die diesen Kunden initial interessierte. In diese fällt er wahrscheinlich zurück und entfernt sich nicht aus dieser gleich auch noch. Zumindest sollte Ihr Verkaufs-Funnel den Kunden nicht dermaßen enttäuscht haben.

Das ist, was wir »Einen Zaun um seine Kunden ziehen« nennen. Wir wissen immer noch, wo wir unsere Kunden antreffen können, und sind durch die Community weiter in der Lage, aktiv in Kommunikation zu treten. Denken Sie das auf jeden Fall bei Ihren Planungen stets mit, solche Möglichkeiten einzurichten.

Aber es gibt auch hier Unterschiede: Wenn Sie die Community beziehungsweise die Kommunikationsoption bei Facebook, Instagram und vielleicht dem eigenen YouTube-Channel realisieren, dann bauen Sie Ihren Zaun – und eigentlich Ihr ganzes Business – auf gemietetem Grund auf.

Wir raten aber nicht kategorisch dazu, es zu vermeiden. Denn: Facebook und ähnliche Anbieter haben eine zu große Marktmacht und -durchdringung, um sie einfach links liegen zu lassen. Zu groß sind die Möglichkeiten, die eigenen Kunden gut und präzise zu targetieren, und das sollte man nutzen. Auch ist beispielsweise die Gruppenfunktion von Facebook sehr gut etabliert, und es lässt sich generell feststellen, dass gerade solche Formen von Communitys gegenwärtig dem reinen Betrachten der in der Timeline präsentierten Inhalte zunehmend den Rang ablaufen. Menschen orientieren sich zunehmend online in Communitys und Facebook ist nur ein Beispiel sehr starker Präsentation dieser Funktionen.

Gleichwohl kann man die Community auch auf eigenem Grund bilden, beispielsweise mit einer eigenen E-Mail-Liste. Allen Totenrufen mancher Marketer zum Trotz ist das E-Mail-Marketing im Schnitt immer noch sehr leistungsfähig, conversionstark und gegenüber den meisten anderen Kommunikationskanälen sehr krisenfest. Wo Facebook als junges Medium schon wieder zu schwächeln droht, weil insbesondere für private Postings und Nutzung Instagram und TikTok gerade bei jungen Nutzern mehr Gewicht erlangen, was glücklicherweise die Nutzung für gewerbliche Angebote und Business-Inhalte bisher weniger betrifft, da behauptet sich das E-Mail-Marketing nach wie vor.

Die Kontakte gehören dann nicht einem amerikanischen Software-Riesen, sondern eben Ihnen – eine Liste von datenschutzrechtlich korrekt erfassten Mail-Empfängern können Sie jederzeit legal nutzen und bei den einschlägigen Anbietern der sogenannten MailResponder auch herunterladen.

Wenn Sie dann noch die Grundprinzipien der sogenannten Listenhygiene beachten und nur hochwertige Kontakte dauerhaft mit E-Mails informieren, ihnen Angebote unterbreiten und sie mit Wissen versorgen, dann ist das eine hochwertige Basis für jeden Funnel, wahrt die Verkaufschancen auch bei verkaufsabbrechenden Kunden und ist die Basis Ihres eigenen Tribes – auf eigenem Grund.

Webinare als digitale Wissensplattform

Der Wunsch, etwas Hochpreisiges mittels einer Abkürzung zu verkaufen, ohne sehr viele kleine Schritte zum Aufbau von Trust, Brand und Authority zu gehen, führt fast unweigerlich zum Instrument des Webinars, der ausführlicheren online-gestützten Informationspräsentation.

Denn vor unserem bisherigen Wissensstand erscheint es logisch, dass mehr Zeit, die der Kunde mit unserem Content verbringt, einen schnelleren und besseren Trust-Aufbau fördert.

Formate, die der Kunde sich also länger anschaut, sind tendenziell von Vorteil. Und das nutzen tatsächlich zahlreiche Wissensanbieter, vor allem im Verkauf von Wissen.

Ein Webinar muss dabei den gleichen Gesetzen folgen wie alle anderen Elemente des Funnels. Es muss eine gewisse Relevanz hergestellt werden, der Kunde muss das Gefühl haben, dass er in diesem Informationsangebot einen guten Tauschwert für seine Aufmerksamkeit erhält. Und hier liegt eine Falle verborgen: Viele versuchen, einen ähnlichen Tauschwert anzusetzen, wie etwa bei der Stufe »Aufmerksamkeit generieren per Facebook-Ad« oder bei einem Call-to-Action.

Und das ist eher nicht der Fall. Ein Webinar dauert in der Regel zwischen vielleicht 30 Minuten und zwei Stunden, und das ist eine ganze Menge Aufmerksamkeit, die man da verlangt. Daher muss der Nutzen auch hoch sein für den, der es anschauen soll.

Ein gutes Webinar hat daher einen glasklar formulierten Nutzen und eine hohe Relevanz, sonst werden Sie vor leeren Bänken referieren.

Wie lang dauert denn ein gutes Webinar? Nun, wenn wir uns die Profis anschauen, so kennen wir Webinare von Anbietern, die eher zielorientiert und pragmatisch denken und argumentieren, die unter einer Stunde lang sind. Und wir kennen Webinare von Anbietern, die eine starke Connection zur Community haben, die eher beziehungsorientiert arbeiten und argumentieren und denen man auch bei ausschweifenderen Beispielen gerne lange zuhört, weil so viel Wissen und ein gutes Gefühl transportiert werden.

Auch das kann gut funktionieren. Generell dürfen Sie so lange informieren, wie Sie wollen. Sie dürfen aber niemals langweilen, das bestraft der Kunden im Webinar oft durch Absprung. Geben Sie hochwertiges

Wissen heraus, aber haben Sie keine Angst, nicht vollständig alles zu erklären. Der Kunden weiß nicht, was Sie ausgelassen haben, und letztlich verkaufen Sie die Details und das Wissen ja im späteren Produkt.

Und es folgt einer sehr klaren Struktur, die sie indirekt auch am Beginn Ihren Kunden mitteilen.

Das Webinar sollte einen ganz klaren Benefit haben, ein Nutzenversprechen an den Kunden: »Wenn Sie, lieber Kunde, mein Webinar schauen, bekommen Sie folgenden Mehrwert präsentiert … «

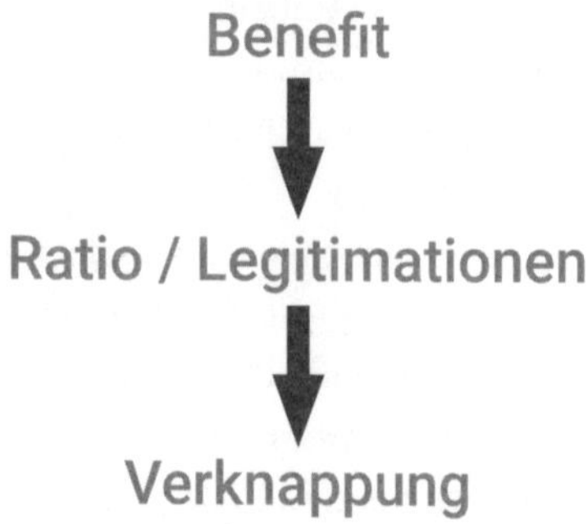

Abb. 33: Drei Elemente gestalten ganz allgemein eine Kundenansprache in Marketinginstrumenten, die eine längere Aufmerksamkeitsspanne erlauben.

Und dieser hohe Nutzen wird sowohl in der Werbung für das Webinar herausgestellt als auch später im tatsächlichen Webinar. Dann folgt, nachdem der Kunde hinreichend sensibilisiert wurde, seine Aufmerksamkeit zu investieren, die Ratio: das Vernunftdenken Ihres Kunden. Es werden Argumente dargelegt und Strukturen offenbart, die ihm nachvollziehbar erscheinen.

Dadurch geleiten Sie ihn weiter durch das Webinar, und natürlich wird dabei auch wieder auf das Element der Reziprozität zurückgegriffen. Das Webinar ist eine privilegierte Bühne, um eine Kostprobe des eigenen Wissens und Könnens darzustellen.

Gleichzeitig entsteht damit die Legitimation: Warum darf der Anbieter des Wissens – das sind dann Sie – überhaupt den Anspruch auf die Deutungshoheit erheben? Das ist der Ort für eigene Erfolgsgeschichten, Erfahrungen, und resultiert auch aus der möglichst mit Aha-Effekten gesegneten Darlegung Ihrer besten Argumente und Strukturen der »Ratio«.

Und letztlich verknappen viele dann noch ihr Angebot. Das kann eine Begrenzung der Menge (»Nur noch zehn Plätze frei«), der Zeit (»Nur noch für kurze Zeit«) oder des Angebots sein (»Early-Bird-Angebot jetzt sichern« oder »Jetzt zwei Karten zum Preis von einer im Valentins-Special«). Diese Verknappung ist nicht notwendiger Bestandteil, aber zumindest ein Hilfsmittel, um die Relevanz des eigenen Angebotes zu steigern, wenn man diese noch steigern möchte.

Dauereinkünfte mit Ihrem Wissen durch Membership-Modelle

Kommen wir nun zum Abomodell, auch als Membership-Modell bezeichnet. Das ist unser Lieblingsprodukt, weil es bei all den Marketingmöglichkeiten, das eigene Wissen mit einer möglichst hohen Wissensrendite zu Geld zu machen, eine besonders spannende Form der Digitalisierung darstellt.

Membership-Modelle senken die Einstiegshürde für Ihren Kunden

Warum ist ein Abomodell eine ideale Lösung? Zuerst ist es per definitionem durch eine monatliche Zahlung gekennzeichnet. Und die ist damit eindeutig geringer als der Gesamtpreis. Das kennen viele Menschen: Den neuen Golf für 25 000 Euro zu kaufen ist nicht wirklich im Budget, aber die Ratenzahlung für schlanke 199 Euro im Monat – das geht.

Ganz ähnlich funktioniert dieser Effekt natürlich für ein Abonnement von Wissen. Wenn es monatlich vom Kunden bezahlt wird, zu einem erträglichen Preis, dann wird der Gesamtpreis des Wissens eben wie beim Auto nicht so hoch wahrgenommen.

Und das passt gut in unser Modell der kleinen Stufen – die Stufe zur Zahlung des Gesamtpreises ist auch viel geringer, weil er am Beginn nicht voll genommen werden muss. Und das funktioniert mit allen Vorteilen der niedrigen Stufe: Um ein Abomodell zu verkaufen, das vielleicht 49 Euro im Monat kostet, müssen Sie weit weniger andere Stufen voranstellen.

Klar ist, dass der Sprung von einem Tripwire-Produkt für 17,00 Euro zu einem Abo für monatlich berechnete 49,99 Euro durchaus keinen allzu großen Schritt mehr für Ihren Kunden darstellt, wenn Sie ihm dieses im Funnel entsprechend auf der Dankeseite des Tripwires präsentieren. Beim Jahrespreis des Produktes (49,99 Euro mal 12) sähe das schon anders aus.

Ein weiterer Vorteil eines Abomodells liegt darin, dass Sie nicht mehr bei jeder Monatszahlung eine hohe Initiierungsenergie aufwenden müssen.

Wenn Sie aber einen Einmalverkauf initiieren, zum Beispiel einen Hochpreis-Wissenskurs für 1000 Euro, dann ist das aufwendig und kostet Zeit, Geld und Energie.

Im Idealfall kann man dann eine kurzfristige, durchaus hohe Wissensrendite einfahren, weil die Produkte einmalig verkauft werden. Ein wenig ist das so, wie wenn man Benzin entzündet. Es wird punktuell eine heiße Stichflamme geben, aber das Feuer verpufft förmlich nach kurzer Zeit.

Besser funktioniert in diesem Fall eine Abonnementlösung, bei der ebenfalls eine Initialenergie vonnöten ist, denn auch hier will ja der Verkauf forciert werden, im Zweifel über die gleichen Stufen des Funnels. Jedoch wird dann durch die wiederkehrende Zahlung der Kunden nur noch geringe weitere Energie benötigt, um dauerhaft eine Wissensrendite zu erschaffen. Das ist eher ein Lagerfeuer mit Kohlen, die lange und gleichmäßig brennen. Auch diese Kurve erfährt übrigens üblicherweise einen Knick nach der höchsten Initialenergie, weil nicht alle Kunden im Produkt gehalten werden können, aber das ist erstens normal und liegt zweitens mit einer klugen Steuerung der sogenannten Wissensdramaturgie durchaus in Ihrem Einflussbereich.

Starterpaket für Neuabonnenten

Es gibt noch eine sehr interessante verkaufsfördernde Maßnahme, die sehr etabliert ist: das Starterpaket. In einem Starterpaket sammeln Sie eine große Menge guter Informationen für Ihren Kunden und bieten diese zu einem besonders guten Preis an. Das ist dann der perfekte Einstieg in das Abo.

Sie kennen das Äquivalent aus dem Offline-Verkauf von Wissen: Wenn Sie eine Zeitung abonnieren oder ein monatlich erscheinendes Fachmagazin, dann bekommt ein Neuabonnent beispielsweise einen Spielzeughelikopter, ein Werkzeugset oder einen Kugelschreiber – und die ersten paar Ausgaben sind auch kostenlos: Das ist das perfekte Starterpaket, das dem Weg zum Abonnenten ebnet.

Für einen häufig geringeren Preis gegenüber der monatlichen Nutzungsgebühr des Abos bieten Sie in Reziprozität eine Kostprobe Ihres Wissens und schaffen damit Vertrauen beim Kunden. Weil der Einstiegspreis gering ist, erscheint auch das Risiko geringer und der Tauschhandel für den Kunden adäquat. Der Kunde gibt Ihnen damit eine Chance, seine Aufmerksamkeit gegen Ihr Wissen zu tauschen und zu beweisen, dass Ihr Wissen für ihn wertvoll ist.

Selbst wenn Sie das Starterpaket für nur einen Euro verkaufen und Ihnen das schwerfällt – Sie bekommen im Tausch die so wertvolle Aufmerksamkeit Ihres Kunden, und wenn Sie Ihren Job gut machen, sogar noch etwas Wertvolleres: Trust.

Das Starterpaket ist ein Katalysator für Sichtbarkeit und Aufmerksamkeit hin zum Trust; der aber ist das Einfallstor in die Steigerung der eigenen Wissensrendite für Sie. Ein gutes Starterpaket bedeutet also immer eine Win-win-Situation für Kunden und Anbieter.

Ein gutes Starterpaket ist sehr reichhaltig mit Inhalt gefüllt und gibt damit eine herausragende Arbeitsprobe Ihres Wissens. Wie sich diese Inhalte bestimmen lassen, lässt sich aus den bisher für den Funnel angeführten Elementen wesentlich ableiten:

Es erfüllt den Anspruch der Reziprozität, also der benannten Arbeitsprobe, und zeigt hierbei exemplarisch, dass Sie in der Lage sind, Probleme des Kunden zu lösen. Weil Sie aber nicht das ganze Problem des Kunden gleich im Starterpaket lösen können, zeigen Sie vielmehr, dass Sie ein kleines Problem quasi stellvertretend für ihn in den Griff bekommen. Da es aber nicht nur Ihnen als Anbieter schwerfällt, die eigene Wissensnische und den spezifischen Lösungsansatz zu formulieren, sondern es in der Regel auch Ihrem Kunden schwerfällt, das eigene Problem präzise zu formulieren, erledigen Sie das für ihn. Es ist nicht ganz intuitiv, aber das ist für viele Kunden ein Aha-Moment: »Dieser Anbieter kann mein Problem so genau benennen, dass ich mir mehr davon ansehen sollte und etwas Vertrauensvorschuss geben werde«. Also geben Sie im Starterpaket Was-Wissen heraus und verweisen damit darauf, dass im weiteren Kurs dann das Wie erklärt werden wird. Das kann durch eine als Download-PDF gestaltete Checkliste geschehen, aber auch in einem Video, mit dem Sie den Kunden gleich einmal begrüßen und eine Verbindung zu ihm aufbauen. Dieses Kernelement reichern Sie dann gerne an, mit weiteren Videos und Checklisten, kurzen thematisch abgeschlossenen PDFs und vielleicht einem Hörbuch, Podcast-Episoden oder Ähnlichem. Wichtig ist letztlich auf der strukturellen Ebene nur, dass Sie den Tauschwert hochstellen. Es muss ein gutes Geschäft sein, dieses Starterpaket für einen Euro gekauft zu haben, und Lust machen, mehr davon zu bekommen – dann auch zu einem höheren Folgepreis oder in einem teureren Up-Sell.

Struktur der monatlichen Inhalte

Das weitere Wissen wird dann nach und nach präsentiert. Dazu gilt es, eine grundlegende Unterscheidung zu treffen: Beantworten Sie eine große Frage Ihres Kunden in Ihrem Abonnement oder mehrere Fragen, die eher geringe inhaltliche Verbindung aufweisen?

Werden in einem Abonnement eher kleine Fragen beantwortet, die zwar ein grobes Thema – beispielsweise Online-Marketing – beantworten, aber nicht oder nur teilweise aufeinander aufbauen, so bietet sich ein Report als Instrument an.

Hierbei werden in einem Abomodell jeweils in sich geschlossene Informationseinheiten an den Kunden versendet. Das können Videos oder PDFs sein, Hörbücher oder ein sich langsam füllender Ordner mit Einzelkapiteln. Jedenfalls bilden diese Sinneinheiten untereinander keine Hierarchie des Wissens, jede funktioniert auch für sich, und oft kann der Kunde auch jederzeit einsteigen.

Die Vorteile liegen in der geringen technischen Tiefe des Projekts sowie der schnellen Realisierbarkeit. Zudem kann man einen solchen Report zügig starten, auch weil man erst mal nur ein paar Monate vorproduzieren muss, Themen, die nicht funktionieren, austauscht und erst bei Erfolg größere Wissensfülle erreichen muss.

Die Nachteile eines Reports liegen in der Tatsache, dass Kunden lieber ein ganz klares Problem benannt bekommen und dann einer konkreten Lösung folgen wollen. Das schafft Orientierung – und damit schneller Vertrauen –, was den Verkauf des Produktes begünstigen wird. Letzteres kann ein Report oft weniger gut in Aussicht stellen. Zudem zeichnet sich ein Report dadurch aus, dass er recht aktuell immer Themen »nachlädt«; das unterscheidet ihn letztlich von einem in sich kohärenten und abgeschlossenen Aboprodukt.

Zeitlich begrenztes Abonnement

Wissen, das ein konkretes Problem des Kunden sieht, die Lösung in Aussicht stellt und den Weg dahin anbietet, ist das Ideal des relevanten und damit dauerhaft gut verkäuflichen Contents. Das hatten wir schon mehrfach in früheren Kapiteln dieses Buchs festgestellt.

Ein Abonnement ist auch hier wieder eine Antwort auf diese Anforderung des Kunden, sollte aber die damit verbundenen Voraussetzung stets beachten. Nunmehr kommt die zweite Variante der Wissensvermittlung zum Tragen, das in sich kohärente Abonnement.

Bei diesem gibt es eben eine über allem stehende Problematik des Kunden, die nunmehr gelöst werden soll. Oft ist dieses Modell daher zeitlich begrenzt, beispielsweise auf zwölf Monate.

Diese Begrenzung ist übrigens auch hier keineswegs notwendig. Wir sehen oft, dass über den begrenzten Zeitraum ein Problem gelöst wird; aber wie so oft ist der Kunde danach im Idealfall sehr von Ihrem Wissen überzeugt und der beste Käufer für weiteres Wissen. Vielleicht hat er ein weiteres Problem, vielleicht haben Sie ihn nunmehr so weit gebracht, dass er das nächstgrößere Problem erst lösen kann, oder es entstehen aus der Entwicklung des Kunden ganz neue Herausforderungen. Bieten Sie Kunden nach Abschluss der Kurslaufzeit beispielsweise an, den Zugang zu behalten und rückwirkend noch auf Inhalte zuzugreifen, so kann das das Abonnement auch über die zwölf Monate verlängern – und beide haben etwas davon. Bieten Sie aus dem Produkt heraus einen Up-Sell an, wird er noch lange Ihr Kunde sein, wenn das Abo längst durchlaufen ist.

Beispielsweise hat der Kunde nunmehr von Ihnen alles gelernt, um einen Karrieresprung zu vollziehen – und sieht sich nun angesichts der neuen Führungsverantwortung neuen Herausforderungen ausgesetzt. Wer sollte diesem zufriedenen Kunden nunmehr gutes Wissen offerieren? Der beste Käufer für Ihr nächstes Projekt ist vielleicht der schon bestehende Abonnent.

Innerhalb dieser zwölf Monate lösen Sie nun das Problem des Kunden nach bestem Wissen und Gewissen, das ist sein ureigenes Interesse. Unmittelbar daran geknüpft ist Ihr Interesse, dass er dabei im Abo bleibt. In der Betrachtung der Zahl der in einem Abonnement verbleibenden Kunden nennt man das im Marketing die »Stick-Rate« des Produkts. Die soll möglichst hoch sein, dann profitieren tendenziell beide Seiten. Notwendige Faktoren sind:

- Eine angemessene Problemlösungszeit. Es nützt bildlich gesprochen dem Kunden nichts, wenn Sie ihm in zwölf Monaten erklären, wie er sein brennendes Haus löscht. Bemessen Sie Ihr Abo am Ziel des Kunden.
- Erkennbare Fortschritte: Ihr Kunde will stets das Gefühl haben, dass er seinem Ziel näherkommt. Verlieren Sie ihn hier, wird er vorzeitig kündigen.

- Eine erkennbare innere Logik: Zeigen Sie Ihrem Kunden lieber einmal mehr, auf welcher Fährte er unterwegs ist, welche Zwischenziele er erreicht hat und dass es gar nicht mehr so weit ist bis zum Ziel.
- Machbare Ziele: Überfordern Sie Ihren Kunden nicht, die einzelnen Schritte des Abos sollten wie Treppenstufen zum Ziel sein.
- Community und Connection: Vielleicht ist das kein notwendiger Faktor, aber es hilft oft ungemein: Seien Sie da für Ihre Kunden, geben Sie Ihnen ein gutes Gefühl, dass Sie die Autorität sind, die den Weg weist, geben Sie Sicherheit. Vielleicht melden Sie sich in einem abointernen Webinar mit einer hochwertigen Frage-Antwort-Session.

Aus diesen Anforderungen leitet sich recht schnell eine Strukturierung Ihres Wissen ab. Kommunizieren Sie klar, welches Problem Sie in welchen Schritten lösen werden. Das hat im Übrigen zwei strategische Vorteile auch für Sie: Erstens lieben Menschen Modelle und Strukturen – das gibt Sicherheit und Orientierung und fördert damit Trust. Zweitens können Sie anhand eines strukturierten Modells Ihres Wissens selbst oft den Content besser aufbereiten.

Was-Wissen und Wie-Wissen in Ihrem Abomodell

Wie-Wissen schlägt fast immer Was-Wissen. Der Kunde fragt sich: Wie genau komme ich von meinem derzeitigen Zustand zum Wunschzustand?

Genau um diese Idee geht es auch hier: Das Starterpaket kann genau diesen Dualismus auch sehr gut tragen, denn die Ansprache des Kunden mit Was-Wissen im ersten und Wie-Wissen im zweiten Schritt ist immer dann geeignet, wenn ich in meinem Funnel eine nächste Stufe überbrücken will.

Konkret ist das hier der Schritt des Kunden vom Starterpaket in das langfristige Abo. Gerade wenn Sie das Starterpaket günstiger machen, entsteht automatisch eine Hürde. Zum einen liegt diese Hürde in der Tatsache, dass der Kunde plötzlich etwas bezahlen soll – das lässt Sie ein paar Kunden verlieren. (Wir hatten aber schon gesehen, dass das dennoch vorteilhaft ist, weil es mehr Ernsthaftigkeit in die Sache bringt und der Kunde Daten hinterlegt). Und zum anderen steigt der Preis dann nach der Starterphase noch einmal an, schließlich wollen Sie nicht dauerhaft nur einen Euro bekommen. Die Aussicht, dass auf das Was-Wissen aus dem Starterpaket nun das Wie-Wissen zur Lösung des Problems geliefert wird, wenn der Kunde einfach weiter im Abonnement verbleibt, überbrückt diese Hürde.

Was-Wissen ist Wissen über das Problem. Nun werden Sie vielleicht sagen: Mein Kunde wird sein Problem schon kennen! Aber genau das ist oft nicht der Fall. Ein guter Verkäufer zeigt seinem Kunden nämlich, dass er dessen Problem genauer gesehen und besser formuliert hat, als der Kunde selbst es könnte.

Viele Probleme sind für den Kunden eher ein vages Gefühl, und er tut sich selbst schwer, das Ziel präzise zu formulieren. Stress, Motivation oder Karriere sind oft Themen, bei denen das Problem vage bleibt.

Sie haben mit einer tiefen Durchdringung des Wissens hier viel bessere Chancen, das genau zu formulieren. Denn Sie haben womöglich viele Kunden, die mit ähnlichen Sorgen kommen, viel darüber gelesen und mit Kunden Lösungsstrategien erarbeitet. Sie sind der Profi! Und das zeigen Sie im Was-Wissen. Ein guter Zeitpunkt hierfür ist das Starterpaket eines Abos, aber es funktioniert auch für ein Freebie, eine kleine Facebook-Anzeige oder an jedem anderen Punkt. Hier gestalten Sie die Reziprozität für Ihr Wissen, machen damit den Call-to-Action folgerichtig für Ihren Kunden, und letztlich erzeugen Sie so natürlich Relevanz.

Ein gutes Starterpaket tut aber noch mehr. Es löst in der Regel ein Mikroproblem. Auch das ist Reziprozität. Wenn jemand in der Lage ist, ein kleines Problem zu lösen, dann kann ich ihm eher vertrauen, ein größeres auch zu lösen. Schon ist der Schritt vom Starterpaket zum Abo folgerichtig. Und das Beste: In vielen Fällen kann man das Was-Wissen und das Lösen des Mikroproblems kombinieren. Ist es für Ihre Kunden nicht manchmal schon das größte Problem, das eigene Problem überhaupt genau zu benennen? Wenn Sie das hinbekommen, haben Sie mehr als ein Mikroproblem gelöst.

Die Strategie für Ihr Abomodell: »Best foot forward«

Ist das Was-Wissen nicht analog zum Mikroproblem, so ist dieses trotzdem eine Kostprobe Ihres besten Wissens. Kennen Sie beispielsweise eine kleine Übung, die Ihren Kunden immer sehr gut hilft, schnell ein bestimmtes Ziel zu erreichen? Dann ist diese Übung hier vielleicht richtig platziert.

Das Prinzip heißt »Best foot forward« – mit dem besten Fuß – oder Wissen – voran. Nehmen wir an, Sie sind Burn-out-Coach oder Resilienz-Coach – dann ist für Ihre Kunden das Bewusstsein, am eigenen Stress-Level arbeiten zu müssen, die Selbstwirksamkeit im Auge zu behalten und sich Auszeiten bewusst gönnen zu müssen, vielleicht mehr als die halbe Miete. Wenn Sie dann noch perfekte Umsetzungsstrategien verkaufen können, ist das besonders geeignet.

Der große »Mein persönliches Burn-out-Level«-Stresstest im Starterpaket zum Beispiel: Es ist für jeden, der diesen Test absolviert, folgerichtig, sich Ihr Abo anzusehen.

Wissensdramaturgie im Abonnement

Nun schauen wir auf die weiteren Monate der Inhalte Ihres Abonnements. Alle Eckdaten sind bis hierher erklärt, es fällt lediglich noch auf, dass das Level der Wissensdichte ein wenig abfallend dargestellt ist. Auch das ist im Grunde nur eine Herausstellung der Tatsache, dass das Wissen eben nicht wie die Spannung bei einem Spielfilm langsam anwächst, sondern dass es sofort präsent und wirksam sein muss. Weder im Starterpaket noch im ersten oder zweiten Monat kann man sich eine Schwäche des eigenen, präsentierten Wissens erlauben, sonst kündigen Ihre Mitglieder Ihr Abonnement.

Was ebenfalls bleibt ist die Idee, in sich geschlossene Einheiten zu schaffen. Zwar bauen diese bei dieser Form der Informationsdarstellung aufeinander auf; gleichwohl ist es günstig, den Kunden jeweils einen fertigen Schritt nach jeder Lektion anzubieten. Denken Sie an die Stufen. Und was wir ebenfalls empfehlen ist ein kleiner sogenannter

Cliffhanger. Das ist ein Ausblick auf die nächsten Inhalte im jeweiligen Monat, der die Spannung aufrechterhält.

Das Hochpreisprodukt

Damit sind wir am untersten Punkt unseres Funnels angekommen – dem Hochpreisprodukt oder »High Price«. Dieses Produkt muss wie alle anderen auch sorgfältig eingeordnet werden. Denn wie immer bei Strukturen und Modellen werden sie ungenauer, je näher man hinschaut. Das macht nichts, denn sie sollen ja Überblick geben.

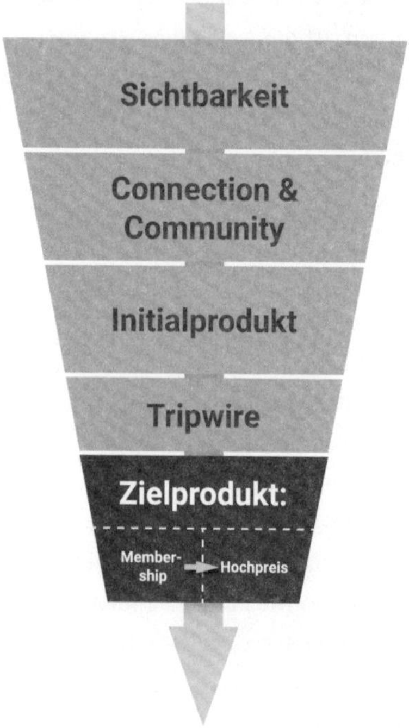

Abb. 34: Das High-Price-Produkt ist das höchste Ziel des Funnels.
Es muss jedoch nicht erreicht werden, insbesondere nicht von »Anfängern«.
Schon vorher wird Wissen zu Geld.

Beim Hochpreisprodukt ist die Position im Funnel eigentlich variabel. Sie können es ziemlich schnell verkaufen, vielleicht sogar jemandem aus Ihrer Community. Dann würden Sie vorher kein Initialprodukt verkaufen, keinen Tripwire und auch kein Abo. Aber das ist eben nicht so einfach, und in kleinen Schritten geht es leichter. Dennoch: Wenn Sie eine große Bindung zu Ihren Kunden erreicht haben oder lange mit einem möglichen Kunden sprechen können, dann können Sie manch anderen Schritt überspringen. Beides – Autorität wie Verkaufsfertigkeiten im 1:1-Gespräch – sind aber nicht jedem vergönnt, daher betrachten wir den sichersten und klassischen Weg zu diesem Produkt.

Außerdem müssen Sie nicht zwingend alle Schritte des Funnels durchlaufen. Das ist in der Abbildung angedeutet, indem im Zielprodukt High Price und Abonnement nebeneinander angeordnet sind. Sie können ebenso auf ein Seminar hinarbeiten, bei dem Sie einen Veranstaltungsraum mieten und hochpreisige Tickets verkaufen, wie Sie das Abonnement als Ende Ihres Tunnels sehen können, weil es so eine wunderbare Funktion als finanzieller Dauereinkommensstrom erlaubt.

High Price ist quasi die Königsdisziplin des Wissens-Business, wenn Menschen Sie einzeln oder in Gruppen sehr fürstlich für Ihr bestes Wissen bezahlen und damit wertschätzen.

Weil aber High Price eben diesen Status hat, zeigen wir kurz auf, wie wir ein solches Produkt am ehesten verkaufen würden, und danach, dass es bei uns und unseren Kunden oft ganz anders geschieht.

Tipps für Ihre Hochpreisprodukte

Erprobt und häufig erfolgreich gesehen ist folgender Weg: Sie lassen Ihren Kunden im Funnel alle Schritte gehen, bis zum Abonnement. Dieses bucht der Kunde und geht die ersten Lektionen durch. Im Durchlauf des Produktes und über mehrere Wochen baut sich wieder ein eigener Prozess aus Vertrauensgewinnung und -steigerung auf, Reziprozität des Wissens und Ihre Deutungshoheit über das Wissen werden wie zuvor im Funnel durch den Kunden implizit oder explizit beschieden. Und dann ist das genau der richtige Ort, um ein High-Price-Angebot zu machen.

In einer der späteren Lektionen, wenn schon ein gewisses Vertrauen in die Qualität aufseiten des Kunden entstanden ist, wendet sich der Anbieter an die Kunden und stellt ihnen ein weiteres exklusives Angebot vor, das er vielleicht sogar verknappt oder mit einem besonderen Preis versieht, den er nur hier gibt. An diesem Punkt der Interaktion zwischen Kunde und Anbieter ist der Kunde gerade vollkommen in das Universum Ihres Wissens eingetaucht, er hat den Kontakt gesucht und beschäftigt sich gerade mit Ihrem Wissen – der Zeitpunkt ist ideal.

Dann wird der Kunde zu einem persönlichen Gespräch geladen, denn nunmehr wird ein relativ großer Sprung verlangt, insbesondere preislich. Entsprechend muss hier eine höhere Dosis Trust erzeugt werden. Und die erreicht man durch ein Telefonat oder ein weiteres Webinar – Elemente, die einen höheren Zeitfaktor beinhalten – eben besonders gut.

Ebenso funktionieren Konzepte aus der Community heraus. Dann werden etwa Mail-Kaskaden, also mehrere aufeinander abgestimmte Mails, an die Kunden gesendet, die ein Webinar direkt vorbereiten. In diesem Webinar wird ebenfalls das hochpreisige Angebot unterbreitet. Wer aber diesen persönlichen Kontakt scheut oder im Webinar nicht stark ist, der kann auch diese Prozesse in einem sogenannten Landingpage-Funnel automatisieren.

Dann wird letztlich aus der Community – der Facebook-Gruppe, der E-Mail-Liste oder von einer Bühne – auf ein Initialprodukt hingewiesen, das zu einem guten Tauschwert für den Kunden zur Verfügung steht. Dort wird dann ein Funnel über die Dankeseite des Produkts, den Tripwire und eventuell weitere Zwischenprodukte bis hin zu einem finalen Hochpreisprodukt verfolgt.

Wenn Sie aber High-Price-Angebote auch auf ganz anderen Wegen erreichen können, dann ist das letztlich eine Folge des Faktors Zeit. Vertrauen Sie darauf, dass eine gute Mischung aus einer andauernden Präsenz, aus einer guten Sichtbarkeit und dem langsam erwachsenden Business, das sich zunehmend mit Trust und Brand anreichert, zunehmend auch High-Price-Anfragen entstehen. Die Top-Experten eines bestimmten Bereiches werden sehr oft initiativ von ihren Kunden angesprochen, zu welchen Konditionen ein Einzel-Coaching etwa möglich wäre.

Warum die Menschheit Ihr Wissen braucht

In der Einleitung unseres Buchs wiesen wir darauf hin, dass die bestbezahlten Berufe Wissensberufe sind: Ärzte, Finanzexperten, Unternehmensberater, Ingenieure sowie Anwälte.

Aber nicht nur aus wirtschaftlichen Bezügen heraus ist Ihr eigenes, hochwertiges, verdichtetes Wissen wertvoll: Es kann die Menschheit voranbringen wie kein anderes Gut dieses Planeten.

Wenn Sie beispielsweise Virologe sind, dann hilft Ihr Wissen vielleicht, einen Impfstoff zu entwickeln. Und die Digitalisierung hilft dabei, Ihr Wissen um diesen Impfstoff Menschen zugänglich zu machen und Leben zu retten.

Paul Allen, einer der Microsoft-Mitgründer und Milliardär, hat mit seinem Vermögen den »Allen Brain Atlas« gegründet und Gehirne kartiert mit dem Ziel, das menschliche Gehirn zu digitalisieren.[20]

Das mit rund 100 Millionen Dollar ausgestattete Non-Profit-Projekt hat sämtliche Informationen des Gehirns einer ausgewachsenen Maus digitalisiert und in einer gigantischen Wissensdatenbank kartiert. Dieses digitale Wissen steht Wissenschaftlern aus aller Welt kostenlos zur Verfügung und hilft dabei, aus dem Verständnis über das Gehirn neuartige Ansätze gegen menschliche Krankheiten wie das Glioblastom, einen bösartigen Gehirntumor, zu entwickeln. Erst die Digitalisierung dieses Wissens ermöglichte eine sinnvolle Verwendung durch Wissenschaftler.

Mehr noch: Yuval Noah Harari, Geschichtsprofessor, weist in seinem Bestseller *Eine kurze Geschichte der Menschheit* darauf hin, dass Wissen sogar Kriege verhindert.

Seiner These nach bestand der frühere Reichtum Kaliforniens aus den Goldvorkommen des US-Bundesstaats. Heute sei insbesondere Kaliforniens Wohlstand rein auf der Basis von Wissen aufgebaut: Einerseits die Silicon-Valley-Businesses; andererseits die Filmindustrie Hollywoods, beides jedenfalls sei unbestreitbar immaterieller Wert.

Harari folgt in seinem Buch einem spannenden Gedankenspiel: »Was würde passieren, wenn zum Beispiel die Chinesen mit einer Million Soldaten an der Küste von San Francisco landen und landeinwärts stürmen würden? Sie würden kaum Beute machen: In Silicon Valley gibt es keine Siliziumvorkommen. Der Wohlstand hat seinen Ursprung in den Köpfen der Softwareingenieure von Google und der Magier von Hollywood, die im Flugzeug nach Bangalore oder Mumbai säßen, schon bevor die ersten chinesischen Panzer den Sunset Boulevard hinunterrollen.

Es ist kein Zufall, dass die wenigen Eroberungskriege der letzten Jahre, zum Beispiel der Einmarsch der Iraker in Kuwait, Regionen betreffen, in denen der Reichtum noch aus altmodischen Rohstoffen besteht.«[21]

Und welches einzigartige Wissen tragen Sie in sich, das Sie weitergeben können und das die Menschheit sinnvoll weiterentwickelt?

Ressourcen zum Buch

Welche Systeme, Techniken und Tools wir Ihnen empfehlen, um Ihr eigenes digitales Wissens-Business aufzubauen, finden Sie in einer ständig aktualisierten »Best-of«-Sammlung online zusammengetragen:
www.founder.de/wissen-zu-geld-tipps

Wir geben Ihnen auf dieser Webseite Umsetzungstipps aus unserer Praxis für Ihre ersten eigenen Schritte zum digitalen Business. Aus den Inhalten:

- Von uns empfohlene und erprobte Digitalisierungs-Tools für Ihr eigenes Wissens-Business
- Die besten Smartphone-Apps, mit denen Sie aus Ihrem Offline-Wissen kauffähiges Online-Wissen erzeugen
- Instagram- und Facebook-Tools, mit denen Sie Reichweite und Sichtbarkeit für Ihr Wissens-Business aufbauen
- Membership-Systeme für Ihr Wissens-Abo im Vergleich
- Weiterführende Umsetzungstipps, die Ihnen eigene Durststrecken ersparen

Dank

Auch wenn ausschließlich unsere Namen auf dem Titel des Buchs stehen, so ist es doch das Werk vieler.

Unseren Mitarbeitern gilt ein besonderer Dank für die jahrelange Unterstützung: Stefanie Sommerfeld (Personal Assistant Oliver Pott), Tobias Bachmaier (Programmierung), Lukas Günther (Film und Foto), Olivier Kleine (Grafik), Riana Machoy (Grafik) und Laura Schlütz.

Uns begleiten seit vielen Jahren unsere Kollegen auf dem internationalen Parkett, manchmal seit nunmehr fast 20 Jahren. Ihnen möchten wir an dieser Stelle besonders danken:

Danny Adams, Benedikt Ahlfeld, Frank Alm, Julien Backhaus, Thomas Blum, Matthias Brandmüller, Ralf Dümmel, Matthias Eilers, Pascal Feyh, Dr. Stefan Frädrich, Marc Galal, Oliver Geisselhart, Andy Goldstein, Andrea Grießmann, Joschi Haunsperger, Mike Hager, Patric Heizmann, Martin von Hirschhausen, Gereon Jörn, Marcel Knopf, Gunnar Kessler, Thomas Klussmann, Prof. Dr. Jörg Knoblauch, Raphael Knoche, Dirk Kreuter, Gerd Kulhavy, Dirk Lambert, Alexander Mark, Rainer von Massenbach, Alexander Müller, Sven Platte, Fabian Prell, Dawid Przybylski, Rene Renno, Stefanie Schädel, Bodo Schäfer, Hermann Scherer, Ralf Schmitz, Oliver Schmuck, Christoph Schreiber, Laura Malina Seiler, Kris Stelljes, Felix Thönnessen und Mario Wolosz.

Wir danken außerdem unseren Geschäftsfreunden und Freunden, den meisten darunter aus Paderborn, für die jahrelange Unterstützung und Inspiration: Markus Fatalin, Dr. Carsten Figge, Dr. Katrin Klaubert, Alexander Kröger, Prof. Dr. Bernhard Lendermann, Prof. Dr. Friedrich

Meyer, Prof. Dr. Stefan Nieland, Prof. Dr. Carsten Padberg, Dr. Andre Pott, Jörg Schieb, Jan Schust und Prof. Dr. Thomas Werner.

Unserer Lektorin Stephanie Walter aus dem Campus Verlag danken wir besonders für die intensive Betreuung, gute Ratschläge und ein immer offenes Ohr.

Unseren Familien danken wir für: alles.

Prof. Dr. Oliver Pott und Jan Bargfrede
Paderborn, im April 2020

Anmerkungen

1 Stepstone Gehaltsreport 2019

2 Porter, Michael E.: Wettbewerbsstrategie: Methoden zur Analyse von Branchen und Konkurrenten. Frankfurt: Campus 2013

3 https://www.capital.de/geld-versicherungen/die-10-wertvollsten-unter nehmen-der-welt, abgerufen am: 11.03.2020

4 Festinger, L. E., & Carlsmith, J. M. (1959). Cognitive consequences of forced compliance. *Journal of Abnormal and Social Psychology, 58,* 203–210

5 https://www.sueddeutsche.de/wirtschaft/tesla-ende-der-verlustserie-1.3225940 sowie https://www.wiwo.de/unternehmen/auto/elektroautos-teslas-problem-ist-nicht-tesla-selbst/14710330-all.html, abgerufen am 12.12.2019

6 https://t3n.de/magazin/china-dm-rossmann-242763/

7 https://de.statista.com/statistik/daten/studie/218059/umfrage/gesamt umsatz-der-lvmh-gruppe/, abgerufen am: 03.03.2020

8 Zeitschrift auto Motor und sport, Stuttgart: Motor Presse Stuttgart GmbH & Co.KG. Heft 24 vom 7.11.2019

9 https://www.zeit.de/karriere/beruf/2017-02/honorarkraefte-lehrer-do zenten-deutschkurse-stundenlohn-bezahlung

10 https://www.sueddeutsche.de/medien/vosskuhle-ard-maischberger-talkshow-kritik-1.4458723, abgerufen am: 02.03.2020

11 Kim, W. Chan, Mauborgne, Renée: Der blaue Ozean als Strategie: Wie man neue Märkte schafft, wo es keine Konkurrenz gibt. München: Carl Hanser Verlag 2015

12 Schumpeter, Joseph A.: Kapitalismus, Sozialismus und Demokratie. Stuttgart: UTB 2018

13 Die Aktion Mensch hat auf ihrem Youtube Channel ein solches Experiment hochgeladen: https://www.youtube.com/watch?v=lyUZn3iURKw

14 https://austria-forum.org/af/Sparkling_Science/Aufsatzsammlung/Bewusstseinsforschung

15 https://allfacebook.de/fbmarketing/wie-facebook-mit-guenstigen-preisen-und-mehrwert-der-tv-werbung-das-wasser-abgraebt

16 In der klassischen Definition von Push-Marketing ist das etwa sogenannter Lagerdruck. Der Erzeuger füllt den Zwischenhändlern massiv das Lager, das diese wieder leeren wollen und ihre Marketingbemühungen intensivieren oder Preisdumping eingehen. Das erzeugt Druck in dem Markt, den der Erzeuger jedoch auch ausüben können muss.

17 Godin, Seth: Tribes: We need you to lead us. London: Piatkus Books 2008

18 https://allfacebook.de/fbmarketing/wie-facebook-mit-guenstigen-preisen-und-mehrwert-der-tv-werbung-das-wasser-abgraebt

19 Vaynerchuk, Gary: Jab, Jab, Jab, Right Hook. How to Tell Your Story in a Noisy Social World. New York: HarperCollins Publishhers 2013

20 Website der »Allen Brain Map«: https://portal.brain-map.org/, abgerufen im März 2020

21 Harari, Yuval Noah: Eine kurze Geschichte der Menschheit, Pantheon 2015

Register